3ds Max 2010
三维设计基础培训教程

卓越科技　编著

U0130229

電子工業出版社.
Publishing House of Electronics Industry
北京·BEIJING

内 容 简 介

本书是学习3ds Max 2010的基础培训教程，通过基础知识和实际操作相结合，使读者在领略三维设计基本概念的基础上，掌握实际动画制作和渲染的方法和技巧。本书以一名初学者的学习过程来安排各个知识点，并融入大量操作技巧，让读者能学到最实用的知识，迅速掌握三维设计的常用方法。

全书共15章，包括3ds Max 2010的基础知识和基本操作、二维图形和三维模型的创建和修改、高级建模、复合对象的创建、材质的制作、环境和效果的设置、灯光和摄影机系统的创建、动画制作、渲染技巧、效果图的后期处理和综合实例等内容，向读者循序渐进地展示了3ds Max 2010的强大功能，每课后还结合该课的内容给出了练习题，让读者通过练习进一步巩固所学的知识。

本书适合各类培训学校、大专院校、中职中专作为相关课程的教材使用，也可供电脑初学者、在校学生、办公人员学习和参考。

图书在版编目（CIP）数据

3ds Max 2010三维设计基础培训教程 / 卓越科技编著. —北京：电子工业出版社，2010.7
（零起点）
ISBN 978-7-121-10982-9

Ⅰ.①3… Ⅱ.①卓… Ⅲ.①三维 – 动画 – 图形软件，3DS MAX 2010 – 技术培训 – 教材 Ⅳ.①TP391.41

中国版本图书馆CIP数据核字(2010)第097673号

责任编辑：付　睿
印　　刷：北京天宇星印刷厂
装　　订：三河市皇庄路通装订厂
出版发行：电子工业出版社
　　　　　北京市海淀区万寿路173信箱　　邮编：100036
开　　本：787×1092　1/16　　　　印张：21.25　　字数：544千字
印　　次：2010年7月第1次印刷
定　　价：35.00元

凡所购买电子工业出版社图书有缺损问题，请向购买书店调换。若书店售缺，请与本社发行部联系，联系及邮购电话：（010）88254888。

质量投诉请发邮件至zlts@phei.com.cn，盗版侵权举报请发邮件至dbqq@phei.com.cn。

服务热线：（010）88258888。

前　言

随着电脑技术的迅猛发展，电脑技术的应用领域也越来越广，三维技术也在各个方面得到广泛应用。新版的3ds Max 2010功能日趋完善和强大，被广泛应用于工业设计、建筑效果图、室内效果图、产品造型设计、影视制作和广告动画等行业，深受广大设计者的喜爱。

本书定位

本书是学习3ds Max 2010的基础教程，以一名初学者的学习过程来安排各个知识点，并融入大量操作技巧，让读者能学到最实用的知识，迅速掌握三维设计的常用方法。本书特别适合各类培训学校、大专院校、中职中专作为相关课程的教材使用，也可供电脑初学者、在校学生、办公人员学习和参考。

本书主要内容

本书共15课，从内容上可分为6部分，各部分主要内容如下。

- **第1部分（第1课至第3课）：** 主要讲解3ds Max 2010的基础知识，3ds Max 2010工作环境中文件与对象的基本操作，包括打开和保存文件的几种方式，合并的应用及注意事项，对象的分类，对象的复制，对象的选择，对象的镜像，组的创建、打开、关闭、炸开，以及对象的捕捉操作等知识。

- **第2部分（第4课至第5课）：** 主要讲解创建二维图形和三维模型，基本体的创建与修改方法，包括创建二维图形，转换三维模型，标准基本体和扩展基本体的创建，【弯曲】、【扭曲】、【锥化】、【晶格】和【FFD（长方体）】等修改器的知识。

- **第3部分（第6课至第7课）：** 主要讲解在3ds Max 2010中高级建模的方法，包括【编辑网格】和【编辑多边形】修改器的具体应用及通过复合运算来创建复杂的三维模型等知识。

- **第4部分（第8课至第9课）：** 主要讲解材质和贴图的应用，包括材质编辑器的应用、材质/贴图浏览器的应用、贴图通道的编辑、【UVW贴图】修改器的使用、室内外常见装饰模型材质的制作，以及将制作好的材质指定给相应的模型【多维/子对象】材质、【光线跟踪】材质、【无光/投影】材质和【混合】材质等知识。

- **第5部分（第10课至第12课）：** 主要讲解制作三维场景环境、灯光、摄影机与三维场景的关系。包括环境的设置、灯光的创建、灯光的强度控制、灯光的投影控制、三点布光法、灯光阵列法、摄影机的创建和调整，以及摄影机与动画的关系等知识。

- **第6部分（第14课至第15课）：** 主要讲解3ds Max 2010中的渲染知识，后期处理在室内外效果图制作方面的应用。包括【扫描线】渲染、【光跟踪器】渲染和【光能传递】渲染、初始效果图的色彩或色调调整、添加配景、弥补错误，以及室内效果图的具体制作过程等知识。

本书特点

本书从电脑基础教学实际出发，设计了一个"**本课目标+知识讲解+上机练习+疑难解答+课后练习**"的教学结构，每课均按此结构编写。该结构各板块的编写原则如下。

- ➡ **本课目标：**包括本课要点、具体要求和本课导读3个栏目。"本课要点"列出本课的重要知识点，"具体要求"列出对读者的学习建议，"本课导读"描述本课将讲解的内容在全书中的地位及在实际应用中有何作用。
- ➡ **知识讲解：**为教师授课而设置，其中每个二级标题下分为"知识讲解"和"典型案例"两部分。"知识讲解"讲解本节涉及的知识点，"典型案例"结合"知识讲解"部分的内容设置相应的上机示例，对本课重点、难点内容进行深入练习。
- ➡ **上机练习：**为课堂实践而设置，包括2～3个上机练习题，并给出各题的最终效果或结果及操作思路，读者可通过此环节对本课内容进行实际操作。
- ➡ **疑难解答：**将本课学习过程中读者可能会遇到的常见问题，以一问一答的形式体现出来，解答读者可能产生的疑问，使其进一步提高。
- ➡ **课后练习：**为进一步巩固本课知识而设置，包括选择题、问答题和上机题几种题型，各题目与本课内容密切相关。

除此之外，"知识讲解"中还穿插了"注意"、"说明"和"技巧"等小栏目。"注意"用于提醒读者需要特别关注的知识，"说明"用于对正文知识进行解释或进一步延伸，"技巧"则用于指点捷径。

图书资源文件

对于本书讲解过程中涉及的资源文件（素材文件与效果图等），请访问博文视点公司网站（www.broadview.com.cn）的"资源下载"栏目查找并下载。

本书作者

本书的作者均已从事电脑教学及相关工作多年，拥有丰富的教学经验和实践经验，并已编写出版过多本电脑相关书籍。参与本书编写工作的人员有：刘红涛，杨秀鸿，刘思雨，刘芳，吴娟，李娜，王伟，李正辉，李丽雯，范娜，刘文静，李秋锋，刘丽君，黄伟和范燕。我们相信，一流的作者奉献给读者的将是一流的图书。

由于作者水平有限，书中疏漏和不足之处在所难免，恳请广大读者及专家不吝赐教。

目 录

第1课

3ds Max 2010简介

▼ **本课要点**

3ds Max 2010的基础知识

3ds Max 2010三维设计效果图制作过程

▼ **具体要求**

了解3ds Max 2010的特色功能

熟悉3ds Max 2010的应用领域

掌握3ds Max 2010的新特性

掌握三维设计效果图的制作过程

▼ **本课导读**

本课将重点介绍3ds Max 2010的基础知识及三维设计效果图的制作过程。本课是本书的开门篇,对知识点只做简单介绍,在后面的章节中会对它们进行深入讲解。通过本课的学习,读者应对3ds Max 2010有一个较深刻的认识。

1.1 3ds Max 2010的基础知识

3ds Max是Autodesk公司推出的一款非常优秀的三维动画制作软件。自推出以来，已经被广泛应用于广告设计、建筑设计、室内外装饰设计和游戏制作等诸多领域，是三维效果图制作不可替代的重要工具。

3ds Max的最新版本是3ds Max 2010，其用户界面有了全新的变化，目的是和其他软件（如AutoCAD 2010，Inventor 2010，Revit 2010）组合运用。

下面主要介绍3ds Max 2010的基础知识。

1.1.1 知识讲解

3ds Max是3D Studio Max的简称，是在3D Studio基础上发展起来的三维实体造型及动画制作软件。

3ds Max 2010版本中增加了新的建模工具，可以自由地设计和制作复杂的多边形模型，且新的即时预览功能支持AO，HDRI，soft shadows和硬件反锯齿等效果。此版本给予使用者新的创作思维与工具，并提升了与后期制作软件的结合度，让用户可以更方便地进行创作，将创意无限发挥。

在3ds Max 2010中，用户可以轻松将任何对象制作成动画，并且可以随时观看制作的动画效果。通过各个面板的参数设置，可以实现复杂的动画效果，同时通过渲染预览窗口即时预览材质贴图的效果。如果在操作过程中按下动画播放按钮，还可以制作出对象变形和时间推移所形成的动画效果等。

1. 3ds Max 2010的特色功能

使用Autodesk 3ds Max软件可以在很短的时间内制作出令人惊叹的作品。它在以前版本的基础上引入了新的省时动画和贴图工作流程工具，创新的渲染技术，并显著改进了3ds Max与其他业界标准产品（例如 Autodesk Maya）的协同工作能力和兼容性。

3ds Max 2010的特色功能如下所述。

📁 外观

3ds Max 2010的窗口已经更新，更加方便易用。而且，许多图形按钮经过重新设计，更加清晰明了，如图1.1所示。

图1.1 快速访问工具栏

📁 石墨建模工具

石墨建模工具也称为"Graphite Modeling Tools"，代表一种用于编辑【网格】和【多边形】对象的新范例，如图1.2所示。它具有基于上下文的自定义界面，该界面提供了完全特定于建模任务的所有工具（且仅提供此类工具）；它仅在用户需要相关参数时才提供相应的访问权限，从而最大限度地减少了屏幕杂乱的现象。

图1.2 石墨建模工具

📁 **xView 网格分析工具**

此工具可以标记出各种潜在问题和错误，并在视口中以图表和文本的形式显示结果。测试范围包括孤立顶点、重叠顶点、开放边及各种 UVW 统计信息等。执行【视图】→【xView】命令，可打开【xView】菜单，如图1.3所示。

📁 **材质管理器**

新增的【材质管理器】对话框使得浏览和管理场景中的材质更加轻松，执行【渲染】→【材质管理器】命令，可以打开【材质管理器】对话框，如图1.4所示。用户可以在其中快速浏览场景中的所有材质，并查看材质的属性与关联性。用户通过【材质管理器】对话框可以快速取代材质，在复杂场景中更容易管理材质。

图1.3 【xView】菜单　　图1.4 【材质管理器】对话框

📁 **视口画布**

视口画布提供了在视口中直接在对象的纹理上进行绘制的工具。它将活动视口变成二维画布，用户可以在这个画布上绘制，然后将结果应用于对象的纹理。执行【工具】→【视口画布】命令，可打开【视口画布】对话框，如图1.5所示。

3ds Max 2010的新增功能还有很多，用户通过帮助文件中的索引可查找包含新功能信息的主题。有关介绍程序新功能的主题，请检查索引条目【新增功能】；有关现有功能的更改，请检查索引条目【更改的功能】。

2. 3ds Max 2010的应用领域

3ds Max作为一款功能全面的三维制作软件，以其卓

图1.5 【视口画布】对话框

越的性能，广泛应用于影视特效、产品设计、建筑设计、科学研究及游戏开发等各个行业和领域。

下面简单介绍一下3ds Max所应用的主要领域。

📁 **影视特效**

现在大量的电影、电视和广告画面等都有通过3ds Max制作的视觉特效。在影视制作中，一些很难出现或者现实中没有的场景和人物通过3D动画技术就可以实现。3ds Max的视觉效果技术在大片特效制作中起着不可小瞧的作用，它在实现影视制作者奇妙构想的同时，也为观众展现了一个令人震撼的神奇世界。如图1.6所示，就是使用3ds Max制作的影视特效图。

📁 **产品设计**

现代工业产品的结构相当复杂，3D技术在产品设计、改造上提供了强大的帮助。通过3D技术进行产品设计，让企业可以直观地模拟出产品的材质、造型及外观等特性，降低产品的开发成本。如图1.7所示，就是用3ds Max制作的产品设计效果图。

图1.6　影视特效图

图1.7　产品设计效果图

📁 **电脑游戏**

现在许多电脑游戏中都运用了3D技术。3D游戏以其细腻的画面、宏伟的场景、逼真的造型，吸引了越来越多的游戏玩家，促进了3D游戏市场不断发展壮大。如图1.8所示，就是用3ds Max制作的3D游戏效果图。

📁 **建筑效果图制作**

3D技术也广泛应用于室内、室外效果图的制作。建筑设计师可以通过3ds Max创建场景效果图，指导实际工程的施工，设计开发出更加精良的建筑物。如图1.9所示，就是3ds Max制作的建筑效果图。

图1.8　电脑游戏效果图

📁 **科学研究**

在科学研究方面，3D技术也起着举足轻重的作用。利用3ds Max技术可以真实地再现宇宙空间、模拟物质微观状态等，如图1.10所示。

图1.9 建筑效果图

图1.10 用于科学研究

3. 3ds Max 2010的新特性

新版本的3ds Max拥有更加人性化的界面，以及丰富的功能和用途广泛的工具。下面简单介绍3ds Max 2010的新增功能和特点。

📁 **用户界面**

重新组织命名及摆放的工具，使得3ds Max 2010的用户界面更加协调，并且该版本还支持某些重命名和重新改造的工具。另外，用户获取帮助更方便，场景浏览器功能更强大。

如图1.11所示为启动后的用户界面。

选择【学习影片】对话框中的【用户界面和视口导航】选项，打开如图1.12所示的基本技能影片对话框，这是一个连接到网络上的视频文件，这个视频中讲解了有关用户界面和视图导航方面的知识。

图1.11 启动后的用户界面

图1.12 【基本技能影片】窗口

📁 **照明**

3ds Max 2010采用全新的光度计灯光系统，旧的亮度计灯光已全部删除并整合进来，mental ray日光系统有新的功能，可以修改天空模式。

📁 **建模与动画**

加入ForeFeet前足选项后，Biped现已全面支持四足角色。群体中心可使用外部坐标进行动画。Walkthrough Assistant可轻松实现行走动画的交互操作与调整。

📁 **材质与贴图**

　　3ds Max 2010新加入了一些材质库，如图1.13所示，这些材质可以实现极度真实的表面效果和全面的功能定制。新的混合贴图添加了大量的功能，并简化了贴图的复杂程度。视图区支持多层贴图显示，如图1.14所示，无须再进行测试渲染。

图1.13　新的材质库

图1.14　新的贴图

📁 **新的渲染窗口**

　　新的渲染窗口可以直接做局部渲染，如果渲染器是mental ray的话，还可以直接在这里设定参数并重复渲染。如图1.15所示为新的渲染窗口。

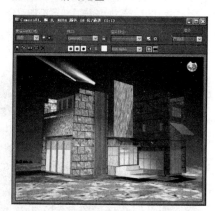

图1.15　新的渲染窗口

1.1.2　典型案例——打开动画场景并制作视频文件

案例目标

　　本案例将在3ds Max 2010中打开一个动画场景文件，并通过播放该文件来观察场景中对象的动作表现，然后将其制作成能通过视频软件播放的视频文件。

　　素材位置：【\第1课\素材\螺旋器\螺旋器.max】

　　效果图位置：【\第1课\源文件\螺旋器\螺旋器.avi】

　　制作思路：

步骤01 打开动画场景文件。

步骤02 播放并观察动画效果。

步骤03 将动画文件输出为视频文件。

本案例分为两个制作步骤：第1步，打开并观察动画场景文件；第2步，生成并输出可播放的视频文件。

1. 打开并观察动画场景文件

打开动画场景文件与其他应用软件的相应操作方法一样，但播放动画场景则是3ds Max 2010与其他应用软件的一个较大的区别，其具体操作步骤如下。

步骤01 执行【开始】→【所有程序】→【Autodesk】→【Autodesk 3ds Max 2010 32-bit】→【3ds Max 2010 32位】命令，启动3ds Max 2010，打开后的软件工作界面如图1.16所示。

 在使用3ds Max 2010前应先安装它，其安装方法与其他应用软件的安装方法一样，读者可在安装前详细阅读安装软件所附带的安装说明文件，然后按说明文件进行安装。

步骤02 单击3ds Max图标，在其下拉菜单中选择【打开】命令，在打开的【打开文件】对话框中选择"螺旋器.max"文件，如图1.17所示。然后单击【打开】按钮，打开后的场景如图1.18所示。

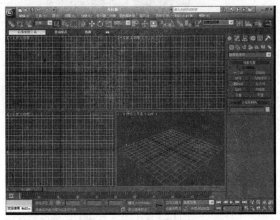

图1.16 3ds Max 2010的工作界面   图1.17 【打开文件】对话框

步骤03 单击工作界面底部右下角处的【播放动画】按钮，这时场景中的螺旋器会开始转动，如图1.19所示为螺旋器运动过程中的一个动作表现。

 在播放过程中，【播放动画】按钮会变成【停止动画】按钮，单击该按钮可停止播放，同时按钮又重新还原成【播放动画】按钮。

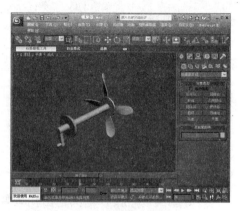

图1.18　打开后的场景　　　　　　　　　　　图1.19　运动中的一个动作表现

2. 生成并输出可播放的视频文件

下面介绍的内容比较简略，由于还未正式讲解相关知识点，所以读者只需跟着步骤进行操作即可，其具体操作步骤如下。

步骤01　执行【渲染】→【渲染设置】命令，在打开的对话框中选中【时间输出】区域中的【活动时间段0到100】单选项，如图1.20所示。

步骤02　将光标移动到对话框的任意空白处，当光标变成 形状时按住鼠标左键不放并向上拖动，以实现参数面板的移动，直到对话框中出现【渲染输出】区域为止，如图1.21所示。

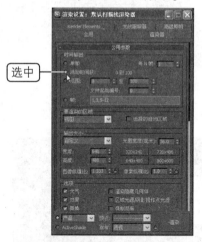

图1.20　【时间输出】区域　　　　　　　　　图1.21　【渲染输出】区域

步骤03　单击【文件】按钮，在打开的【渲染输出文件】对话框中将要渲染输出的文件以"螺旋器.avi"为文件名进行保存，如图1.22所示。

步骤04　单击【保存】按钮，打开【AVI文件压缩设置】对话框，如图1.23所示。单击【确定】按钮，此时的【渲染输出】区域如图1.24所示。

步骤05　单击【渲染】按钮，系统开始渲染输出场景。

步骤06　当渲染完成后，就可以使用播放器播放已生成的视频文件了。如图1.25所示的是使用暴风影音播放器播放视频文件过程中的一个静帧表现。

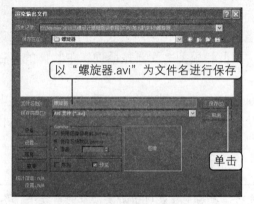

图1.22 【渲染输出文件】对话框

图1.23 【AVI文件压缩设置】对话框

图1.24 【渲染输出】区域

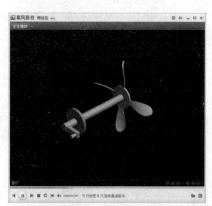

图1.25 播放视频文件

案例小结

本案例对一个已制作好的动画场景文件进行了一些简单的操作，包括文件的打开、动画的预览和渲染输出，其目的是让读者对三维场景和动画有一个基本的认识。操作过程中涉及到的一些知识点会在以后的章节中详细讲解，在这里，读者只需按步骤进行操作即可。

1.2 3ds Max 2010三维设计效果图制作过程

与学习其他应用软件一样，读者应首先弄明白该软件到底能干什么，是如何进行工作的。这样就能在以后的学习过程中抓住重点，有的放矢地学习，尽量避免盲目学习。

1.2.1 知识讲解

要很好地完成效果图的制作，应该按照创建模型、制作材质、创建摄影机和灯光，以及渲染设置和后期处理4个阶段来进行。

1. 创建由模型构成的三维场景

创建模型就是运用3ds Max 2010中的各种建模工具，将所要表达的设计意图表现出来。这些作品是由不同的三维模型构成的，模型和模型之间要按照现实中物体的存在方式进行设计。

对于室内或室外的模型，它是根据AutoCAD图纸进行创建的，度量单位的设置显得尤为重要，最好统一单位。模型的位置也不能忽视，在创建过程中可以通过捕捉工具和对齐工具来保证模型位置的准确。

如图1.26所示为一室内效果图的模型。

 注意 建模不仅需要耐心，还需要技巧，原则是在表现出必要细节的前提下，尽量降低场景的复杂程度。关于建模的知识，可参阅本书后面的相关章节。

2. 制作材质

现实生活中的任何物体表面都会表现出一定的质感，这是由物体的属性决定的。通过为三维场景中的模型制作材质，可以使三维场景中代表不同物体的模型表现出物体应该具有的质感。

如图1.27所示是为模型制作材质后的表现效果。

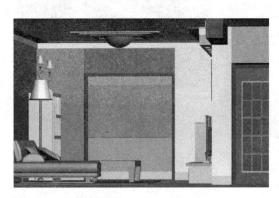 

图1.26　室内效果图　　　　　　　　　图1.27　为模型制作了材质

3. 创建摄影机和灯光

在现实生活中，物体受光后会产生反射或折射现象，当部分光线进入我们的眼睛并成像后，物体就会被看到。在3ds Max 2010中，为场景设置灯光就是为了使用户能够看到场景，并让模型表面的材质更加真实地表现出来。而架设摄影机，则是通过一个合理的角度最大限度地显示场景。

如图1.28所示是为场景设置摄影机和灯光后的表现效果。

4. 渲染设置和后期处理

完成以上过程后，需要进行效果图的渲染设置，这时需要一款高品质的渲染软件才能表现出真实的材质和合理的灯光配置效果。而效果图的后期处理是为了调整从三维软件输出的图片的不足之处和添加各种配景（包括背景、人物和花草等），使效果图的画面更加生动和丰富多彩。

如图1.29所示是为效果图进行后期处理后的效果。

图1.28　创建摄影机和灯光

图1.29　后期处理效果

1.2.2　典型案例——室外建筑

案例目标

　　本案例将制作室外建筑效果图，其目的是让读者完全了解在3ds Max 2010中制作三维场景的各个环节，以及后期处理的一些知识。制作出的室外建筑的效果如图1.30所示。

图1.30　室外建筑

　　素材位置：【\第1课\素材\室外建筑\】

　　效果图位置：【\第1课\源文件\室外建筑\室外建筑.jpeg】

　　制作思路：

步骤01　打开场景文件。

步骤02　为场景添加灯光，为渲染做准备。

步骤03　渲染输出图像，为后期处理做准备。

步骤04　对图像进行后期处理，以提高图像的真实感。

操作步骤

本案例分为4个制作步骤：第1步，打开场景文件；第2步，添加灯光；第3步，渲染输出；第4步，后期处理。

1. 打开场景文件

由于读者目前还不会创建三维场景，所以这里打开一个事先制作好的场景文件来进行操作，其具体操作步骤如下。

步骤01 单击3ds Max图标，在其下拉菜单中选择【打开】命令，在打开的【打开文件】对话框中选择"室外建筑.max"文件，如图1.31所示，单击【打开】按钮，打开后的场景如图1.32所示。

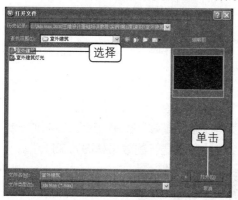

图1.31 【打开文件】对话框　　　　　图1.32 打开后的场景

步骤02 按【Shift+Q】组合键，或者按【F9】键，对场景进行快速渲染，渲染后的效果如图1.33所示。

图1.33 渲染后的效果

2. 添加灯光

下面我们通过合并的方法为场景创建灯光系统，具体操作步骤如下。

步骤01 单击3ds Max图标，在其下拉菜单中选择【导入】命令，在其子菜单中选择

【合并】命令，打开【合并文件】对话框，在其中选择"室外建筑灯光.max"文件，如图1.34所示。

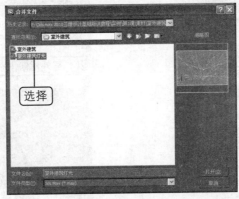

图1.34 【合并文件】对话框

步骤02 单击【打开】按钮，在打开的【合并-室外建筑灯光.max】对话框中单击【全部】按钮，选择对话框左侧列表框中的所有灯光，如图1.35所示。

步骤03 单击【确定】按钮，为室外建筑场景创建光照系统，如图1.36所示。

图1.35 【合并-室外建筑灯光.max】对话框　图1.36 创建光照系统

3. 渲染输出

渲染输出就是将制作灯光后的场景以静帧图像的方式进行存储，其操作步骤如下。

步骤01 选择【渲染】→【渲染设置】命令，在打开的对话框中将输出尺寸设置为"800×600"，如图1.37所示。

步骤02 将光标移动到对话框的任意空白处，当光标变成 形状时，按住鼠标左键不放并向上拖动，以实现参数面板的移动，直到对话框中出现【渲染输出】区域为止。

步骤03 单击【文件】按钮，在打开的【渲染输出文件】对话框中，将要渲染输出的文件以"室外建筑.jpeg"为文件名进行保存，如图1.38所示。

步骤04 单击【保存】按钮，返回渲染设置对话框。

步骤05 单击【渲染】按钮，渲染输出场景。

图1.37 设置渲染尺寸

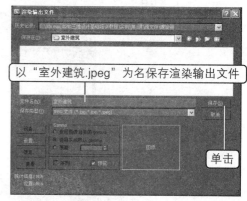

以"室外建筑.jpeg"为名保存渲染输出文件

单击

图1.38 设置输出文件名

4. 后期处理

具体操作步骤如下。

步骤01 启动图像处理软件Photoshop并打开前面保存的渲染输出文件"室外建筑.jpeg",如图1.39所示。

步骤02 从图1.39中可以看出,图像部分的对比度不是很理想,可通过色阶处理来增加对比度。执行【图像】→【调整】→【色阶】命令,在打开的【色阶】对话框中设置参数,如图1.40所示。

步骤03 单击【确定】按钮,调整色阶后的效果如图1.41所示。

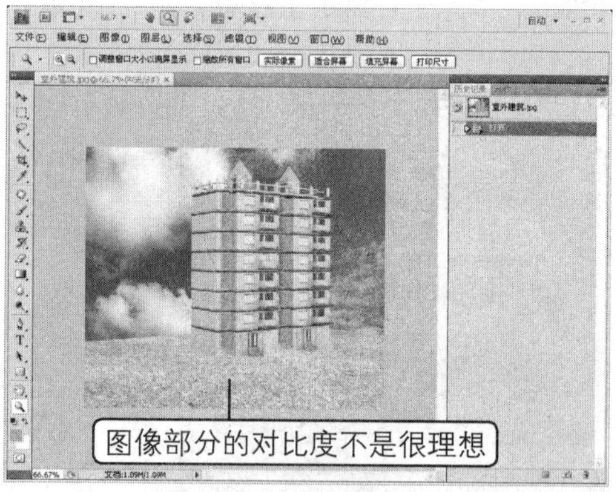

图像部分的对比度不是很理想

图1.39 打开渲染生成的图像

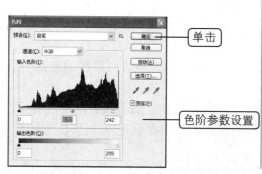

单击

色阶参数设置

图1.40 调整色阶

图1.41 调整色阶后的效果

步骤04 执行【图像】→【调整】→【色相/饱和度】命令,在打开的【色相/饱和度】对话框中设置参数,如图1.42所示。

步骤05 单击【确定】按钮,调整后的效果如图1.43所示。

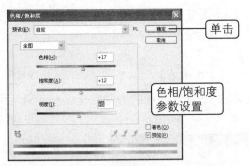

图1.42 调整色相或饱和度

图1.43 调整色相/饱和度后的效果

步骤06 将调整后的室外建筑效果图进行保存。

案例小结

本案例制作了一个室外建筑效果图，场景中需要的模型、材质和灯光已分别在不同的文件中制作完毕，这里只是将它们有机地组合在一起。通过本案例，读者可以更具体地了解三维场景从创建到最终成型的整个过程。操作过程中涉及到的一些知识点会在以后的章节中详细介绍，在这里，读者只需按照步骤进行操作即可。

1.3 上机练习

1.3.1 制作"雪花飞舞"视频文件

本次上机练习将在如图1.44所示的三维场景中制作雪花飞舞的视频文件，主要目的是帮助读者熟悉3ds Max 2010的工作环境，视频效果如图1.45所示。

素材位置：【\第1课\素材\雪花飞舞\雪花飞舞.max】

效果图位置：【\第1课\源文件\雪花飞舞\雪花飞舞.avi】

制作思路：本练习制作视频文件的方法与本课1.1.2节介绍的方法完全一样，读者可参照它自行完成。

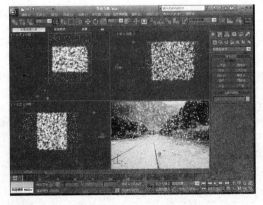

图1.44 打开的场景

图1.45 雪花飞舞的视频效果

1.3.2　制作卧室效果图

本次上机练习将制作如图1.46所示的卧室效果图，主要目的是练习三维场景的制作过程，并掌握3ds Max 2010的一些基本操作，如合并和渲染等。

素材位置：【\第1课\素材\卧室效果图\】

效果图位置：【\第1课\源文件\卧室效果图\卧室效果图.jpg】

制作思路：本练习制作效果图的方法与本课1.2.2节介绍的方法完全一样，读者可参照它自行完成。

图1.46　卧室效果图

1.4　疑难解答

问：3ds Max 2010是一款什么样的应用软件？

答：3ds Max 2010是一款三维动画制作软件，被广泛地应用于广告设计、建筑设计、室内外装饰设计和游戏制作等诸多领域。

问：3ds Max 2010这款软件看起来很难学，是这样吗？

答：这款软件不但可以学会，还可以学得很好。这个软件看起来很复杂，其实应用非常简单。只要你有足够的耐心，没有学不会的东西。

问：为什么后期处理需要使用Photoshop软件？

答：因为Photoshop是专业的图像处理软件，它能做出各种特殊效果，是室内外效果图处理中必用的软件。Photoshop能调整图像的亮度/对比度、色阶和色相/饱和度等。使用Photoshop对图像进行调整后，可使图像更具真实感。

问：Photoshop后期处理中为什么【亮度/对比度】、【色阶】和【色相/饱和度】这3个命令如此重要？

答：这是因为大多数渲染输出的效果图的颜色存在一些瑕疵，这就需要在Photoshop中使用这些命令来对效果图进行修整或者对色彩进行适当的调整。

1.5 课后练习

选择题

1 3ds Max 2010被广泛应用于哪些行业？（　　　）
    A. 产品设计   B. 建筑设计
    C. 影视特效   D. 科学研究
    E. 游戏开发

2 利用3ds Max 2010进行三维制作的过程包括下面哪几个阶段？（　　　）
    A. 创建模型   B. 制作材质
    C. 场景布光   D. 渲染输出
    E. 后期处理

3 制作"室外建筑.max"这一案例时，使用（　　　）命令把"室外建筑灯光.max"文件应用到这一案例中。
    A. 打开   B. 导入
    C. 合并   D. 替换

问答题

1 在3ds Max中完成模型的创建后，必须为其制作材质吗？为什么？

2 为什么要为三维场景创建灯光照明系统？

3 Photoshop在室内外效果图制作中起什么作用？

第2课

3ds Max 2010基础知识

▼ **本课要点**

认识3ds Max 2010的界面

个性化设置工作界面

▼ **具体要求**

认识3ds Max 2010的工作界面

掌握视图的作用与调整方法

掌握视图的显示方式

调整界面元素位置

配置视图显示方式

改变界面显示风格

自定义菜单和自定义工具栏

配置快捷键及配置单位等

▼ **本课导读**

本课将重点介绍3ds Max 2010的一些基本知识点，即工作界面的设置与应用、视图的设置与应用、快捷键的设置与应用，以及单位的设置与应用等。

本课是深入学习三维设计的基础入门篇，也为以后各课的学习做了一个前导性铺垫，所以读者应熟练掌握本课所介绍的知识点。

2.1 认识3ds Max 2010的界面

3ds Max 2010是一款功能强大的三维制作软件,其界面结构是依据三维制作的实际流程而设计的。它不但拥有非常友好的工作界面,而且还允许用户根据个人需要自定义工作界面。

2.1.1 知识讲解

在利用3ds Max 2010创建三维场景时,绝大部分操作都是在其工作界面中完成的,所以3ds Max 2010工作环境最重要的组成部分是工作界面。

1. 认识3ds Max 2010的工作界面

运行3ds Max 2010后,电脑屏幕上就会出现如图2.1所示的工作界面。由于绝大部分操作都是在这里完成的,所以它是工作环境中最重要的部分。

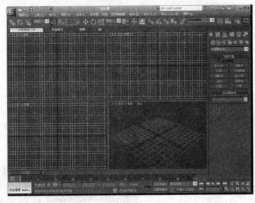

图2.1　3ds Max 2010工作界面

3ds Max 2010工作界面主要包括标题栏、菜单栏、工具栏、视图区、命令面板、MAXScript脚本编辑器、时间控制区、动画控制区及视图控制区等。

📁 标题栏

标题栏位于应用程序窗口最上方,用于显示3ds Max 2010的版本信息及当前正在编辑的文件的名称和存放路径,在标题栏的左侧有快速访问工具栏,在标题栏右侧有3个按钮,分别是【最小化】按钮、【最大化/还原】按钮及【关闭】按钮,如图2.2所示。

图2.2　标题栏

📁 菜单栏

菜单栏位于标题栏的下方,如图2.3所示。菜单栏集成了3ds Max 2010中的所有操作命令,其中包含12个菜单项,每个菜单项下都有一组自己的命令。

| 编辑(E) | 工具(T) | 组(G) | 视图(V) | 创建(C) | 修改器 | 动画 | 图形编辑器 | 渲染(R) | 自定义(U) | MAXScript(M) | 帮助(H) |

图2.3　菜单栏

选择菜单项时,在弹出的下拉菜单中选择要执行的命令即可。

如果某些命令呈暗灰色，说明该命令在当前编辑状态下不可用，需满足一定条件后才能使用。

📁 工具栏

工具栏是由工具按钮组成的，这些工具按钮都是工作过程中使用频率很高的工具，将其放置在工具栏中是为了便于用户快速、方便地找到并使用工具。

3ds Max 2010中包含多种类型的工具栏，如主工具栏、【层】工具栏、【轴约束】工具栏、【附加】工具栏和【渲染快捷方式】工具栏等。在主工具栏的空白位置单击鼠标右键，将弹出快捷菜单，如图2.4所示，在该快捷菜单中用户可以选择打开或关闭不同类型的工具栏。

图2.4　3ds Max 2010的工具栏

如果用户想显示所有的工具栏，可以选择【自定义】菜单项，在其下拉菜单中选择【显示UI】命令，再在其子菜单中选择【显示浮动工具栏】命令，如图2.5所示，即可打开所有的工具栏，如图2.6所示。

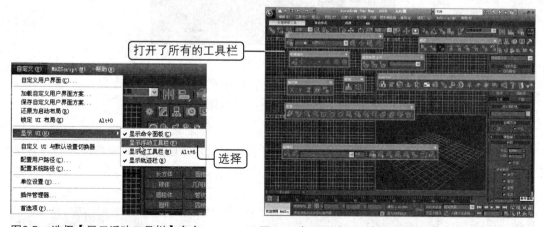

图2.5　选择【显示浮动工具栏】命令　　图2.6　打开所有工具栏后的窗口

📁 命令面板

命令面板是3ds Max工作界面的核心，它集成了3ds Max中所使用的大多数功能与参数控制项目，也是结构最复杂、使用最频繁的组成部分。

命令面板在3ds Max 2010工作界面的最右侧，呈现智能化的工作环境，3ds Max 2010会依据当前处于选中状态的不同对象及其次级结构对象，在命令面板中自动呈现具有针对性的可操作项目组合，不能作用于该对象的操作项目会以灰色显示，表示当前处于未激活状态。

命令面板由6个选项卡组成，分别介绍如下。

- ➡ 【创建】命令面板：包含3ds Max 2010中所有可创建的对象。
- ➡ 【修改】命令面板：可以通过为对象指定不同的修改器，对3ds Max 2010中的对象进行各种编辑修改操作。
- ➡ 【层次】命令面板：包含对象之间的层级链接控制、关节控制和反向运动控制等。
- ➡ 【运动】命令面板：包含对动画和轨迹的各种控制项目。
- ➡ 【显示】命令面板：包含各种显示控制项目，如隐藏对象、取消隐藏等。
- ➡ 【工具】命令面板：包含各种实用程序，还可以访问3ds Max 2010的多数外挂插件。

命令面板中的参数控制项目繁多，有时候不能完全显示在屏幕中，可以通过单击卷展栏左侧的加号或者减号按钮，展开或卷起卷展栏；也可以将鼠标指针放在命令面板的空白区域，等出现手形标记之后按住鼠标左键上下拖动命令面板，直到所需要的参数控制项目出现为止。

命令面板默认停泊在程序窗口的右侧边缘，也可以将它们拖曳出来成为浮动状态，还可以将其重新停泊到程序窗口的任何边缘。

📁 视图区

视图是3ds Max 2010工作界面的主要组成部分，它是显示及查看操作对象的区域。视图的功能十分强大，并且用户可以对视图进行各种设置。启动3ds Max 2010后用户可以看到4个默认视图，分别是：顶、前、左和透视视图，如图2.7所示。

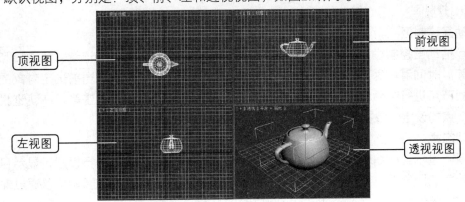

图2.7　默认视图

4个默认视图可以从不同视角查看对象。

在3ds Max 2010中，视图的种类有很多，可以分为标准视图、摄影机视图、灯光视图、图解视图和动态渲染视图等，它们的作用与内容各不相同。要查看或显示3ds Max 2010中的其他视图，可以在视图名称上单击鼠标左键，在弹出的下拉菜单中选择要查看的视图，如图2.8所示。

　在3ds Max 2010中，可以使用键盘快捷键来迅速切换活动视图，快捷键包括【T】（对应顶视图）、【B】（对应底视图）、【F】（对应前视图）、【L】（对应左视图）、【C】（对应摄影机视图）、【S】（对应聚光灯视图）、【P】（对应透视视图）和【U】（对应正交视图）。

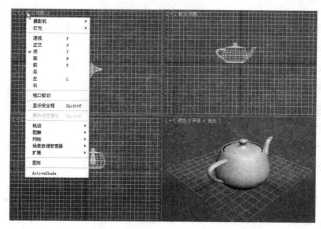

图2.8　选择要查看的视图

📁 控制区

在3ds Max 2010中，控制区一般位于视图的下方，它主要包括动画控制区、状态栏、视图控制区及脚本控制区，如图2.9所示。

图2.9　控制区

动画控制区

包括动画控制栏、时间滑块和轨迹栏等，用于控制动画的时间记录、关键帧和动画预演等。时间滑块之下的轨迹栏包含时间标尺，利用轨迹栏可以对当前选定对象的动画关键帧节点进行精确移动、复制和删除操作，为关键帧添加动画滤镜等，在轨迹栏中关键帧节点的设定会依据这些操作发生相应的改变。

状态栏

用于显示当前编辑对象的数目、坐标等简要信息，对选择集进行锁定，显示目前网格所使用的距离单位。另外，利用绝对坐标和相对位移的输入控制区，可以通过输入数据的方式精确控制当前选定对象的空间位置。

状态栏中还设有提示栏，在提示栏区域中显示了当前所选择工具的功能概要说明，并给出下一步操作的简要提示。

视图控制区

该控制区中的视图控制按钮用于调整场景在视图中的显示方式。另外，3ds Max 2010会根据当前激活的不同视图类别（如正视图、透视视图、摄影机视图、灯光视图等）自动给出相应的视图控制按钮组合。

脚本控制区

MAXScript脚本编辑器是3ds Max 2010的程序内定描述性语言，在该区域中可以查看、输入和编辑MAXScript脚本程序语言。

在3ds Max 2010中，除了使用主界面上显示的系统菜单栏外，还可以利用右键快捷菜单选择所需命令。请各位读者根据下面的提示进行操作。

在场景中的对象或某些功能按钮上单击鼠标右键，会弹出与该项目编辑状态相关的右键快捷菜单，如图2.10所示。

2. 视图的作用与调整

视图是3ds Max 2010工作界面的主要部分，它是显示和查看操作对象的区域。视图的功能十分强大，并且用户可以对视图进行各种设置。启动

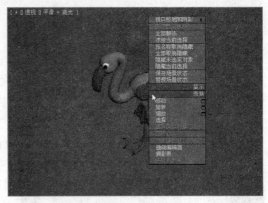

图2.10　右键快捷菜单

3ds Max 2010后用户可以看到4个默认视图，分别是顶、前、左和透视视图，分别用来表现从不同方向观察对象的效果。

在现实生活中，人们所观察到的物体总是以立体的形式表现的，3ds Max 2010为了模拟这种观察效果，专门设置了透视视图，如图2.11所示。

顶视图、前视图和左视图是以透视视图中的对象为基础，表现从各个方向观察对象时投射在地面的投影，并且以二维线框的方式来进行显示，分别如图2.12、图2.13和图2.14所示。

图2.11　对象在透视视图中的表现

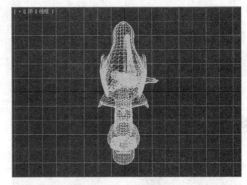

图2.12　对象在顶视图中的投影表现

图2.13　对象在前视图中的投影表现

图2.14　对象在左视图中的投影表现

在三维场景的创建过程中，需要不断从各个角度观察被编辑对象，以便及时修正对

象，从而使编辑后的对象更形象、真实。观察对象最直接、最简单、最不易出错的方式是通过视图控制区对视图进行调整。

3. 对象在视图中的标准显示方式

显示具有许多复杂纹理的巨大模型且每个视图都设置为显示最高质量时，即使在配置很高的机器上更新视图，也需要很长的时间。3ds Max 2010共提供了9种对象显示方式。在任意视图的左上角单击鼠标左键，在弹出的下拉菜单中列出了这几种显示方式对应的菜单命令，如图2.15所示。也可以执行【视图】→【视口配置】命令，在打开的【视口配置】对话框的【渲染方法】选项卡中对活动视口进行设置，如图2.16所示。

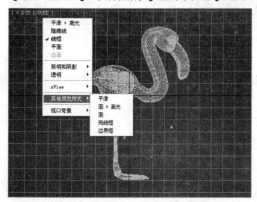

图2.15　下拉菜单

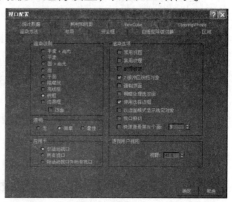

图2.16　【视口配置】对话框

📁 【平滑+高光】显示方式

这是系统默认的对象显示方式，使用平滑着色渲染对象并显示反射高光，如图2.17所示。要在【平滑+高光】和【线框】显示方式间快速切换，请按【F3】键。

📁 【平滑】显示方式

在这种显示方式下，只显示光滑表面，没有任何照明效果，如图2.18所示。

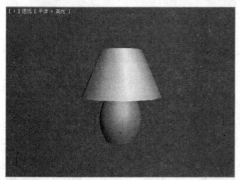

图2.17　【平滑+高光】显示方式

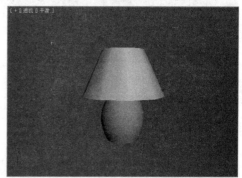

图2.18　【平滑】显示方式

📁 【面+高光】显示方式

在这种显示方式下，使用平面着色渲染对象，并显示反射高光，如图2.19所示。

📁 【面】显示方式

在这种显示方式下，将多边形作为平面进行渲染，但是不使用平滑或高亮显示进行着色，如图2.20所示。

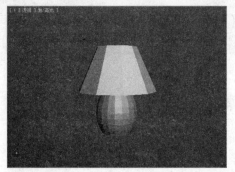

图2.19　【面+高光】显示方式

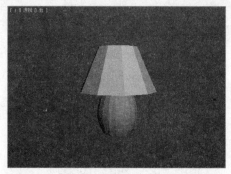

图2.20　【面】显示方式

　　📁　【平面】显示方式

　　在这种显示方式下，渲染采用原样、未着色漫反射颜色的每个多边形，而不用考虑环境光或光源。当显示每个多边形的形状比其着色情况更重要时，这种渲染方法非常有用。它还是检查渲染到纹理创建的位图结果的好方法，如图2.21所示。

　　📁　【隐藏线】显示方式

　　在这种显示方式下，线框模式隐藏法线指向偏离视口的面和顶点，以及被附近对象模糊的对象的任意部分。只有在这一显示方式下，线框颜色由"视口"的"隐藏线未选定颜色"决定，而不是对象或材质颜色，如图2.22所示。

图2.21　【平面】显示方式

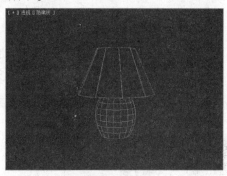

图2.22　【隐藏线】显示方式

　　📁　【亮线框】显示方式

　　在这种显示方式下，将对象作为线框，使用平面着色进行渲染，如图2.23所示。

　　📁　【线框】显示方式

　　在这种显示方式下，将对象绘制作为线框，并不应用着色，如图2.24所示。

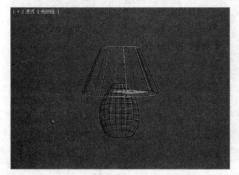

图2.23　【亮线框】显示方式

图2.24　【线框】显示方式

📁 【边界框】显示方式

在这种显示方式下，将对象绘制作为边界框，并不应用着色。边界框的定义是将对象完全封闭的最小框，如图2.25所示。

4. 标准视图工具

视图控制区，如图2.26所示。

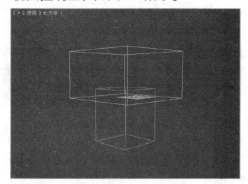

图2.25 【边界框】显示方式

图2.26 视图控制区

其中的各按钮的功能如下。

📁 【缩放】工具

单击该按钮，然后在视图中按住鼠标左键不放并进行拖动，可实现当前视图的放大或缩小，从而实现对象在视觉上的放大或缩小。

📁 【缩放所有视图】工具

该工具与【缩放】工具都用于实现视图的放大或缩小，只不过这里实现的是对所有视图的放大或缩小。

📁 【最大化显示】工具

单击该按钮，可将当前视图中的对象全部显示在可见视图中。如图2.27所示只显示了模型的一部分，单击【最大化显示】按钮后，整个模型都出现在可见视图中，如图2.28所示。

图2.27 没有显示完全的模型视图区域

图2.28 显示完全的视图区域

📁　　【所有视图最大化显示】工具▦

单击该按钮，可将所有视图中的对象全部显示在可见视图中。

📁　　【缩放区域】工具🔍

单击该按钮，然后在二维视图中拖曳鼠标，这时视图中会出现随鼠标指针移动产生的矩形虚线框，如图2.29所示。释放鼠标键后，矩形虚线框内的视图便进行了放大显示，如图2.30所示。

图2.29　设置放大区域

图2.30　放大后的区域

📁　　【平移视图】工具✋

单击该按钮后，鼠标指针会在视图中呈✋显示，这时拖动鼠标可实现视图的平移，如图2.31所示为平移前的视图，如图2.32所示为向左平移后的视图。

图2.31　平移前的视图

图2.32　向左平移的视图

📁　　【环绕】工具

单击该按钮后，视图中会出现一个带有矩形节点的黄色旋转框，如图2.33所示；将鼠标指针移动到黄色旋转框的任意地方并拖动，可实现视图的旋转，如图2.34所示。

图2.33　黄色旋转框

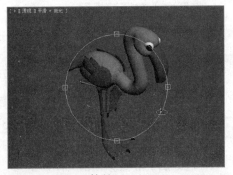

图2.34　视图的旋转

【最大化视口切换】工具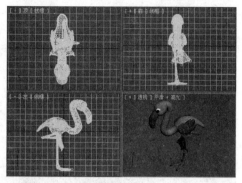

使用【最大化视口切换】工具，可在正常视图和全屏视图之间切换，如图2.35和图2.36中显示了切换前后的透视视图。

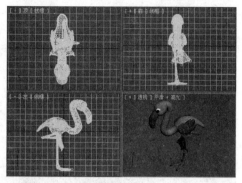

图2.35 切换前的透视视图

图2.36 切换后的透视视图

2.1.2 典型案例——调整视图并设置对象显示方式

案例目标

本案例将在3ds Max 2010中打开一个现成的三维场景，然后结合本课2.1.1节介绍的相关知识对视图中的对象进行不同显示方式的设置，并对视图进行放大、缩小和旋转等操作，目的是让读者在操作过程中熟练掌握这些基本的控制方法。

素材位置：【\第2课\素材\蝴蝶和花.max】

制作思路：

步骤01 打开场景文件。

步骤02 调整视图观察对象。

步骤03 设置对象的显示方式。

操作步骤

本案例分为两个制作步骤：第一步，打开文件并调整视图；第二步，设置视图的显示方式。

1. 打开文件并调整视图

具体操作步骤如下。

步骤01 单击3ds Max图标 ，在其下拉菜单中选择【打开】命令，在打开的【打开文件】对话框中选择"蝴蝶和花.max"文件，如图2.37所示。然后单击【打开】按钮，打开后的场景如图2.38所示。

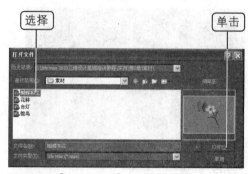

图2.37 【打开文件】对话框

步骤02 单击视图控制区中的【缩放所有视图】按钮图，在任意视图中按住鼠标左键不放并向上拖动，4个视图将同时放大，如图2.39所示。

步骤03 激活透视视图，单击【最大化视口切换】按钮图，将透视视图最大化显示，如图2.40所示。

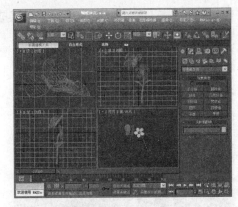

图2.38 打开的场景

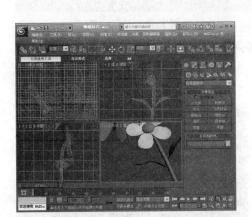

图2.39 放大所有视图

图2.40 最大化透视视图

步骤04 继续利用视图控制区中的各种视图控制工具对透视视图进行调整，最后调整效果如图2.41所示。

图2.41 调整视图后的最终效果

2. 设置视图显示方式

具体操作步骤如下。

步骤01 激活透视视图，执行【视图】→【视口配置】命令，打开【视口配置】对话框。在【渲染方法】选项卡的【渲染级别】区域中，选中【亮线框】单选项，如图2.42所示。

步骤02 单击【确定】按钮，将对象转换成【亮线框】显示方式，设置后的对象如图2.43所示。

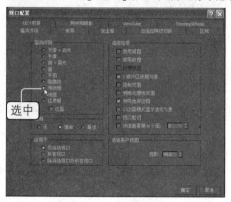

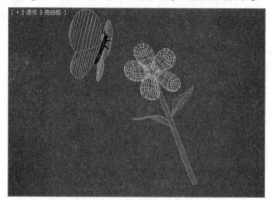

图2.42　选择显示方式

图2.43　以【亮线框】方式显示对象

步骤03 在透视视图的左上角单击鼠标左键，在弹出的下拉菜单中选择【其他视觉样式】命令，然后从其子菜单中选择【面+高光】命令，如图2.44所示。设置后的对象如图2.45所示。

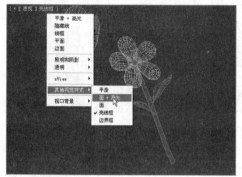

图2.44　选择【面+高光】命令

图2.45　设置后的对象

案例小结

本案例对一个已制作好的场景进行了视图和显示方式的调整，包括缩放、切换和旋转视图，以及设置对象的不同显示方式。通过本案例的学习，读者应该快速熟悉并掌握视图的不同调整方法和对象显示方式的设置，为以后进一步深入学习视图的有关操作打下坚实基础。

2.2　个性化设置工作界面

3ds Max 2010有一个人性化的工作界面，用户可以对界面进行个性化设置。

2.2.1　知识讲解

个性化设置工作界面包括调整界面元素的位置、配置视图显示方式、改变界面显示风格、自定义菜单、自定义工具栏、自定义快捷菜单、配置快捷键及配置单位等。

1.调整界面元素的位置

工作界面的各个组成部分并不固定地停放在某个位置，用户可以将它们重新停放。例如，将鼠标放在工具栏的边缘位置，当鼠标变成层叠纸状 时进行拖动，可以将其调整到界面的任意位置。用同样的方法可以将命令面板调整到界面的任意位置，如图2.46所示。

2.配置视图显示方式

系统默认情况下，视图区左上方为顶视图、右上方为前视图、左下侧为左视图和右

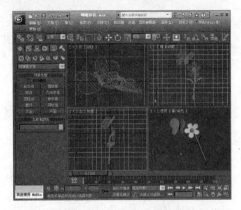

图2.46 调整工具栏和命令面板的停放位置

下侧为透视视图，在工作时用户可以根据实际需要来配置视图。执行【视图】→【视口配置】命令，打开【视口配置】对话框，在其中单击【布局】选项卡，然后从中选择一种视图配置显示方式，如图2.47所示，单击【确定】按钮，此时的视图显示如图2.48所示。

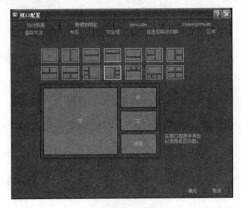

图2.47 【视口配置】对话框

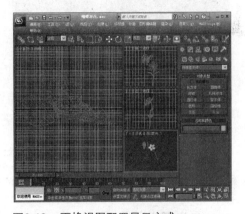

图2.48 更换视图配置显示方式

3.改变界面显示风格

3ds Max 2010提供了4种工作界面风格，执行【自定义】→【加载自定义用户界面方案】命令，打开【加载自定义用户界面方案】对话框，可选择加载其中的某种界面风格，如图2.49所示。

📁 【DefaultUI】方案

这是3ds Max 2010系统默认的界面风格，整个界面呈灰色显示。

图2.49 【加载自定义用户界面方案】对话框

📁 【ame-dark】方案

应用该方案后，除主工具栏外的其他界面区域呈黑色显示，如图2.50所示。

📁 【ame-light】方案

应用该方案后，界面上各个工具按钮会发生一些变化，其颜色与系统默认方案一样，如图2.51所示。

📁 【ModularToolbarsUI】方案

应用该方案后，在主工具栏下面会出现一些附加工具栏，其颜色与系统默认方案一样，如图2.52所示。

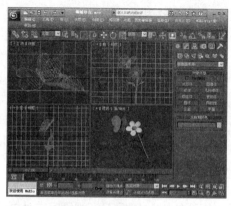

图2.50　【ame-dark】方案

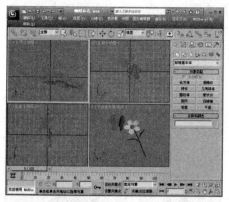

图2.51　【ame-light】方案

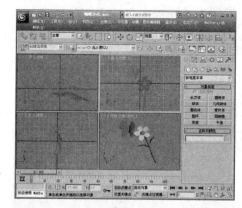

图2.52　【ModularToolbarsUI】方案

 注意 由于系统默认方案与另外3个方案有一些区别，建议初学者采用系统默认方案，当对3ds Max 2010有一定的深入了解后再使用另外几个方案。

4. 自定义菜单

用户除了可以自定义工具栏之外，还可以自定义窗口中的菜单。

在3ds Max 2010中，使用【自定义用户界面】对话框中的【菜单】选项卡，可以自定义工作界面中的菜单。

自定义菜单的具体操作步骤如下。

步骤01 执行【自定义】→【自定义用户界面】命令，打开【自定义用户界面】对话框，单击【菜单】选项卡。

步骤02 在左侧的列表框中，选择要添加的菜单命令，将它拖曳到右侧的列表框中，如图2.53所示，释放鼠

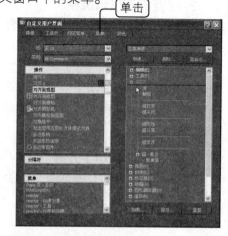

图2.53　自定义菜单

标即可创建新的菜单组。

步骤03 设置完成后单击【保存】按钮保存，但是需要重新启动3ds Max 2010才能看到所做的更改。

 使用【自定义】菜单中的【还原为启动布局】命令，可以重置系统，返回默认的用户界面。

5. 自定义工具栏

在3ds Max 2010中，用户可以创建新的工具栏，具体操作步骤如下。

单击

步骤01 启动3ds Max 2010，选择【自定义】菜单中的【自定义用户界面】命令，打开【自定义用户界面】对话框，单击【工具栏】选项卡，如图2.54所示。

步骤02 单击【新建】按钮，打开【新建工具栏】对话框，如图2.55所示。

步骤03 在【名称】文本框中输入新工具栏的名称，例如输入"我的工具栏"。

图2.54 【自定义用户界面】对话框

步骤04 单击【确定】按钮，在如图2.54所示对话框的【操作】列表框中选择需要添加到新工具栏中的命令，拖曳该命令到新的工具栏中即可，如图2.56所示。我们可以看到，一些工具显示为按钮图标，而另一些则只显示工具名称。

输入新工具栏的名称

图2.55 【新建工具栏】对话框　　　　图2.56 创建的新的工具栏

在【工具栏】选项卡中，【删除】按钮可用于删除工具栏，但只能删除自己创建的工具栏；【重命名】按钮用于为当前工具栏重新命名；【隐藏】复选框可以使选择的工具栏隐藏起来。

 在自定义新的工具栏时，按住键盘上的【Alt】键可以从另一个工具栏上把按钮拖曳到新工具栏上，按住【Ctrl】键并拖曳一个按钮，可以将原工具栏上的按钮复制到新的工具栏上，如果命令没有相应的图标，则该命令名称将出现在新工具栏上。除了可以将选择的命令拖曳到新工具栏上之外，用户还可以将其拖曳到已有的工具栏上。

6. 配置单位

配置单位是创建三维场景前应首先进行的操作，单位是连接3ds Max的三维世界与物理世界的关键，正确设置制图单位是创建三维场景的基本要求。

在三维场景建设、室内外设计和灯光照明控制等领域，人们通常采用"毫米"作为工作单位，为了让最终作品能够很好地展示，在三维设计前应将单位设置为"毫米"。在3ds Max 2010中，单位设置分为显示单位设置和系统单位设置两种。

执行【自定义】→【单位设置】命令，可打开如图2.57所示的【单位设置】对话框。

📂 显示单位设置

【单位设置】对话框中的【显示单位比例】区域用来设置显示单位，选中【公制】单选项，单击其下的下拉列表框，然后在弹出的下拉列表中选择【毫米】选项，设置后的单位如图2.58所示。

图2.57 【单位设置】对话框

图2.58 设置后的显示单位

📂 系统单位设置

单击【单位设置】对话框顶部的【系统单位设置】按钮，将打开如图2.59所示【系统单位设置】对话框。

默认的系统单位是"英寸"，单击【英寸】下拉列表框，然后在弹出的下拉列表中选择【毫米】选项，设置后的单位如图2.60所示。

图2.59 【系统单位设置】对话框

图2.60 设置后的系统单位

2.2.2 典型案例——为【旋转】命令定义快捷键

案例目标

本案例将为【旋转】命令定义快捷键，其目的是让读者熟练掌握快捷键的定义方法。

具体操作步骤如下。

步骤01 执行【自定义】→【自定义用户界面】命令，打开【自定义用户界面】对话框。

步骤02 单击【类别】下拉列表框，在弹出的下拉列表中选择【Tools】（工具）选项，如图2.61所示。

步骤03 在下面的列表框中选择【旋转】选项，如图2.62所示，【热键】文本框被激活，然后同时按【Shift】和【R】键，则为【旋转】命令设置了快捷键，如图2.63所示。

图2.61　设置操作命令类别

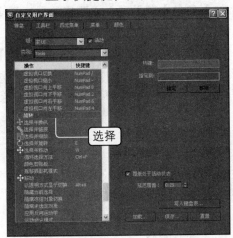

图2.62　选择【旋转】选项

图2.63　指定快捷键

步骤04 单击【指定】按钮完成设置。

案例小结

本案例为【旋转】命令定义了快捷键，主要目的是让读者进一步熟悉3ds Max 2010的工作环境，熟练掌握3ds Max 2010中快捷键的定义方法。

2.3　上机练习

2.3.1　为对齐操作定义新的快捷键

本次上机练习将改变图2.64所示的场景的视图显示方式并进行旋转和缩放操作，主要目的是让读者熟练掌握3ds Max 2010中的视图操作。最终效果如图2.65所示。

图2.64 打开的场景源文件

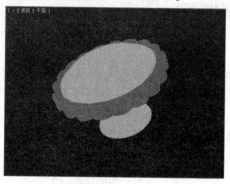

图2.65 改变后的场景

素材位置：【\第2课\素材\花钵.max】

制作思路：本次上机练习的方法可参照本课2.1.2节所讲的相关知识。

2.3.2 为菜单栏添加【角色】菜单项

本次上机练习将为3ds Max 2010的菜单栏添加【角色】菜单项，主要目的是让读者熟练掌握3ds Max 2010中的环境控制方法。

默认情况下，【角色】菜单项不包含在3ds Max 2010的菜单栏中，要添加【角色】菜单项，需要执行【自定义】→【自定义用户界面】命令，打开【自定义用户界面】对话框。单击【菜单】选项卡，在【菜单】列表框中找到【角色】选项，选择并拖曳其到右侧的列表框中，如图2.66所示。

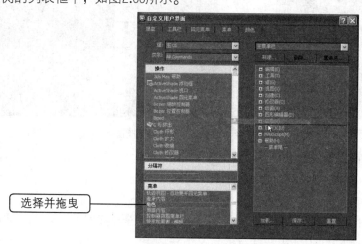

图2.66 【自定义用户界面】对话框

关闭对话框，【角色】菜单项就会被添加到菜单栏中了，如图2.67所示。

已添加的【角色】菜单项

| 编辑(E) | 工具(T) | 组(G) | 视图(V) | 创建(C) | 修改器 | 动画 | 图形编辑器 | 渲染(R) | 角色 | 自定义(U) | MAXScript(M) | 帮助(H) |

图2.67 添加【角色】菜单项后的菜单栏

制作思路：本练习添加菜单项的方法可参阅本课2.2.1节下的相关知识点。

2.4 疑难解答

问： 在3ds Max 2010中，如果不小心将主工具栏删除了，怎样才能将其调出使用呢？

答： 可以在菜单栏中执行【自定义】→【显示UI】命令，在弹出的子菜单中选择【显示主工具栏】命令即可。

问： 3ds Max 2010的工作界面由4个视图组成，在制作模型时总感觉有点小，能不能将需要的视图放大显示？

答： 可以。用鼠标单击选择需要放大的视图，这时视图会被一个矩形黄色线框所包围，按【Ctrl+W】组合键就可将其放大，再次按该组合键便可返回到以前的视图状态。

问： 在3ds Max 2010的视图中，当进行移动操作时坐标被隐藏了，怎样才能将其显示出来？

答： 选择【视图】→【显示变换Gizmo】命令，这样就能显示出坐标轴，也可以通过按【X】键锁定坐标轴。

2.5 课后练习

选择题

1 视图区是3ds Max 2010界面中面积最大的区域，默认的4个视图分别是（　　）。

A. 顶视图　　　　　B. 前视图　　　　　C. 左视图　　　　　D. 透视视图

2 3ds Max 2010提供了哪几种界面风格？（　　）

A.【DefaultUI.ui】方案　　　　　　B.【ame-dark.ui】方案

C.【ame-light.ui】方案　　　　　　D.【ModularToolbarsUI.ui】方案

3 在3ds Max 2010中可以自定义哪些设置？（　　）

A. 配置视图显示方式　　　　　　　B. 改变界面显示风格

C. 自定义工具栏　　　　　　　　　D. 自定义菜单

E. 配置快捷键及配置单位等

问答题

1 简述3ds Max 2010工作界面的组成。

2 能不能改变视图中对象的显示方式？如果能，需要怎样操作？

3 简述3ds Max 2010中自定义工具栏的操作方法。

上机题

1 在视图中创建任意一个对象，然后试着改变工作界面并调整对象的显示方式。

2 根据自己的爱好，设置属于自己的3ds Max 2010工作界面。

第3课

文件和对象的基本操作

▼ **本课要点**

文件的管理

对象的操作

▼ **具体要求**

掌握创建、打开和保存文件的方法

掌握合并文件方法

掌握选择与移动对象的方法

掌握旋转与缩放对象的方法

掌握复制与对齐对象的方法

掌握组的创建、打开、关闭、附加和炸开等操作

掌握捕捉对象的方法

▼ **本课导读**

本课重点介绍3ds Max 2010工作环境中文件与对象的基本操作，包括打开和保存文件的几种方式、合并的应用及注意事项、对象的分类、对象的复制、对象的选择、对象的镜像及组的创建、打开、关闭、炸开等操作。另外，还讲解了对象的捕捉操作。文件与对象的基本操作是创建三维场景必不可少的操作步骤，对能否提高工作效率、减少误操作起着至关重要的作用。

3.1 文件管理

与其他任何应用软件一样，3ds Max 2010中的三维场景总是以文件的方式被创建、编辑和输出的，所以在学习创建三维场景前应掌握文件的有关操作。

3.1.1 知识讲解

文件的管理主要包括文件的新建、保存、打开和合并等，下面进行详细介绍。

在3ds Max 2010中，文件的基本操作包括文件的创建，文件的保存，文件的导入、导出及退出等操作。

1. 新建文件

新建文件是制作任何作品的基础。启动3ds Max 2010后，程序会自动打开一个新的场景。用户可以在任何时候创建一个新场景，即新文件。

单击3ds Max图标🅖，从弹出的下拉菜单中选择【新建】命令，弹出其子菜单，如图3.1所示。选择其中的某个命令，即可新建一个文件。

图3.1 【新建】子菜单

 按【Ctrl+N】组合键可以打开【新建场景】对话框。

在【新建场景】对话框中有3个单选项，各自的含义如下。

- **【保留对象和层次】单选项**：保留场景中所有模型对象和它们之间的链接关系，但动画设置将会被删除。
- **【保留对象】单选项**：保留场景中的所有模型对象。
- **【新建全部】单选项**：此单选项为默认设置，表示会清除场景中的所有对象并新建一个文件。

2. 保存文件

当完成作品后，应将作品保存到硬盘上。文件被保存以前，在标题栏中显示"无标题"，保存文件之后，其名称会出现在标题栏中。保存文件的方式有3种，分别是保存、另存为和保存为副本，下面介绍前两种保存方式。

 保存

如果当前编辑的三维场景以前已经被编辑过，那么使用这种保存方式。单击3ds Max图标，在弹出的下拉菜单中选择【保存】命令即可。如果该场景还没有保存过，则会打开【文件另存为】对话框，如图3.2所示。

图3.2 【文件另存为】对话框

说明 用户还可以按【Ctrl+S】组合键，打开【文件另存为】对话框。

 另存为

如果当前编辑的三维场景是以前已经编辑过的文件，但又不想覆盖以前的文件，那么可选择这种保存方式，其具体操作步骤如下。

步骤01 单击3ds Max图标，在弹出的下拉菜单中选择【另存为】命令，如图3.3所示。

步骤02 在打开的【文件另存为】对话框中设置好要保存的文件的路径、名称和类型，然后单击【保存】按钮即可。

注意 在工作过程中，为了防止因为突然停电、病毒干扰和碰撞电脑等意外情况造成不必要的损失，读者应随时注意保存文件。

图3.3 选择【另存为】命令

3. 打开文件

在3ds Max 2010中可以采用多种方式打开文件，常用的方式主要有3种，分别是直接打开、菜单方式打开和拖动打开。

 直接打开

这种方式是在不启动3ds Max 2010的情况下采用的，即用鼠标双击扩展名为.max的文件，系统便会自动启动3ds Max 2010并打开该文件。

说明 如果当前已打开了一个文件，那么再双击扩展名为.max的其他文件，也可将其打开，但两个文件分别位于不同的3ds Max 2010系统中，这样会消耗更多的电脑资源，造成系统运行缓慢，建议每次只启动一个3ds Max 2010系统。

📁 菜单方式打开

这种方式在启动3ds Max 2010的情况下使用，其具体操作步骤如下。

步骤01 单击3ds Max图标❻，选择【打开】命令。

步骤02 在打开的【打开文件】对话框中，设置好要打开的文件的路径和类型，并选择要打开的文件，如图3.4所示，然后单击【打开】按钮。

图3.4 【打开文件】对话框

📁 拖动打开

所谓拖动打开，就是在启动3ds Max 2010后，将硬盘中扩展名为.max的文件拖曳到3ds Max 2010工作界面上的任意地方，此时光标右下侧会出现一个十字形图标，如图3.5所示，释放鼠标键后，在弹出的快捷菜单中选择【打开文件】命令即可，如图3.6所示。

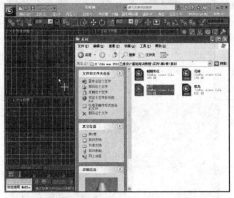

图3.5 拖曳要打开的文件

图3.6 选择【打开文件】命令

4. 合并文件

在实际工作中，有些模型是不需要创建的，可以通过合并文件操作来完成。

说明 床、电视柜等已编辑好的外部模型称为素材模型，可以从互联网上下载或从购买的素材光盘中得到。通过合并方式完善三维场景，可以极大地提高工作效率。

下面通过一个具体的实例来介绍合并操作，具体步骤如下。

步骤01 启动3ds Max 2010，打开"卧室"场景文件，单击3ds Max图标⑥，选择【导入】命令，从弹出的子菜单中选择【合并】命令，如图3.7所示。

步骤02 在打开的【合并文件】对话框中选择要合并的文件，如图3.8所示。

图3.7 选择【合并】命令   图3.8 选择要合并的文件

步骤03 单击【打开】按钮，在打开的【合并-床.max】对话框左侧的列表框下单击【全部】按钮，选择要被合并的对象，如图3.9所示。

步骤04 单击【确定】按钮。如果当前场景中对象的名称与被合并对象的名称相同，则会打开【重复名称】对话框，选中【应用于所有重复情况】复选框，如图3.10所示。

说明　在创建模型时，对于用户每次创建的对象，系统都会为其自动命名，打开【修改】命令面板，可在其中的名称文本框中看到被指定的名称，也可在文本框中直接输入新名称将其更名，如图3.11所示。

图3.9 【合并-床.max】对话框

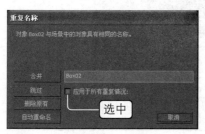

图3.10 【重复名称】对话框   图3.11 显示或修改模型名称

步骤05 单击【合并】按钮，如果当前场景中材质的名称与被合并材质的名称相同，则会打开【重复材质名称】对话框，选中【应用于所有重复情况】复选框，如图3.12所示。

步骤06 单击【使用合并材质】按钮，将"床"模型合并到当前场景中，按【Shift+Q】组合键，快速渲染视图，效果如图3.13所示。

图3.12 【重复材质名称】对话框

图3.13 合并"床"模型后的场景

3.1.2 典型案例——创建书房

案例目标

本案例将通过合并操作创建一个书房，其目的是让读者进一步熟悉文件的相关操作，如打开、合并和保存等，创建的书房三维场景如图3.14所示。

素材位置：【\第3课\素材\书房\】

效果图位置：【\第3课\源文件\书房效果.max】

制作思路：

步骤01 打开书房的主体框架。
步骤02 利用合并操作为书房合并其他室内装饰模型。

图3.14 创建的书房效果

操作步骤

本案例分为两个制作步骤：第一步，打开书房主体框架；第二步，合并书房室内装饰模型。

1. 打开书房主体框架

打开文件时可采用本课3.1.1节介绍的几种打开方式，这里采用菜单方式打开，其具体操作步骤如下。

步骤01 单击3ds Max图标，选择【打开】命令，在打开的【打开文件】对话框中选择"书房.max"文件，如图3.15所示。

步骤02 单击【打开】按钮，打开后的场景如图3.16所示。

图3.15 选择要打开的文件

图3.16 打开后的书房框架

2. 合并书房室内装饰模型

打开的书房框架和将要合并的模型都指定了模型名称和材质名称，在合并时要注意正确处理，具体操作步骤如下。

步骤01 单击3ds Max图标，选择【导入】命令，从弹出的子菜单中选择【合并】命令，在打开的【合并文件】对话框中选择"书架.max"文件，如图3.17所示。

步骤02 单击【打开】按钮，在打开的【合并-书架.max】对话框左侧的列表框中，选择要合并的对象，如图3.18所示。

图3.17 选择合并文件

图3.18 选择合并对象

步骤03 单击【确定】按钮，合并后的书房效果如图3.19所示。

步骤04 按照步骤01到步骤03的操作方法，从素材中合并"桌椅.max"文件到当前场景中，如图3.20所示。

步骤05 单击3ds Max图标，选择【另存为】命令，在打开的【文件另存为】对话框中设置好文件的保存路径、名称和类型，如图3.21所示，最后单击【保存】按钮。

图3.19 合并书架后的效果

设置好文件的保存路径、名称和类型

单击

图3.20　合并桌椅后的效果　　　　　图3.21　【文件另存为】对话框

案例小结

　　本案例创建了一个书房，场景中需要的模型已提供在素材库中，读者只需将模型有机地组合在一起即可。通过本案例的制作，读者可以更深入地学习到文件的一些相关操作，感受到文件操作的重要性，并熟练掌握文件的相关操作。

3.2　对象的操作

　　对象是三维场景中的基本元素，要了解和掌握3ds Max 2010就要从对象入手。用户通过创建和编辑各种不同类型的对象，来得到需要的模型。如何有效地组织和管理对象是一个成熟的三维设计者必须面对的问题。

3.2.1　知识讲解

　　3ds Max 2010中的大多数操作都是针对场景中的选定对象进行的，对象的基本操作是建模和设置动画过程的基础，本章就从创建对象、选择对象、移动对象、旋转对象、缩放对象、对齐对象、对象群组及捕捉对象等几个方面为用户介绍有关对象操作的基本知识。

1. 对象的概念

　　在3ds Max 2010中，对象就是组成三维场景的有机部件。例如，模型可以由线条、图形、几何体和【网格】对象等组成；要观察场景的不同部分，可以通过创建【摄影机】对象来完成；要使场景得到正确的光照效果，可以通过创建【灯光】对象来完成。

2. 对象的创建

　　在3ds Max 2010中用户可以创建复杂的模型和对象，但它本身就包含了许多简单的默认几何体，它们被称为造型，这些对象可以作为创建对象的起点。在场景中创建造型对象的方法有以下几种。

　　　　📁　使用【创建】命令面板

　　【创建】命令面板是命令面板中的第1个面板，图标是　。图3.22所示为在命令面板中打开【几何体】子面板时的【创建】命令面板。

　　【创建】命令面板是为场景创建对象的地方。这些对象可以是类似球体、圆柱体和长方体的几何对象，也可以是类似灯光、摄影机和粒子系统等其他对象。【创建】命令面板包含了大量对象。要创建一个对象，只需在【创建】命令面板中找到对应的对象工具按钮，单击该工具按钮，然后在选定的视图窗口中单击并拖曳鼠标即可。

　　📁　使用【创建】菜单

　　使用【创建】菜单不仅可以创建基本几何体、扩展几何体等，还可以快速访问【创建】命令面板中的按钮，由【创建】命令面板创建的所有造型对象都可以通过【创建】菜单进行创建。

　　从【创建】菜单中选择一个命令就会打开【创建】命令面板，并自动选定匹配的按钮。例如在【创建】菜单中选择【标准基本体】命令，在弹出的子菜单中选择【茶壶】命令，如图3.23所示。

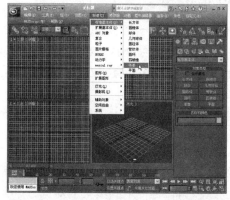

图3.22　【创建】命令面板　　　　　图3.23　【创建】菜单

　　在【创建】菜单中选择了命令之后，只需要在一个视图窗口中单击并拖曳鼠标，就可以创建对象。

3. 对象的选择

　　选择对象是编辑对象的前提，快捷有效地选择对象可以提高工作效率。选择对象有以下几种方法。

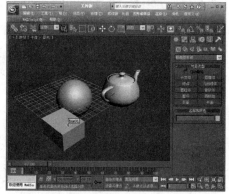

　　📁　使用【选择对象】按钮

　　这是运用最频繁的选择方式，在主工具栏上单击【选择对象】按钮🔳，然后在视图区中将鼠标指针移动到要选择的对象上面，当指针变成十字光标时单击即可，如图3.24所示。

图3.24　单击选择对象

 当将光标移动到对象上时，光标处会出现一个注释框，用来显示当前对象的名称。

　　在选择对象的过程中，按住【Ctrl】键不放，并连续单击不同的对象，可实现对象的叠加选择，按住【Alt】键不放，然后单击已选择的对象，可实现对象的减选。

所谓区域选择对象，就是在视图中单击并拖曳鼠标，以创建一个选择区域，如图3.25所示；凡是选择区域内的对象都将被选择，如图3.26所示。

> **说明** 对象被选择后，其周围会出现一个白色的长方体线框，表示该对象已被选择。

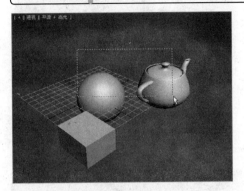

图3.25 拖曳创建选择区域

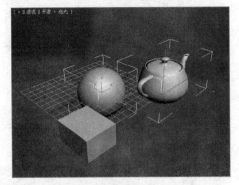

图3.26 选择区域内的对象都被选择了

3ds Max 2010在主工具栏上提供了5种区域选择工具按钮，分别为【矩形选择区域】工具按钮■，【圆形选择区域】工具按钮■、【围栏选择区域】工具按钮■、【套索选择区域】工具按钮■和【绘制选择区域】工具按钮■。运用不同的区域选择工具按钮可在视图中创建不同的选择区域，用户可根据实际情况有选择地使用这些工具。

> **说明** 在系统默认状态下，主工具栏上显示的是【矩形选择区域】工具按钮□，用鼠标左键单击该按钮并按住不放，可在弹出的下拉列表中选择不同的工具。

4. 对象的移动

当对象被选择后，对象上会出现一个坐标系统，由X轴、Y轴和Z轴构成，如图3.27所示。对象可以沿不同的轴移动，也可沿两个轴构成的平面移动。移动对象有以下两种方法。

 拖曳移动

这是最直观的移动方式，单击主工具栏上的【选择并移动】按钮■，将鼠标移动到对象的坐标轴上，然后按住左键并拖曳，即可实现对象的移动。图3.28和图3.29分别显示了将对象沿X轴向前和向后移动后的效果。

图3.27 坐标系统

 精确移动

三维场景中的模型与模型之间有时会有准确的距离要求，3ds Max 2010提供了精确移动操作来实现这一严格的距离控制。

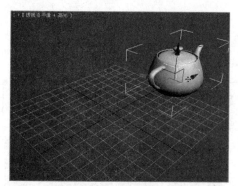

图3.28　沿X轴向前移动

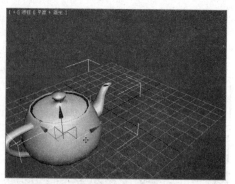

图3.29　沿X轴向后移动

在场景中选择需要精确移动的对象，单击工作界面底部对象位置坐标显示区域中的按钮，此时该按钮变成样式，如图3.30所示。在对象位置坐标显示区域中的【X】、【Y】或【Z】数值框中输入要移动的距离值即可，例如，要将对象沿Y轴移动50个单位距离，参数设置如图3.31所示。

图3.30　对象位置坐标显示区域

图3.31　沿Y轴移动50个单位距离

另外，用鼠标右键单击主工具栏上的【选择并移动】按钮，打开【移动变换输入】对话框，在【X】、【Y】或【Z】数值框中输入要移动的距离值并按【Enter】键即可，如图3.32所示。

图3.32　【移动变换输入】对话框

5. 对象的旋转

所谓旋转对象就是将选择的对象沿某个轴旋转一定的角度。在创建三维场景时，时常需要将对象沿不同的方向进行旋转，以满足建模的需要。对象的旋转有以下两种方法。

📁 拖曳旋转

当对象处于旋转状态下时，对象被一个旋转模框所包围，它由3条相交叉的圆形封闭线构成，分别代表对象在X轴、Y轴和Z轴上的旋转方向。

与拖曳移动一样，拖曳旋转只能实现粗略的旋转。选择要旋转的对象，单击主工具栏上的【选择并旋转】按钮，此时对象被一个旋转模框包围，它由红、绿、黄3条相交叉的圆形封闭线构成，分别代表对象在X轴、Y轴和Z轴上的旋转方向，如图3.33所示。

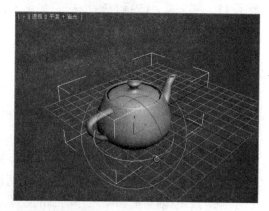

图3.33　旋转模框

如果要将对象沿某个轴向旋转，只需将鼠标移动到其对应的圆形封闭线上，然后按住鼠标左键不放并进行拖曳即可，拖曳过程中旋转模框顶部会显示当前拖曳的度数，如

图3.34所示。

📁 **精确旋转**

与精确移动一样，精确旋转的目的也是突出精确二字。在旋转状态下，按【F12】键打开【旋转变换输入】对话框，在【X】、【Y】或【Z】数值框中输入要移动的距离值并按【Enter】键即可，如图3.35所示。

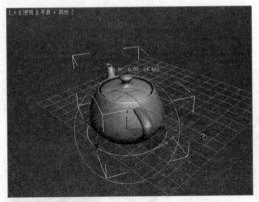

图3.34　拖动旋转

图3.35　【旋转变换输入】对话框

6. 对象的缩放

在三维场景设计中，用户可以根据情况将对象放大或缩小，从而改变对象的大小、形状和体积。3ds Max 2010提供了3种缩放方式：均匀缩放、非均匀缩放及挤压缩放。

在主工具栏上有一个【选择并均匀缩放】按钮，此按钮是一个下拉按钮，单击此按钮并按住鼠标不放，会看到其中隐藏的其他按钮，分别是【选择并非均匀缩放】和【选择并挤压】按钮。

📁 **均匀缩放**

均匀缩放对象就是在不改变对象形态的情况下将其放大或缩小，如图3.36所示。

📁 **非均匀缩放**

非均匀缩放对象就是在改变对象形态和体积的情况下进行缩放，如图3.37所示。

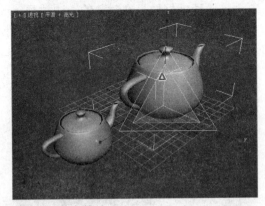

图3.36　均匀缩放

图3.37　非均匀缩放

📁 **挤压缩放**

挤压缩放对象就是在保持对象体积不变的情况下改变对象的形态，对象的总体积保持不变。这是一种特殊类型的非均匀比例变换，如图3.38所示。

7. 对象的复制

在三维设计过程中，有时只需创建一个对象，然后通过复制操作制作其他副本即可。在3ds Max 2010中包含克隆、镜像和阵列等多种复制方式，熟练掌握各种复制工具可以极大地提高工作效率。

📁 克隆对象

在3ds Max 2010中，可以使用【编辑】菜单中的【克隆】命令来复制对象。执行【编辑】→【克隆】命令，打开【克隆选项】对话框，如图3.39所示。

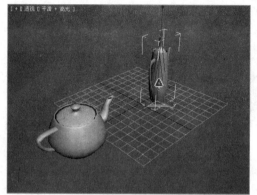

图3.38　挤压缩放

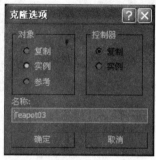

图3.39　【克隆选项】对话框

在【名称】文本框中设置打算克隆出的对象的名称。在【对象】区域中可以将克隆对象指定为【复制】、【实例】或【参考】方式。

另外，创建克隆对象最简单、频繁的方法是使用【Shift】键。当使用【选择并移动】、【选择并旋转】和缩放工具按钮变换对象时，按住【Shift】键将克隆该对象并打开【克隆选项】对话框，在该对话框中用户可以设置对象复制的类型、复制数量及复制对象的名称。

📁 对象的镜像

镜像操作就是利用对象的对称性来复制对象，其原理就好像是在对象的一边放置一面镜子，镜子里显示出镜像后的目标对象。镜像方向可以是单个轴向（如X轴），如图3.40所示；也可以是两个轴构成的平面（如XY平面），如图3.41所示。

图3.40　源对象沿X轴镜像后的效果

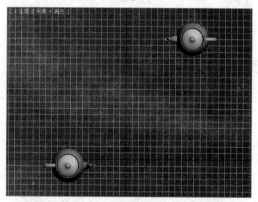

图3.41　源对象沿XY平面镜像后的效果

执行【工具】→【镜像】命令，或者单击主
工具栏上的【镜像】按钮，将打开如图3.42所
示的对话框。

在【镜像轴】区域中可以指定对选定对象进
行镜像操作所参照的轴或平面，还可以定义偏移
量的值。

在【克隆当前选择】区域中可以指定克隆是
【复制】、【实例】，还是【参考】方式。如果选中
【不克隆】单选项，则会围绕指定的轴翻转对象。

若是选中【镜像IK限制】复选框，还可以对反
向运动学的界限和骨骼进行镜像操作，这就减少了需要设置的IK参数数目。

图3.42　镜像对话框

📁 **使用阵列复制对象**

在3ds Max 2010中可以使用阵列功能对对象进行一维、二维或三维的复制。

在视图区中选择一个或几个对象作为源对象，在菜单栏上选择【工具】菜单，在弹
出的下拉菜单中选择【阵列】命令，将打开【阵列】对话框，如图3.43所示。

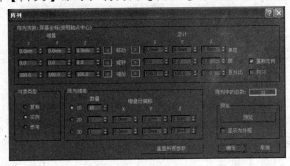

图3.43　【阵列】对话框

 用户还可以在主工具栏上单击鼠标右键，在弹出的快捷菜单中选择【附
加】命令，打开【附加】工具栏，在其中单击【阵列】按钮，也可以
打开【阵列】对话框。

在该对话框中的阵列变换、【对象类型】和【阵列维数】区域中设置好参数后，单
击【确定】按钮即可。

8. 对象的对齐

在3ds Max 2010中，对齐对象有两种方法，可以使用主工具栏上的【对齐】按钮来
对齐，也可以通过【附加】工具栏上的【克隆并对齐的工具】按钮在克隆对象的同时对
齐对象。

9. 对象与组

在创建三维场景的过程中，用户可以将具有相同属性的对象或对象结构群以组的形
式进行集合，这样，在以后的操作过程中可将其视做一个整体。组的操作包括创建、解
散、打开、关闭、附加、分离和炸开等操作。

📁 创建组

在视图区中创建几个对象并将其选中，选择【组】菜单，在弹出的下拉菜单中选择【成组】命令，打开【组】对话框，如图3.44所示，在其中可以输入组的名称。

单击【确定】按钮即可创建一个组。创建组后，组中的所有对象共用一个限制框，如图3.45所示。

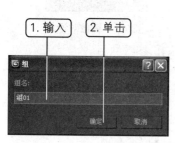

图3.44　【组】对话框

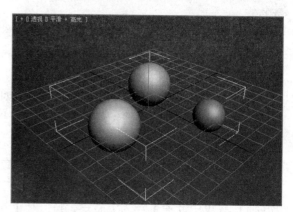

图3.45　创建组后的效果

📁 解散组

解除组的方法很简单，它是创建组的逆操作。选择要解散的组，然后选择【组】菜单中的【解组】命令即可。

📁 打开组

将选中的多个对象作为组处理后，当进行变换时，被组合的对象将作为一个整体进行移动、比例变换和旋转操作。如果用户只需要对组内的某个对象进行编辑，可以选择【组】菜单中的【打开】命令，如图3.46所示。这时白色的限制框将变为粉红色，就可选择要编辑的对象了。单击主工具栏上的【选择对象】按钮，选择一个【长方体】对象，如图3.47所示。

📁 关闭组

关闭组是打开组的逆操作，若要关闭被打开的组，首先要选择打开组内的任意一个对象，然后选择【组】菜单中的【关闭】命令即可。

图3.46　选择【打开】命令

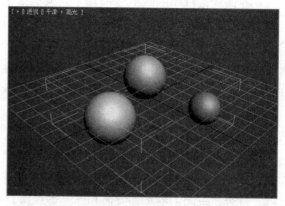

图3.47　选择组中的一个对象

📂 **附加组**

在3ds Max 2010中，可以在不解散组的情况下将一个或几个单独对象或组添加到一个已存在的组中。选择需要加入组的对象，选择【组】菜单中的【附加】命令，然后在视图中用鼠标选择要附加的组即可。加入组前后效果对比如图3.48所示。

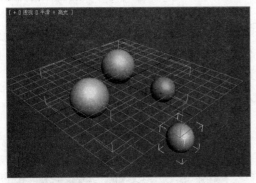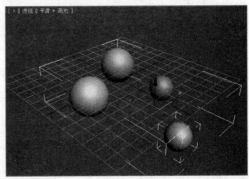

图3.48 附加组

📂 **分离组**

分离组就是将组中的某个对象或嵌套组从组内分离出来。在视图区中选择组，再选择【组】菜单中的【打开】命令，将组打开，然后选择要进行分离的对象或嵌套组，再选择【组】菜单中的【分离】命令即可。

📂 **炸开组**

在场景中选择一个组，然后选择【组】菜单中的【炸开】命令，这时组内的所有对象都会被独立出来，包括组内嵌套组中的所有对象。

3.2.2 典型案例——创建会议室

案例目标 ✛

本案例将利用合并、复制、移动和旋转等操作创建一个完整的会议室场景，其目的是让读者进一步熟悉对象的一些相关操作。创建后的会议室场景如图3.49所示。

素材位置：【\第3课\素材\会议室\】

效果图位置：【\第3课\源文件\会议室.max】

制作思路：

步骤01 打开会议室的主体框架并为其添加桌子和椅子。

步骤02 利用复制、移动和旋转等操作完善会议室场景。

图3.49 会议室场景

 操作步骤

本案例分为两个制作步骤：第一步，打开会议室的主体框架并合并桌椅；第二步，完善会议室场景。

1. 打开并合并

具体操作步骤如下。

步骤01 单击3ds Max图标 ⑤ ，在弹出的下拉菜单中选择【打开】命令，在打开的【打开文件】对话框中选择"会议室.max"文件，如图3.50所示，然后单击【打开】按钮。打开后的场景如图3.51所示。

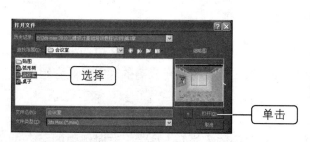

图3.50 【打开文件】对话框　　　　　　　图3.51 打开后的场景

步骤02 单击3ds Max图标 ⑤ ，在弹出的下拉菜单中选择【导入】命令，从弹出的子菜单中选择【合并】命令，在打开的【合并文件】对话框中选择"桌子.max"文件，如图3.52所示。

步骤03 单击【打开】按钮，在打开的【合并-桌子.max】对话框左侧的列表框中选择所有对象，如图3.53所示。

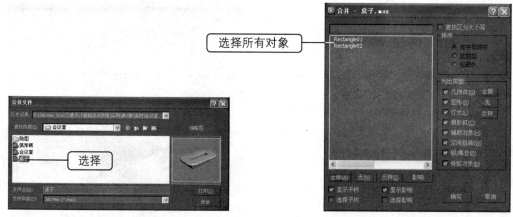

图3.52 选择合并文件　　　　　　　图3.53 选择合并对象

步骤04 然后单击【确定】按钮，调整合并进来的桌子的大小和位置，效果如图3.54所示。

步骤05 按照步骤03和步骤04的操作方法，从素材中合并"弧形椅.max"文件到当前场景中，如图3.55所示。

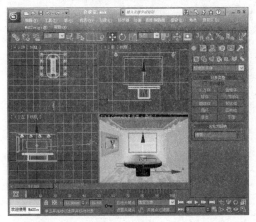

图3.54 合并桌子到场景中

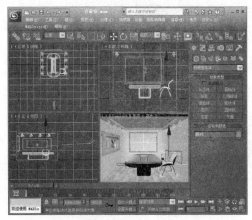

图3.55 合并弧形椅到场景中

 合并到场景中的模型会自动出现在相应的位置，如果位置有所变化，那么可利用移动和对齐操作对其进行调整。

2. 完善会议室场景

会议室目前只有一把椅子，还需要创建出更多的椅子，其具体操作步骤如下。

步骤01 激活顶视图并将其最大化显示，选择椅子，按住【Shift】键，拖曳其沿Y轴向上移动到如图3.56所示的位置。

步骤02 释放鼠标，在打开的【克隆选项】对话框中将参数设置成如图3.57所示，然后单击【确定】按钮，这样就复制创建了3把椅子，如图3.58所示。

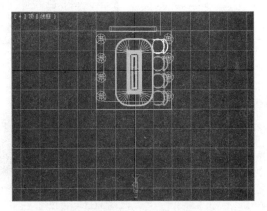

图3.56 拖曳椅子

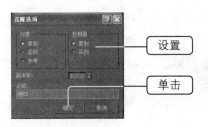

图3.57 设置参数

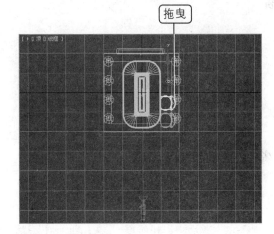

图3.58 复制后的椅子

步骤03　同时选择场景中的4把椅子，单击主工具栏上的【镜像】按钮 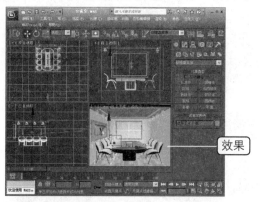，在打开的镜像对话框中进行设置，如图3.59所示。然后单击【确定】按钮，效果如图3.60所示。

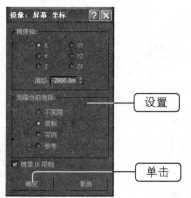

图3.59　镜像参数设置

图3.60　镜像复制后的效果

步骤04　再复制一把椅子，单击主工具栏上的【选择并旋转】按钮 ，按【F12】键，打开【旋转变换输入】对话框，在【偏移：屏幕】区域的【Z】数值框中输入"90"并按【Enter】键，将复制的对象组沿Z轴旋转90°，如图3.61所示。

步骤05　通过移动操作将旋转后的对象组调整到如图3.62所示的位置。

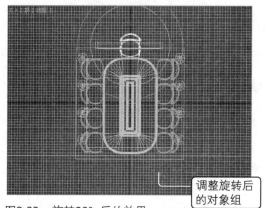

图3.61　【旋转变换输入】对话框

图3.62　旋转90°后的效果

步骤06　激活摄影机视图，按【Alt+W】键将当前视图最大化，此时的会议室如图3.63所示。

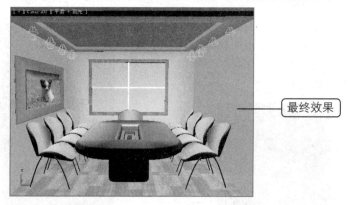

图3.63　会议室

案例小结

本案例创建了一个会议室场景模型，场景中需要的模型已在素材库中提供，读者只需将这些模型有机地组合在一起即可。通过本案例的制作，读者可以更深入地掌握对象的一些相关操作，并理解其重要性。

3.3 对象的捕捉

捕捉对象就是为了更好地在三维空间变换对象或子对象时锁定需要的位置，以便进行选择、创建及编辑修改等操作。

3.3.1 知识讲解

要使用捕捉工具来辅助创建三维场景，首先应对这个工具有一个深入的了解。

1. 捕捉对象

3ds Max 2010为对象上的各部分定义了很多属性，例如，切线、中心点和边等，捕捉操作就是用来捕捉这些属性的。

3ds Max 2010提供了3种捕捉方式，分别为三维对象捕捉、二维对象捕捉和2.5维对象捕捉，分别对应主工具栏上的 ▧，▧，▧按钮。

➤ ▧按钮：激活该按钮，表示当前开启的是三维捕捉开关，这种捕捉一般在透视视图中应用。

➤ ▧按钮：激活该按钮，表示当前开启的是二维捕捉开关，这种捕捉一般用在正交投影视图中，如顶视图、前视图和左视图等。

➤ ▧按钮：这是一个介于二维与三维空间的捕捉工具，它不但可以捕捉到三维视图中对象的特定部分，还可以捕捉到正交投影视图中对象的特定部分。

在捕捉对象的某些属性之前，应首先设置这些属性对捕捉有效。用户只需要在捕捉工具按钮上单击鼠标右键，就可以打开【栅格和捕捉设置】对话框，如图3.64所示。

2. 设置捕捉参数

在【栅格和捕捉设置】对话框中有一个【选项】选项卡，如图3.65所示。

图3.64 【栅格和捕捉设置】对话框

图3.65 【选项】选项卡

此对话框中的参数具体功能如下。

- ➡ 【标记】区域：设置是否显示标记，还可以设置标记的大小和颜色。如果取消选中【显示】复选框，则不会显示标记。
- ➡ 【大小】数值框：用于设置标记的大小。单击后面的颜色色块，则会打开颜色选择器对话框，用户可以从中选择一种新颜色。
- ➡ 【捕捉预览半径】数值框：定义了对象能够移动之前到捕捉点所需的半径距离，并显示目标点作为预览。这个值可以比实际的捕捉半径大，能够给捕捉操作提供视觉反馈。
- ➡ 【捕捉半径】数值框：改变后面数值框中的数值，决定了能够进行捕捉之前光标必须距离捕捉点多近。
- ➡ 【角度】和【百分比】数值框：分别表示各种旋转和比例变换的强度。
- ➡ 【捕捉到冻结对象】复选框：用于控制是否可以捕捉到冻结项。
- ➡ 【使用轴约束】复选框：可以使变换受指定约束轴的影响。
- ➡ 【显示橡皮筋】复选框：选中此复选框，在捕捉对象时，会从对象的起始位置到捕捉位置绘制一条直线。

3.3.2 典型案例——制作麻将桌

案例目标

本案例将利用捕捉与对齐操作来组合生成一个完整的麻将桌模型，其目的就是让读者熟练掌握捕捉与对齐的相关知识点。组合生成的麻将桌如图3.66所示。

效果图位置：【\第3课\源文件\麻将桌.max】
制作思路：

步骤01 利用对齐和捕捉操作完成麻将桌桌面的创建。

步骤02 利用对齐操作完成支架的创建。

图3.66　创建的麻将桌

操作步骤

本案例分为两个制作步骤：第一步，制作桌面；第二步，制作支架。

1. 制作桌面

步骤01 重置场景，将单位设置为"毫米"。

步骤02 打开【创建】命令面板，在【几何体】子面板上单击【长方体】按钮，在顶视图中单击并拖曳鼠标创建一个长方体作为桌面，并将其命名为"桌面部件01"，参数设置和创建效果如图3.67和3.68所示。

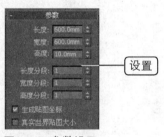

图3.67 参数设置

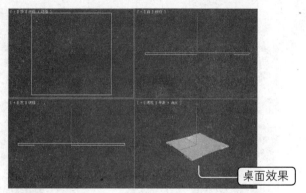

图3.68 创建效果

步骤03 在顶视图中创建一个长方体,将其命名为"桌面部件02",作为桌面的围墙,参数设置和创建效果如图3.69和3.70所示。

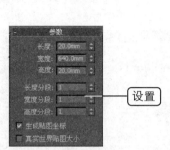

图3.69 参数设置

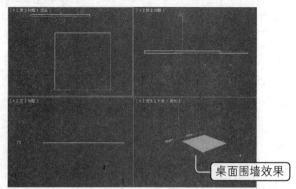

图3.70 创建效果

步骤04 激活顶视图,确定【桌面部件02】对象处于选中状态,单击主工具栏上的【对齐】按钮,然后在顶视图中选择【桌面部件01】对象,打开对齐当前选择对话框,参数设置如图3.71所示。

步骤05 单击【确定】按钮关闭对话框,此时的对象效果如图3.72所示。

图3.71 对齐当前选择对话框

图3.72 创建效果

步骤06 在主工具栏上右键单击【捕捉开关】按钮,打开【栅格和捕捉设置】对话框,选中【边/线段】复选框,如图3.73所示。然后关闭该对话框。

步骤07 在主工具栏上单击【选择并移动】按钮,然后移动【桌面部件01】对象的底边到【桌面部件02】对象的顶边,如图3.74所示。

图3.73 【栅格和捕捉设置】对话框

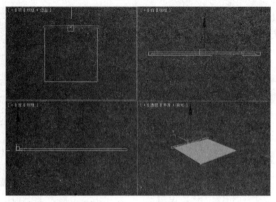

图3.74 捕捉对象

步骤08 再次单击【捕捉开关】按钮 ，取消捕捉设置。激活顶视图，确定【桌面部件02】对象处于选中状态，单击主工具栏上的【镜像】按钮 ，打开【镜像：屏幕 坐标】对话框。在【镜像轴】区域中选中【Y】单选项，设置【偏移】数值框的值为 "-620mm"，在【克隆当前选择】区域中选中【复制】单选项，如图3.75所示。然后单击【确定】按钮，此时的效果如图3.76所示。

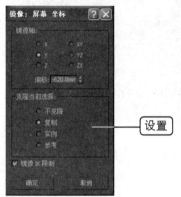

图3.75 设置参数

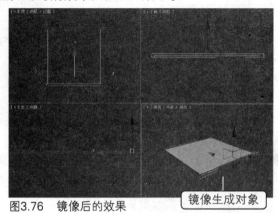

图3.76 镜像后的效果

步骤09 在顶视图中再创建一个长方体，长、宽、高分别为 "600mm"，"20mm"，"20mm"，如图3.77所示。

步骤10 按照前面介绍的方法，利用【对齐】和【捕捉开关】按钮将它与【桌面部件01】对象的左侧对齐，然后对其进行镜像操作，完成后的效果如图3.78所示。

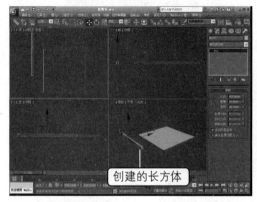

图3.77 创建长方体

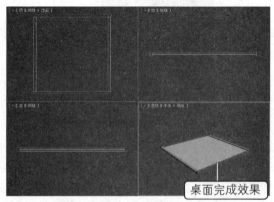

图3.78 创建的桌面

2. 制作支架

步骤01 打开【创建】命令面板，单击【几何体】子面板上的【圆柱体】按钮，在前视图中单击并拖曳鼠标创建一个半径和高度分别为"5mm"和"630mm"的圆柱体。

步骤02 切换到顶视图，右键单击主工具栏上的【选择并旋转】按钮 ⟳，打开【旋转变换输入】对话框。在【绝对：世界】区域的【Z】数值框中输入"45"，如图3.79所示。

步骤03 按【Enter】键，将创建的圆柱体沿Z轴旋转45°，关闭【旋转变换输入】对话框，此时的效果如图3.80所示。

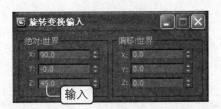

图3.79 【旋转变换输入】对话框

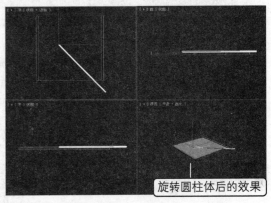

图3.80 旋转后的效果

步骤04 确定刚创建的【圆柱体】对象处于选中状态，单击主工具栏上的【对齐】按钮 ⊟，然后在顶视图中单击【桌面部件01】对象，打开对齐当前选择对话框，参数设置如图3.81所示。单击【确定】按钮，对齐后的效果如图3.82所示。

图3.81 设置参数

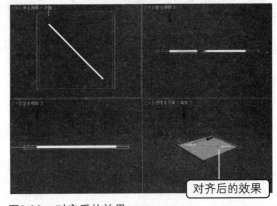

图3.82 对齐后的效果

步骤05 在顶视图中创建两个相同的圆柱体，将它们的半径和高分别设置为"10mm"和"500mm"，将其作为麻将桌的两个支架，然后分别移动到步骤4旋转后的圆柱体的两端，如图3.83所示。

步骤06 选择步骤1至步骤5创建的3个圆柱体，单击主工具栏上的【镜像】按钮 ⋈，打开【镜像：屏幕 坐标】对话框。在【镜像轴】区域中选中【X】单选项，在【克隆当前选择】区域中选中【复制】单选项，如图3.84所示。

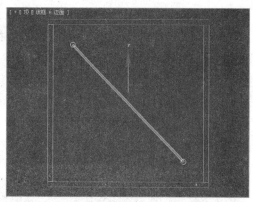

图3.83 创建两个支架

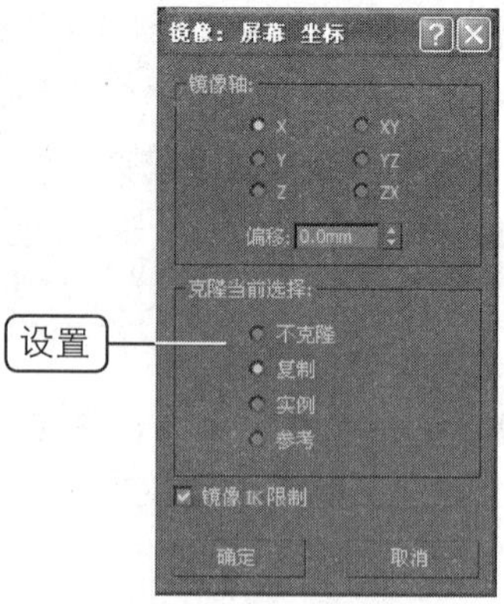

图3.84 设置参数

设置

步骤07 然后单击【确定】按钮，关闭对话框。切换到透视视图，通过旋转透视视图的观察角度将其调整成如图3.85所示的样子。

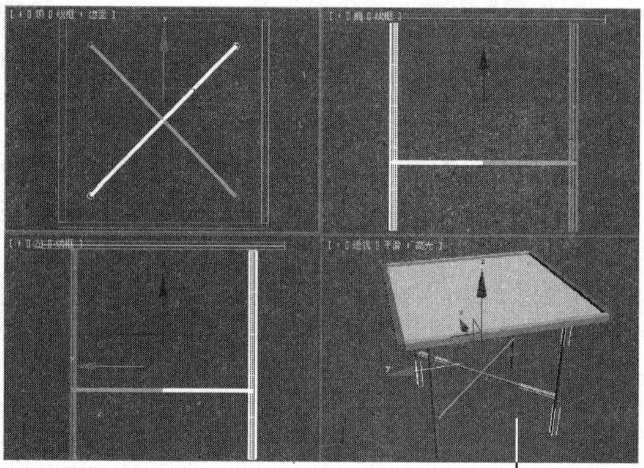

案例小结

本案例制作了一个麻将桌，创建模型并通过捕捉和对齐操作将它们有机地组合在一起。通过本案例的制作过程，读者可以更具体地掌握捕捉与对齐操作的应用，为以后大型三维场景的制作打下良好的基础。

图3.85 最终效果

最终的效果

3.4 上机练习

3.4.1 创建沙发和茶几

本次练习将制作如图3.86所示的沙发，主要练习合并、复制、移动和旋转等操作的应用。

素材位置：【\第3课\素材\沙发和茶几\】

效果图位置：【\第3课\源文件\沙发和茶几.max】

制作思路：

先打开沙发主体场景"长沙发.max"文件，然后合并茶几和单人沙

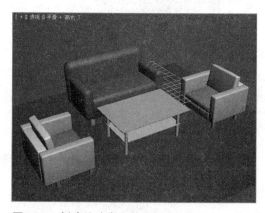

图3.86 创建的沙发和茶几

3ds Max 2010三维设计基础培训教程

发到场景中，并调整好位置关系。

单人沙发合并之后只有一个模型，再复制一个，然后通过移动、旋转等操作将复制的模型放置到合适的位置。

3.4.2 完善客厅

本次练习将制作如图3.87所示的客厅，主要练习合并、复制和移动等操作。

素材位置：【\第3课\素材\客厅\】

效果图位置：【\第3课\源文件\客厅.max】

制作思路：

先打开客厅主体场景"客厅.max"文件，然后合并沙发、茶几、麻将桌和餐桌椅到场景中。

合并后的模型不能在一个视图中调整，应结合顶视图、前视图和左视图共同完成。尤其要注意，合并后的模型底部应与地板相切。

图3.87　创建的客厅

3.5　疑难解答

问： 在克隆对象时，【复制】、【实例】和【参考】方式具体有什么不同啊？

答： 在克隆对象时，如果选中【复制】单选项，则复制的对象不受源对象的限制；如果选中【实例】单选项，那么当对源对象（或关联对象）进行属性修改或加载修改器时，另一对象也会产生相同的操作结果；如果选中【参考】单选项，当对参考对象加载修改器时，源对象不受限制。

问： 为什么某些有关3ds Max的书说最好为创建好的模型指定一个名称？

答： 为模型指定名称主要是为了方便选择。有时，一个场景由很多模型组成，如果通过单击选择需要的模型，可能会选择到其他模型，这时按名称来选择模型就方便多了。

问： 当为一个场景合并外部家具时，为什么通过缩放操作会使家具比例失调？

答： 发生这种情况的原因可能是使用了【非均匀缩放】或【挤压缩放】方式来缩放家具，应使用【均匀缩放】方式。

问： 当为场景合并了一个带有灯光的模型时，为什么每次选择【灯光】对象时都会选择到其他模型？

答： 因为灯光和其他模型在一个组内，应先将组打开再进行选择。

3.6 课后练习

选择题

1 文件的保存分为（ ）等几种方式。

A. 保存   B. 保存为副本

C. 另存为   D. 保存选定对象

2 在进行合并操作时，可能遇到下面哪些情况？（ ）

A. 模型名称相同   B. 模型形状相同

C. 材质相同   D. 材质名称相同

3 选择对象一般可以采用点选和框选的方式，在采用【点选】方式时，若需要加选多个对象应该按住（ ）键。

A. Ctrl   B. Alt

C. Enter   D. Shift

4 在【创建】命令面板中共有（ ）种对象可以创建。

A. 2   B. 3

C. 5   D. 7

问答题

1 能不能一次打开多个扩展名为.max的文件？如果能，会对操作有什么影响？

2 简述选择对象的方法。

3 要使一个对象沿着一个方向精确移动一定距离，应怎样操作？

4 简述使用复制操作后，生成的目标对象与源对象之间有什么关系？

上机题

1 结合本课介绍的文件合并、对象复制和镜像等操作，创建如图3.88所示的桌椅组合。

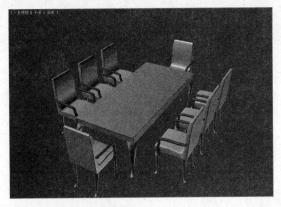

图3.88　桌椅组合模型效果

素材位置：【\第3课\素材\餐桌椅\】

效果图位置：【\第3课\源文件\餐桌和椅子.max】

 先打开素材库中的桌子场景，然后合并素材库中的椅子到场景中。复制椅子，并通过复制、旋转和镜像操作将其调整到桌子的周围。

2 根据本课3.2.2节介绍的会议室场景的制建方法，创建如图3.89所示的会客厅。

图3.89　会客厅效果

素材位置：【\第3课\素材\会客厅\】

效果图位置：【\第3课\源文件\会客厅.max】

 该场景需要的所有模型都已在素材库中提供，需要通过合并操作来完成。先打开"会客厅框架.max"文件，然后合并大沙发、小沙发和茶几到场景中，并通过对齐和移动操作调整好它们的位置，最后复制一组小沙发和茶几。

第4课

二维图形的创建与修改

▼ **本课要点**

创建常用二维图形
二维图形的修改编辑
将二维图形转换为三维模型

▼ **具体要求**

认识二维图形
掌握线、矩形、圆、多边形和文本等二维图形
的创建
掌握如何编辑二维图形内的点、线段和样条线
掌握【挤出】修改器的应用
掌握【车削】修改器的应用
掌握【倒角】修改器的应用
掌握【倒角剖面】修改器的应用

▼ **本课导读**

本课重点介绍通过二维图形来创建三维对象，
包括创建常见的二维图形，利用【编辑网格】
修改器创建复杂的二维图形，利用二维修改器
将二维图形转换成三维对象。通过本课的学
习，读者可以掌握如何通过二维图形创建复杂
的三维场景，对快速、准确地创建模型有实
质性的帮助。另外，在利用二维图形创建模型
时，应结合前面章节介绍的捕捉操作来进行。

4.1 创建常用二维图形

在3ds Max 2010中，二维图形是非常重要的对象，它是由一条或多条曲线或直线组成的对象，用户可以对二维图形进行编辑加工从而创建三维模型，也可以将它们看做三维对象在某一视角上的截面。

二维图形常用做三维对象的组件，可以将其看成三维对象在某一视角上的截面。

4.1.1 知识讲解

在3ds Max 2010中，在【创建】命令面板中单击【图形】按钮，如图4.1所示。用户可以创建诸如线、矩形、椭圆、圆和多边形等二维图形（或称样条线），如图4.2所示。

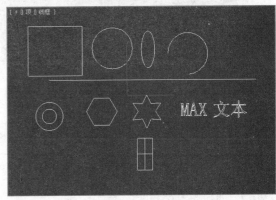

图4.1 二维图形的【创建】命令面板   图4.2 创建的二维图形

二维图形的创建方法与基本体的创建方法一样，先在【创建】命令面板中单击要创建的图形对应的命令按钮，然后在视图中单击并拖曳鼠标即可。

除了使用【创建】命令面板来创建二维图形外，也可以使用【创建】菜单中的【图形】命令，在其子菜单中选择相应的命令来创建二维图形。

1. 创建线

利用【线】按钮可以创建任意形式的线，常用做对象运动的轨迹、对象旋转的截面等。创建线的操作步骤如下。

步骤01 在【创建】命令面板中进入【图形】子面板，然后在【对象类型】卷展栏中单击【线】按钮。

步骤02 在【创建方法】卷展栏中，设置创建坚硬、锐利或平滑的角。在【初始类型】区域中可以设置创建的第一个点生成一个尖锐的角或平滑的角，然后在【拖动类型】区域中设置拖动时创建的是什么类型的新点，如图4.3所示。

图4.3 【创建方法】卷展栏

如果在【初始类型】区域中选中【角点】单选项，则创建时第一个点为尖锐的角，否则会创建平滑的角。在【拖动类型】区域中选中【角点】单选项，在创建过程中拖曳鼠标会创建尖锐的新点；如果选中【平滑】单选项，则在拖曳时创建的弯曲是相邻顶点之间的距离确定的平滑曲线；而选中【Bezier】（贝济埃）单选项，创建的弯曲可以在创建了点之后用鼠标拖曳所需的距离来控制弯曲。并且Bezier角具有与其相连的控制柄，使用它可以改变曲线的弯曲程度。

步骤03 在视图区中单击鼠标左键，创建第一个点，再次单击或拖曳鼠标以设置的类型来创建新的点。如图4.4所示是使用不同拖动类型创建曲线时的效果。

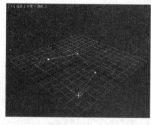 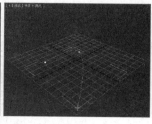 

【角点】拖动类型　　　　　　【平滑】拖动类型　　　　　　【Bezier】拖动类型

图4.4　不同拖动类型创建曲线的比较

在单击时按住【Shift】键，则创建的点与前一个点在垂直或水平方向上成一线。按住【Ctrl】键可以从前一个片段的角度捕捉新点，类似使用主工具栏上的角度捕捉工具。

步骤04 创建所有的点后，单击鼠标右键，退出线条创建模式。如果最后一个点在第一个点的上层，则会打开如图4.5所示的【样条线】对话框，询问用户是否封闭该样条线。

图4.5　【样条线】对话框

单击【是】按钮，则创建封闭的样条线；单击【否】按钮，则继续添加点。

步骤05 在【键盘输入】卷展栏中，输入X，Y和Z坐标的值，单击【添加点】按钮即可添加点。在创建的任何时候单击【关闭】按钮，即可封闭该样条线，也可以单击【完成】按钮完成创建并保持开放状态。

2. 创建矩形

利用【矩形】按钮可以创建方形或矩形样条线，如图4.6所示，其【参数】卷展栏如图4.7所示。

➡ **【长度】数值框：** 用于设置矩形的长。矩形垂直方向上的两条边称为长。

➡ **【宽度】数值框：** 用于设置矩形的宽。矩形水平方向上的两条边称为宽。

➡ **【角半径】数值框：** 用于设置矩形4个角的圆角半径。例如，将角半径分别设置为"20mm"和"30mm"，此时的矩形分别如图4.8和4.9所示。

图4.6　创建的矩形

图4.7　矩形的【参数】卷展栏

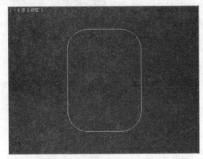

图4.8　角半径为"20 mm"的矩形

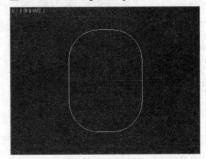

图4.9　角半径为"30 mm"的矩形

3. 创建圆

利用【圆】按钮可以创建由4个顶点组成的闭合圆形样条线，如图4.10所示。圆由半径来控制其大小，其【参数】卷展栏如图4.11所示。

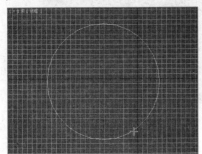

图4.10　创建的圆

图4.11　圆的【参数】卷展栏

4. 创建椭圆

利用【椭圆】按钮可以创建椭圆形和圆形样条线，如图4.12所示，其【参数】卷展栏如图4.13所示。

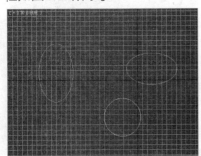

图4.12　不同造型的椭圆

图4.13　椭圆的【参数】卷展栏

➡ **【长度】数值框:** 用来设置椭圆在垂直方向上最大点与最小点之间的距离,也称为长轴。

➡ **【宽度】数值框:** 用来设置椭圆在水平方向上最大点与最小点之间的距离,也称为短轴。

如果长度和宽度的值相同,则此椭圆为圆形,也可以使用此按钮在创建过程中按【Ctrl】键来创建完美的圆形。

5. 创建弧

使用【创建】命令面板中的【弧】按钮,可以创建各种弧形。展开【创建方法】卷展栏,可以看到它的两种创建方式,一种是【端点-端点-中央】方式,使用此方式,则单击并拖曳首先指定圆弧的两个端点,然后拖曳生成圆弧的中间部分,即确定圆弧的弯曲方向和半径;一种是【中间-端点-端点】方式,则单击首先确定圆弧所在圆的圆心,然后依次确定弧的两个端点。

介绍了弧的不同创建方法以后,来介绍一下它的【参数】卷展栏,如图4.14所示。此卷展栏中的参数介绍如下。

➡ **【半径】数值框:** 此数值框用于设置圆弧的半径。

➡ **【从】/【到】数值框:** 用于设置圆弧的起点和终点的角度。

➡ **【饼形切片】复选框:** 选中此复选框,则会连接弧的端点和中心,形成一个扇形切片形状。如图4.15所示是使用此复选框前后的效果对比图。

图4.14 弧的【参数】卷展栏

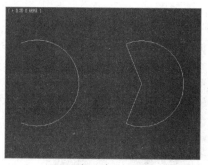

图4.15 使用饼形切片前后的效果

➡ **【反转】复选框:** 使用此复选框可以反转弧的方向。

6. 创建圆环

利用【圆环】按钮可以创建具有两个同心圆的样条线,如图4.16所示,其【参数】卷展栏如图4.17所示。

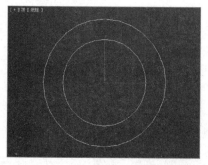

图4.16 创建的圆环

图4.17 圆环的【参数】卷展栏

➡ **【半径1】数值框**：用来设置圆环中一个圆的半径大小。

➡ **【半径2】数值框**：用来设置圆环中另一个圆的半径大小。

 半径1和半径2控制的同心圆没有内外之分，哪个值大，它所控制的圆就显示在外。

7. 创建多边形

利用【多边形】按钮可以创建具有任意面数或顶点数的闭合平面或多边形样条线，如图4.18所示，其【参数】卷展栏如图4.19所示。

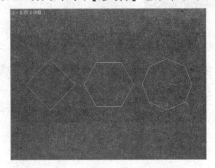

图4.18　具有不同边的多边形

图4.19　多边形的【参数】卷展栏

此【参数】卷展栏中的各参数介绍如下。

➡ **【半径】数值框**：用于设置多边形的半径。

➡ **【内接】单选项**：选中此单选项，则表示用于确定多边形半径的值是内切圆的半径。

➡ **【外接】单选项**：选中此单选项，则表示用于确定多边形半径的值是外接圆的半径。

➡ **【边数】数值框**：用于指定多边形的边数。

➡ **【角半径】数值框**：用于设置倒角半径。

➡ **【圆形】复选框**：选中此复选框，可以将多边形变成外接该多边形的圆。

8. 创建星形

单击【星形】按钮，在视图中单击并拖曳鼠标，达到合适的大小后释放鼠标键，得到想要的星形后，释放鼠标即可完成星形的创建。在其【参数】卷展栏中调整星形的各参数，则可以制作出不同的漂亮形状，星形的【参数】卷展栏如图4.20所示。

➡ **【半径1】数值框**：用来设置星形内部顶点的半径。

➡ **【半径2】数值框**：用来设置星形外部顶点的半径。

➡ **【点】数值框**：用来设置星形的顶点数。

➡ **【扭曲】数值框**：用来控制围绕星形中心旋转的顶点，从而生成锯齿形效果。

➡ **【圆角半径1】数值框**：圆化星形的内部顶点。

➡ **【圆角半径2】数值框**：圆化星形的外部顶点。

使用【星形】按钮制作的几种星形效果如图4.21所示。

9. 创建文本

在3ds Max 2010中，可以使用【文本】按钮为场景添加文本轮廓线，如图4.22所示就是文本的【参数】卷展栏。

图4.20　星形的【参数】卷展栏　图4.21　制作星形的效果　　　图4.22　文本的【参数】卷展栏

10. 创建螺旋线

利用【螺旋线】按钮可创建不同造型的螺旋线，如图4.23所示，其【参数】卷展栏如图4.24所示。

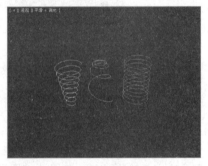 

图4.23　不同造型的螺旋线　　　　图4.24　螺旋线的【参数】卷展栏

- ➡ 【半径1】数值框：用来设置螺旋线起点的半径。
- ➡ 【半径2】数值框：用来设置螺旋线终点的半径。
- ➡ 【高度】数值框：用来设置螺旋线的高度。
- ➡ 【圈数】数值框：用来设置螺旋线的圈数。
- ➡ 【偏移】数值框：用来强制在螺旋线的一端累积圈数。该值大于0时，向顶端累积；小于0时，则向底端累积。
- ➡ 【顺时针】和【逆时针】单选项：这两个单选项用来设置螺旋线的旋转方向是顺时针方向还是逆时针方向。

11. 创建截面

使用【截面】按钮可以创建剖面，即横截面。它的创建方法是：在视图中拖曳鼠标即可创建一个横截面平面，然后可对横截面进行移动、旋转或比例变换操作，最后得到所需的横截面。

截面本身并不是二维图形，它是通过与三维对象相交，并基于相交处产生二维图形的。

下面来制作一个简单的软管截面，操作步骤如下。

步骤01　在【创建】命令面板的【扩展基本体】面板中单击【软管】按钮，在顶视图中创建一个软管。

步骤02　在【创建】命令面板中进入【图形】子面板，在打开的面板中单击【截面】

按钮。

步骤03 在前视图中拖曳鼠标创建一个截面，如图4.25所示。可以使用移动或其他变换工具来调整截面的位置或大小。

步骤04 在【截面参数】卷展栏中，单击【创建图形】按钮，打开【命名截面图形】对话框。

步骤05 在该对话框的【名称】文本框中输入截面名称，如"软管截面"，如图4.26所示。

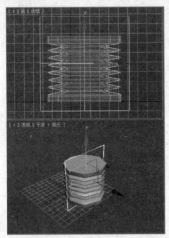

图4.25 创建截面

图4.26 【命名截面图形】对话框

步骤06 单击【确定】按钮，关闭该对话框。使用选择工具选择软管，按【Ctrl】键将截面也选中。

步骤07 按【Delete】键，在视图中即可看到留下的软管的截面图形，如图4.27所示。

 所谓截面与对象相交，是指在调整截面的过程中，如果物体表面出现一条黄色封闭曲线，则表示已经相交，以后生成的图形将沿黄色封闭曲线得到。

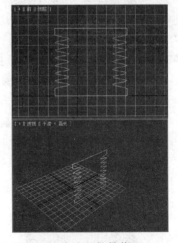

图4.27 产生的软管截面

4.1.2 典型案例——创建窗户线框

本案例将制作一个窗户线框，在制作过程中主要使用【矩形】命令，重点是把握尺寸控制，目的是让读者进一步熟悉二维图形的创建过程，制作出的窗户线框如图4.28所示。

效果图位置：【\第4课\源文件\窗户线框.max】

制作思路：

步骤01 利用【矩形】命令创建一个窗户外框和一个窗户内框。

步骤02 利用复制操作创建另外两扇窗户内框。

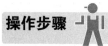

本案例分为两个制作步骤：第一步，创建窗户外框；第二步，创建窗户内框。

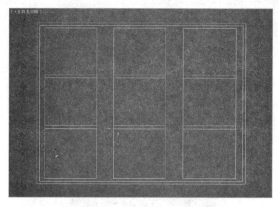

图4.28　窗户线框

1. 创建窗户外框

创建矩形时，可以在视图中创建任意大小的矩形，然后在【修改】命令面板中修改其长度和宽度的值，以达到精确建模的要求，其具体操作步骤如下。

步骤01 在前视图中创建一个长、宽分别为"1500mm"，"2000mm"的矩形，如图4.29所示。

步骤02 复制一个矩形，在【修改】命令面板中将复制生成矩形的长度和宽度值分别更改为"1450mm"和"1950mm"。

步骤03 单击主工具栏上的【对齐】按钮，然后在前视图中选择步骤01所创建的矩形，在打开的对齐当前选择对话框中设置参数，如图4.30所示，最后单击【确定】按钮，对齐后的效果如图4.31所示。

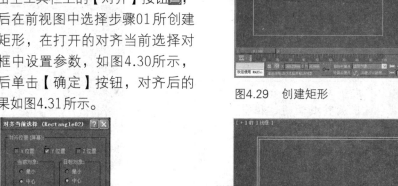

图4.29　创建矩形

图4.30　设置对齐参数

图4.31　对齐后的效果

步骤04 再复制一个矩形，在【修改】命令面板中将复制生成矩形的长度和宽度值分别更改为"1400mm"和"500mm"。

步骤05 单击主工具栏上的【对齐】按钮，然后在前视图中选择步骤01创建的矩形，通过参数设置将其对齐到如图4.32所示的位置。

步骤06 按【F12】键，在打开的【移动变换输入】对话框中进行如图4.33所示的设置，将当前矩形沿X轴移动"50mm"，移动后的效果如图4.34所示。

2. 创建窗户内框

创建窗户内框主要是创建玻璃分段框，其具体操作步骤如下。

步骤01 复制已创建的小矩形框，在【修改】命令面板中将复制生成矩形的长度值更改为"30mm"，如图4.35所示。

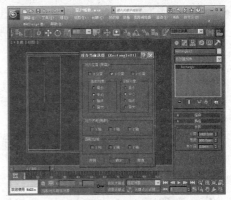

图4.32 对齐后的效果

图4.33 设置移动距离

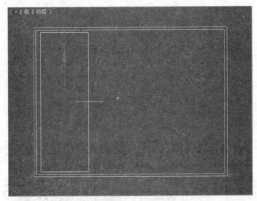

图4.34 移动后的效果

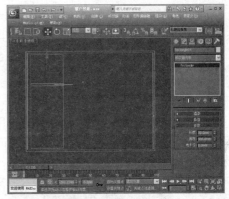

图4.35 复制并更改矩形的长度

步骤02 复制步骤01创建的矩形，并在前视图中分别将它沿Y轴移动到如图4.36所示的位置。

步骤03 选择并复制一组大矩形内部的矩形，然后在前视图中将复制生成的对象组沿X轴移动"650mm"，如图4.37所示。

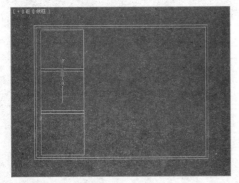

图4.36 移动复制的两个矩形

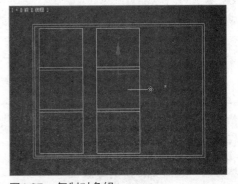

图4.37 复制对象组

步骤04 再复制一组对象，并在前视图中将复制生成的对象组沿*X*轴移动660mm，这样便可得到本案例的最终效果，如图4.29所示。

案例小结

本案例利用二维图形创建了一个窗户线框，在制作过程中，对象全部采用精确尺寸，对象与对象间全部采用精确对齐和移动操作，目的是尽量使创建后的模型规范且符合现实要求。通过本案例的制作，读者可以初步认识到二维图形的重要性，并掌握二维图形的具体创建过程。

4.2 二维图形的修改编辑

本课4.1节介绍了二维图形的创建方法，创建的所有二维图形都具有固定的形状，不能全部表现现实生活中三维对象所拥有的截面，所以用户可以通过3ds Max 2010提供的编辑曲线工具将二维图形编辑成需要的任意形状。

4.2.1 知识讲解

二维图形实际上是由一些基本元素组成的，只要充分了解元素的物理性质，就可以通过调整元素来达到编辑二维图形的目的。

1. 二维图形的构成元素

二维图形由【顶点】、【线段】和【样条线】3个元素构成，这些元素又称为二维图形的次对象。

在3ds Max 2010提供的11种二维图形创建方法中，只有通过【线】方式创建的二维图形具有3个次对象，如图4.38所示；而通过其他创建方法创建的二维图形则不具有任何次对象，如图4.39所示。

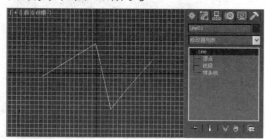
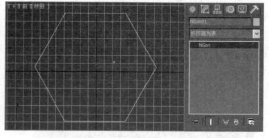

图4.38 具有次对象的二维图形 　　　图4.39 没有次对象的二维图形

 在3ds Max 2010中，一般把具有3个次对象的二维图形称为可编辑样条线。

如果要对没有次对象的二维图形进行编辑，应先将其转换成可编辑样条线，其具体操作步骤如下。

步骤01 选择要转换的二维图形。

步骤02 进入【修改】命令面板，然后单击【修改器列表】下拉列表框，在弹出的下拉列表中选择【编辑样条线】修改器。

2.【顶点】次对象的编辑

要编辑【顶点】次对象，应先进入【修改】命令面板，然后在展开的【选择】卷展栏中单击【顶点】按钮■，使【顶点】次对象编辑有效，这时，可编辑样条线上会显示短细线表示的顶点，如图4.40所示。

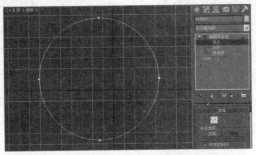

图4.40　进入【顶点】次对象编辑状态

 可编辑样条线上以矩形方块显示的点是曲线的起点。

📁 改变顶点属性

选中一个顶点后，右击鼠标，在弹出的方形菜单中可以选择顶点的类型，可供选择的类型包括【角点】、【平滑】、【Bezier】或【Bezier角点】4种类型，如图4.41所示。

其中这几种顶点类型介绍如下。

➡ **【角点】类型：**连接两条线的顶点形成尖锐的拐角，如图4.42所示。

➡ **【平滑】类型：**强制将线段变成圆

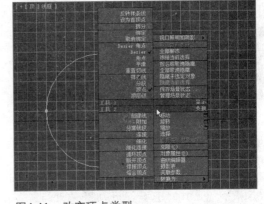

图4.41　改变顶点类型

滑的曲线，但仍和顶点相切，并且没有手柄，如图4.43所示。

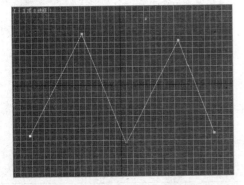

图4.42　【角点】类型

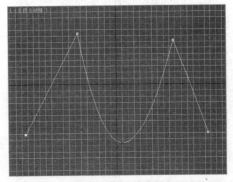

图4.43　【平滑】类型

➡ **【Bezier】类型：**在顶点两侧提供两根手柄，但两根手柄成一直线并与顶点相切，使点两侧的曲线总保持平衡，如图4.44所示。这时，移动任意一个调整手柄都可改变曲线的弯曲度，如图4.45所示。

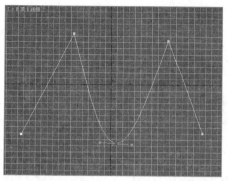

图4.44　调整手柄

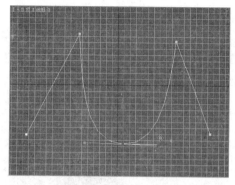

图4.45　通过调整手柄来改变曲线的弯曲度

➡ 【Bezier角点】类型：会出现两根手柄，但它们不在同一直线上，可以单方向调节曲线的曲率，如图4.46所示。

> **说明** 按住【Shift】键复制片段和样条线时创建的新顶点，或使用【横截面】按钮创建的新顶点，如果要改变顶点类型，在【修改】命令面板的【几何体】卷展栏的【新顶点类型】区域中，是无法实现的。

 顶点的圆角处理

顶点的圆角处理就是对选择的顶点所在的线段汇合处进行圆滑处理，并增加一个新顶点，其具体操作步骤如下。

步骤01 在可编辑样条线上选择要进行圆角处理的顶点，如图4.47所示。

步骤02 在【修改】命令面板中展开【几何体】卷展栏，在【圆角】按钮右侧的数值框中输入圆角数值并按【Enter】键，进行圆角处理后的效果如图4.48所示。

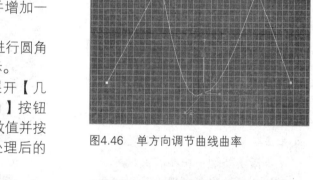

图4.46　单方向调节曲线曲率

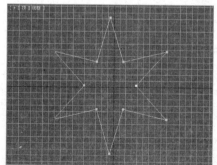

图4.47　选择顶点

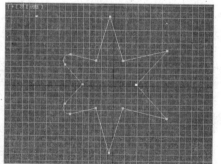

图4.48　顶点圆角处理后的效果

> **说明** 进行圆角处理时输入的数值，就是圆角处理后生成弧线所在圆上的半径。

📁 顶点的切角处理

顶点的切角处理就是对选择的顶点所在的线段汇合处进行切角处理，并增加一个新顶点，其具体操作步骤如下。

步骤01 在可编辑样条线上选择要进行切角处理的顶点，如图4.49所示。

步骤02 在【修改】命令面板中展开【几何体】卷展栏，在【切角】按钮右侧的数值框中输入切角数值并按【Enter】键，进行切角处理后的效果如图4.50所示。

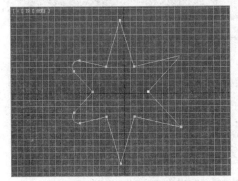
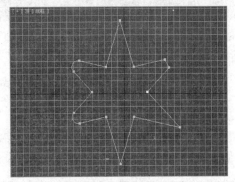

图4.49　选择要进行切角处理的顶点　　　　图4.50　切角处理后的效果

📁 顶点的添加与删除

在编辑可编辑样条线的过程中，有时需要增加顶点，其具体操作步骤如下。

步骤01 在【顶点】次对象编辑状态下，单击【几何体】卷展栏下的【优化】按钮，如图4.51所示。

步骤02 将鼠标移动到需要添加顶点的可编辑样条线上，这时鼠标光标变成如图4.52所示的形状，这时单击鼠标即可创建一个顶点。

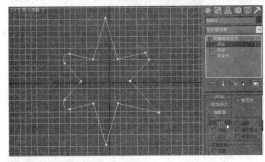
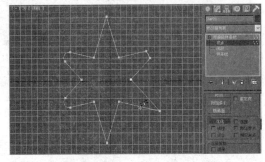

图4.51　单击【优化】按钮　　　　　　　图4.52　添加顶点

 说明　在添加顶点状态下，可以在可编辑样条线上添加任意多个顶点。

顶点的删除非常简单，先选择要删除的顶点，然后按键盘上的【Delete】键即可。

📁 顶点的断开

顶点打断就是将顶点两端的线段分离，并生成一个新顶点，其具体步骤如下。

步骤01 在可编辑样条线上选择要打断的顶点，如图4.53所示。

步骤02 单击【几何体】卷展栏下的【断开】按钮，移动打断后的顶点如图4.54所示。

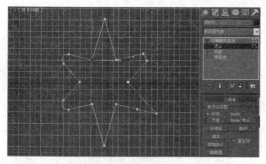

图4.53　选择要打断的顶点

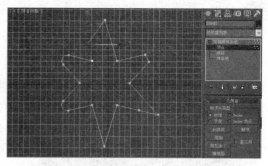

图4.54　移动打断后的顶点

📁 顶点的焊接

顶点焊接是顶点断开的逆操作，就是将可编辑样条线上的两个顶点合并成一个顶点，其具体操作步骤如下。

步骤01　选择两个要焊接的顶点，如图4.55所示。

步骤02　在【修改】命令面板中单击【几何体】卷展栏下的【焊接】按钮，如图4.56所示。

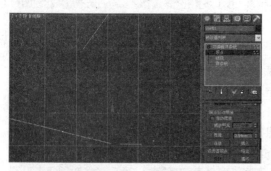

图4.55　选择顶点

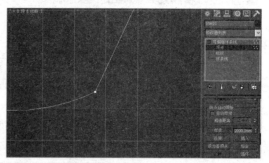

图4.56　焊接后的效果

　单击【焊接】按钮后，如果两个顶点没有完成焊接，那是因为两个顶点间的距离超过了【焊接】按钮右侧数值框中设置的数值，可在该数值框中输入更大的数值，然后再单击【焊接】按钮。

3.【线段】次对象的编辑

要编辑线段，首先要在修改器堆栈列表中选择【线段】次对象，或者通过上面介绍的其他方法进行选择。片段即两个顶点之间的线条或边。在【线段】次对象编辑模式下，卷展栏中的许多选项和按钮的使用方法与【顶点】次对象的是相同的，在介绍编辑线段时主要介绍此模式下常用的一些功能或特有的功能。

在单击线段时按住【Ctrl】键，可以选择多条线段，按住【Alt】键可以将选定的线段从当前的选择集中去掉，按住【Shift】键变换线段时可以复制线段。复制出的线段与原始样条线是分离的，但复制出来的线段仍然属于样条线的一部分，并没有分离出另外的对象来。

4.【样条线】次对象的编辑

【样条线】次对象的编辑包括轮廓编辑、【布尔】运算、镜像编辑和修剪编辑等。

📁 轮廓编辑

　　可编辑样条线分为开放型和封闭型两种。封闭型曲线指的是没有断点的曲线，如图4.57所示；有断点的曲线则被称为开放型曲线，如图4.58所示。

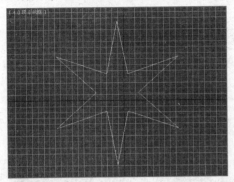

图4.57　封闭型曲线

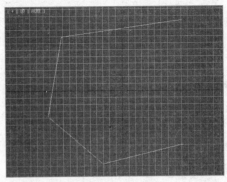

图4.58　开放型曲线

　　通过轮廓处理可以为封闭型曲线添加一条轮廓线，如图4.59所示；也可以将开放型曲线转换成封闭型曲线，并为其添加一条轮廓线，如图4.60所示。

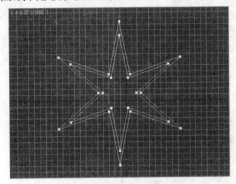

图4.59　添加轮廓后的封闭型曲线

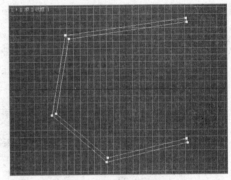

图4.60　添加轮廓线后的开放型曲线

　　为可编辑样条线添加轮廓线的具体操作步骤如下。

步骤01　选择要编辑的可编辑样条线，进入【修改】命令面板，单击【选择】卷展栏中的【样条线】按钮⌒，进入【样条线】次对象编辑状态。

步骤02　在【几何体】卷展栏下的【轮廓】按钮右侧的数值框中，输入数值并按【Enter】键。

说明　输入的数值用来确定生成的轮廓线与源样条线间的距离，数值可以为正数，也可以为负数，正、负只表示生成的轮廓线在源曲线的哪一侧而已。

　　📁【布尔】运算

　　使用【布尔】按钮可以对两条或多条交叠的样条线进行操作。操作时可以选择样条线的不同组合方式，如【并集】◉、【差集】◉和【交集】◉方式。

　　位于【修改】命令面板【几何体】卷展栏中的【布尔】按钮，用于对交叠的封闭样条线进行运算，并且进行运算的样条线必须是同一对象的一部分。单击【并集】按钮，则可以合并两条样条线的区域；单击【差集】按钮，可以从第一条样条线区域中去掉第二条样条线的区域；而单击【交集】按钮，则只保留两条样条线交叠的区域。

下面以一个简单的实例来介绍【布尔】运算的使用方法和各种不同运算方式的效果，操作步骤如下。

步骤01 在视图中创建两个【多边形】对象和一个【星形】对象，如图4.61所示。

步骤02 选择【星形】对象，将其转换为可编辑样条线。在【样条线】次对象编辑模式下，在【几何体】卷展栏中单击【附加】按钮，在视图中单击其他曲线将其连接到当前的样条线中。在视图中右击鼠标退出【附加】模式。

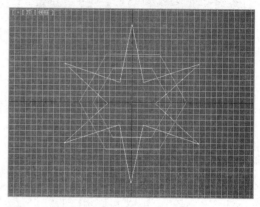

图4.61　创建的形状

步骤03 保持【样条线】次对象编辑模式，在视图中选择【星形】对象。在【布尔】按钮右侧单击【并集】按钮，使其处于黄色凹下状态。单击【布尔】按钮，在视图中将鼠标指针移动到多边形位置时，即可看到鼠标指针形状的改变，如图4.62（左）所示；单击处于内部的多边形，即可得到星形与内圆环的交集，如图4.62（右）所示。

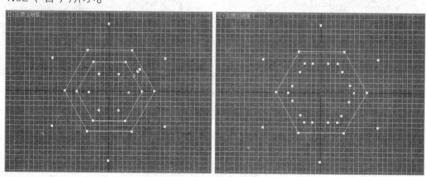

图4.62　【并集】运算时的鼠标指针形状及操作效果

为了让用户看到更多的【布尔】运算方式的效果，在此使用【Ctrl+Z】组合键撤销上一步操作，以使用户对比不同方式的效果。

步骤04 按【Ctrl+Z】组合键撤销上一步操作，在【布尔】按钮右侧单击【差集】按钮，然后单击【布尔】按钮，再在视图中多边形位置处单击，即可得到【差集】方式的效果。如图4.63所示是分别单击内部的多边形和外部的多边形的效果对比。

步骤05 按【Ctrl+Z】组合键撤销上一步操作，在【几何体】卷展栏中单击【交集】按钮，单击【布尔】按钮，在视图中可以单击多边形的边缘，得到它们之间的交集。如图4.64所示分别是单击内部的多边形和外部的多边形的效果对比。

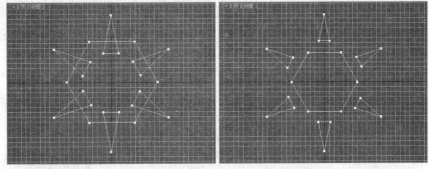

图4.63　单击不同位置的多边形时的【差集】运算效果对比

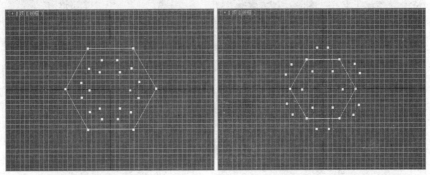

图4.64　单击不同位置的多边形时的【交集】运算效果对比

4.2.2　典型案例——创建楼梯扶手

案例目标

本案例将利用3ds Max 2010提供的二维图形创建及编辑的方法，创建一个楼梯扶手，其目的是让读者在案例的制作过程中进一步掌握二维图形的创建及编辑方法，并了解可编辑样条线特性的重要作用。创建后的楼梯扶手如图4.65所示。

效果图位置：【\第4课\源文件\楼梯扶手.max】

制作思路：

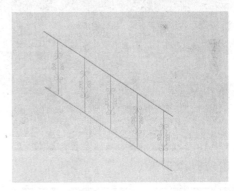

图4.65　创建的楼梯扶手

步骤01 楼梯框架和铁艺花饰可通过编辑二维图形来创建，即先创建二维图形，然后修改二维图形的特性将其转换成三维对象。

步骤02 通过镜像复制和移动复制的方法创建其他花饰。

操作步骤

本案例分为两个制作步骤：第一步，创建扶手框架和单个花饰；第二步，创建其他花饰。

1. 创建扶手框架和单个花饰

具体操作步骤如下。

步骤01 重置场景，将单位设置为"毫米"。

步骤02 在【创建】命令面板中进入【图形】子面板，然后单击【线】按钮，在前视图中单击鼠标左键，绘制一条斜线，如图4.66所示。

步骤03 打开【修改】命令面板，展开【渲染】卷展栏，设置参数如图4.67所示。

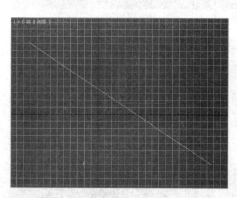

图4.66　绘制斜线

图4.67　设置参数

步骤04 在前视图中用移动复制的方法将新创建的斜线复制一个，如图4.68所示。

步骤05 在前视图中绘制竖线，在【渲染】卷展栏中设置【厚度】数值框的值为"20mm"，如图4.69所示。

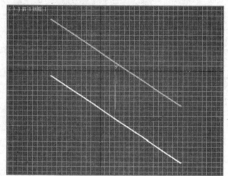

图4.68　复制斜线

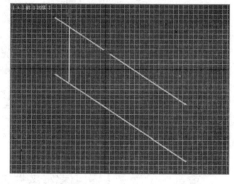

图4.69　绘制的竖线

在绘制线形的时候，按住键盘上的【Shift】键，可以绘制水平或者垂直的直线。

步骤06 在前视图中使用【线】按钮绘制出铁艺花饰，我们可以先以直线的形式绘制，并且只绘制四分之一就可以了，如图4.70所示。

步骤07 按【1】键进入【顶点】次对象编辑模式，选择所有的顶点，右击鼠标，在弹出的快捷菜单中选择【平滑】命令，将顶点类型改为【平滑】类型，从而得到过渡光滑的线形，如图4.71所示。

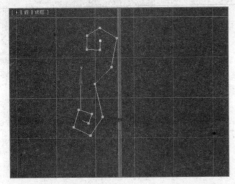

图4.70　绘制的花饰

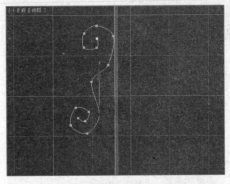

图4.71　修改顶点为【平滑】类型后的效果

步骤08　如果有个别顶点没有修改到位，也可以单独选择该顶点，右击鼠标，在弹出的快捷菜单中选择【Bezier】命令，通过调节控制手柄来修改曲线的形状，如图4.72所示。

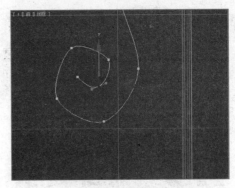

图4.72　修改个别顶点

2. 创建其他花饰

步骤01　选择新创建的花饰，单击主工具栏上的【镜像】按钮，在打开的【镜像：屏幕 坐标】对话框中，设置镜像轴为X轴，【偏移】数值框的值为"350mm"，在【克隆当前选择】区域中选中【实例】单选项，如图4.73所示，单击【确定】按钮，效果如图4.74所示。

图4.73　设置参数

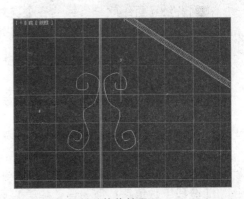

图4.74　沿X轴的镜像效果

步骤02　同时选择两个花饰线形，沿Y轴镜像复制一组，效果如图4.75所示。

步骤03　选择一个花饰线形，在【渲染】卷展栏中设置【厚度】数值框的值为"20mm"．

步骤04　用复制的方法生成其他的铁艺花饰造型，并调整它们的位置，最终效果如图4.76所示。

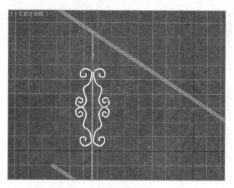

图4.75 沿Y轴的镜像效果

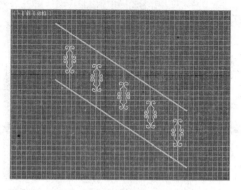

图4.76 制作完成的楼梯扶手

案例小结

本案例制作了一个楼梯扶手，它是通过创建二维图形得到的。由此可以看出，二维图形不但能以二维的形式出现，而且还能以三维的形式出现，这种灵活的显示方式是其他基本体所不具有的特性。因此，三维场景中的大多数模型都可通过编辑曲线来完成。

4.3 将二维图形转换成三维模型

3ds Max 2010允许通过一些修改器将二维图形转换成三维模型，这将进一步扩展二维图形的功效。

4.3.1 知识讲解

前面介绍了可编辑样条线的各个次对象的使用方法，除了可编辑样条线，还可以使用样条线修改器来改变样条线。样条线修改器主要是针对【样条线】对象的。最常用的样条线修改器有【挤出】、【车削】、【倒角】和【倒角剖面】等修改器。

1.【挤出】修改器的应用

【挤出】修改器可以为二维图形添加一个深度，将其转换成三维对象，如图4.77所示，其【参数】卷展栏如图4.78所示。

此卷展栏中各参数的功能如下。

- ➡ 【数量】数值框：用于设置挤压的深度。
- ➡ 【分段】数值框：用于设置挤压厚度上的分段数。
- ➡ 【封口始端】复选框：用于在挤出对象的开始端生成平面。
- ➡ 【封口末端】复选框：用于在挤出对象的结束端生成平面。
- ➡ 【变形】单选项：用于变形动画的制作，保证点面数固定不变。
- ➡ 【栅格】单选项：对边界线进行重新排列，以最精简的点面数来获取完美的造型。
- ➡ 【输出】区域：在此区域中可以选择将挤压对象输出为哪种模型，包括【面片】、【网络】和【NURBS】3种模型。

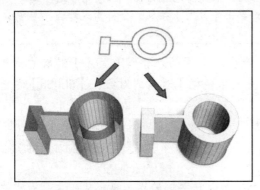

图4.77　未封顶和已封顶的挤出效果

图4.78　【参数】卷展栏

2.【车削】修改器的应用

利用【车削】修改器可以将二维图形沿一条旋转轴旋转任意度数，以生成不同的三维对象，如图4.79所示，其【参数】卷展栏如图4.80所示。

图4.79　车削效果

图4.80　【参数】卷展栏

此卷展栏中各参数的功能如下。

- ➡ 【度数】数值框：用来控制旋转的角度，系统默认为360°。
- ➡ 【焊接内核】复选框：将轴心重合的顶点进行焊接精减，以得到结构更简单、更平滑无缝的模型。如果是变形对象，则不选中此复选框。
- ➡ 【翻转法线】复选框：选中此复选框，可将模型表面的法线方向反向。
- ➡ 【封口】区域：用来控制挤出后生成三维对象的起始端和末端是否封闭，系统自动选中【封口始端】和【封口末端】复选框，取消选中相应的复选框就可以打开封口。
- ➡ 【方向】区域：用来设置图形旋转时所围绕的轴向，系统默认绕Y轴旋转，单击各坐标轴对应的按钮，即可改变旋转轴向。
- ➡ 【对齐】区域：用来控制旋转后三维对象中图形之间的对齐方式，分别有【最小】、【中心】和【最大】按钮。

- ➔ 【输出】区域：【面片】单选项表示产生一个可以折叠到【面片】对象的对象；【网格】单选项表示产生一个可以折叠到【网格】对象的对象；【NURBS】单选项表示产生一个可以折叠到【NURBS】对象的对象。

- ➔ 【生成贴图坐标】复选框：选中该复选框，将贴图坐标应用到车削对象中。

- ➔ 【生成材质 ID】复选框：选中该复选框，将不同的材质ID指定给车削对象的侧面与封口。

- ➔ 【使用图形ID】复选框：将材质ID指定给在车削产生的样条线中的线段，或指定给在NURBS车削产生的曲线子对象。

- ➔ 【平滑】复选框：将平滑应用于车削图形。

3.【倒角】修改器的应用

利用【倒角】修改器可以为二维图形添加一个深度，并使其边缘产生或平或圆的倒角，如图4.81所示。

【倒角】修改器的卷展栏包括一个【参数】卷展栏和一个【倒角值】卷展栏。下面来分别介绍这两个卷展栏。

📁 【参数】卷展栏

如图4.82所示是【倒角】修改器的【参数】卷展栏。

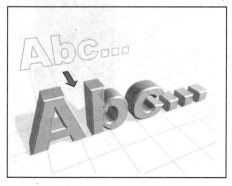

图4.81　倒角文本

图4.82　【倒角】修改器的【参数】卷展栏

此卷展栏中的各参数介绍如下。

- ➔ 【封口】区域：对造型两端进行加盖控制，如果两端都进行加盖，得到的是封闭实体。选中【始端】复选框，会在开始截面封顶加盖；选中【末端】复选框，会在结束截面封顶加盖。

- ➔ 【封口类型】区域：用于设置顶盖表面的构成类型。如果选中【变形】单选项，则不处理表面，以便通过变形操作制作变形动画；选中【栅格】单选项，则会对表面网格进行处理。使用【栅格】单选项产生的渲染效果要好于【变形】单选项。

- ➔ 【线性侧面】单选项：选中此单选项，则倒角内部的分段会以【直线】方式划分。

- ➔ 【曲线侧面】单选项：选中此单选项，则倒角内部的分段会以【弧形曲线】方式划分。

- ➔ 【分段】数值框：设置倒角内部的分段数。

⊙ 【级间平滑】复选框：选中此复选框，则会对倒角进行光滑处理，但总保持顶盖不被光滑处理。

⊙ 【生成贴图坐标】复选框：选中此复选框后，将贴图坐标应用于倒角对象。

⊙ 【避免线相交】复选框：选中此复选框，可以防止尖锐折角产生的突出变形。

 选中【避免线相交】复选框，会大大增加系统的计算时间，可能需等待很长时间，并且将来在改动其他倒角参数时也会变得反应迟钝，所以应尽量避免使用此功能。如果遇到线相交的情况，最好还是返回到曲线图形中手动修改，将转换过于尖锐的地方调整圆滑。

⊙ 【分离】数值框：用于设置两条边界线之间的距离间隔，以防止越界交叉。

📁 【倒角值】卷展栏

【倒角值】卷展栏如图4.83所示。

此卷展栏中的各参数功能如下。

⊙ 【起始轮廓】数值框：该数值框用来设置轮廓从原始二维图形偏移的距离，非零设置会改变原始二维图形的大小。

⊙ 【级别1】区域：该区域由【高度】和【轮廓】两个数值框组成。【高度】数值框用来设置为二维图形添加的第1个深度；【轮廓】数值框用来设置添加深度后生成的面与底面在垂直方向上的位移。

图4.83　【倒角值】卷展栏

⊙ 【级别2】区域：该区域用来设置为二维图形在第1个深度的基础上添加的第2个深度和轮廓，但应先选中【级别2】复选框。

⊙ 【级别3】区域：该区域用来设置为二维图形在第2个深度基础上添加的第3个深度和轮廓，但应先选中【级别3】复选框。

4.【倒角剖面】修改器的应用

利用【倒角剖面】修改器可以将一个二维图形作为剖面沿着另一个作为路径的二维图形挤出，以得到三维对象。剖面可以是开放型的二维图形，如图4.84所示；也可以是封闭型的二维图形，如图4.85所示。

图4.84　剖面为开放型的二维图形

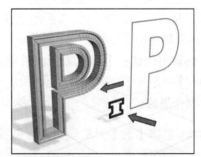

图4.85　剖面为封闭型的二维图形

【倒角剖面】修改器是由【倒角】修改器扩展而来的，是一个更为自由的倒角工具。使用【倒角剖面】修改器可以将一个图形作为剖面沿着另一个作为路径的二维图形

挤出，得到三维对象。其【参数】卷展栏如图4.86
所示。

该卷展栏中的各参数功能如下。

图4.86 【参数】卷展栏

- ⊕ 【拾取剖面】按钮：用于拾取作为路径的侧面。
- ⊕ 【生成贴图坐标】复选框：选中此复选框后，将贴图坐标应用于倒角剖面对象。
- ⊕ 【封口】区域：对造型两端进行加盖控制，如果两端都进行了加盖，得到的是封闭实体。选中【始端】复选框，会在开始截面封顶加盖；选中【末端】复选框，会在结束截面封顶加盖。
- ⊕ 【封口类型】区域：用于设置顶盖表面的构成类型。如果选中【变形】单选项，则不处理表面，以便通过变形操作制作变形动画；选中【栅格】单选项，则会对表面网格进行处理。使用【栅格】单选项产生的渲染效果要好于【变形】单选项。
- ⊕ 【避免线相交】复选框：选中此复选框，可以防止尖锐折角产生的突出变形。

4.3.2 典型案例——创建圆桌凳

案例目标

本例通过制作圆桌凳进一步学习【倒角剖面】修改器的使用方法，通过绘制圆形和剖面，利用【倒角剖面】修改器制作圆桌凳的凳面；然后绘制曲线，通过修改【轮廓】按钮右侧数值框的值制作凳腿的截面；接着利用【挤出】修改器，得到圆桌凳的凳腿；最后利用旋转阵列操作将凳腿进行阵列复制，得到圆桌凳效果。

通过本案例的制作过程，读者将能熟练应用二维修改器。制作后的圆桌凳如图4.87所示。

图4.87 圆桌凳

效果图位置：【\第4课\源文件\圆桌凳.max】

制作思路：

步骤01 创建【圆】对象模拟凳面截面，创建曲线作为剖面。利用【倒角剖面】修改器创建凳面。

步骤02 绘制曲线并添加轮廓效果，然后利用【挤出】修改器，将其挤出为三维对象，作为凳腿。再利用【阵列】工具按钮将凳腿进行旋转阵列复制。

具体操作步骤如下。

步骤01 重置场景，将单位设置为"毫米"。

步骤02 在【创建】命令面板中进入【图形】子面板，然后单击【对象类型】卷展栏中的【圆】按钮，在顶视图中创建一个半径为"150mm"的圆形，创建后的效果如图4.88所示。

步骤03 在【创建】命令面板中单击【图形】按钮，然后单击【对象类型】卷展栏中的【线】按钮，在前视图中创建一条曲线。

步骤04 打开【修改】命令面板，单击【Line】前边的加号按钮，从展开的列表中选择【顶点】选项，如图4.89所示。

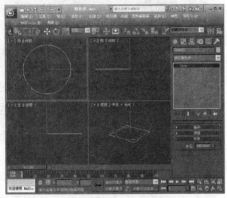

图4.88 创建的圆形

图4.89 选择【顶点】选项

步骤05 展开【几何体】卷展栏，然后单击【优化】按钮，如图4.90所示，对创建的曲线进行加点操作，并利用主工具栏上的【选择并移动】按钮调整节点的位置，效果如图4.91所示。

图4.90 单击【优化】按钮

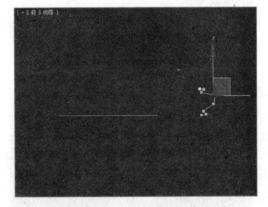

图4.91 进行加点操作并调整节点位置

步骤06 选择步骤1中创建的【圆】对象，打开【修改】命令面板，单击【修改器列表】下拉列表框，在弹出的下拉列表中选择【倒角剖面】修改器，如图4.92所示。

步骤07 在【参数】卷展栏中单击【拾取剖面】按钮，如图4.93所示。然后在前视图中拾取步骤5中绘制的曲线，如图4.94所示，完成后的效果如图4.95所示。

图4.92　选择【倒角剖面】修改器

图4.93　单击【拾取剖面】按钮

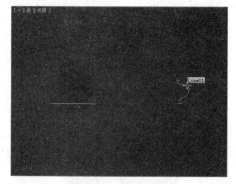

图4.94　拾取剖面

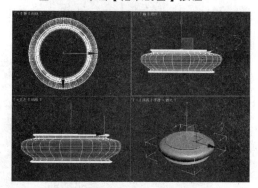

图4.95　创建效果

步骤08　在前视图中创建如图4.96所示的曲线。然后打开【修改】命令面板，单击修改器下拉列表框，在弹出的下拉列表中选择【编辑样条线】修改器，将矩形转变为可编辑样条线。

步骤09　在修改器堆栈列表中选择【样条线】选项，然后打开【几何体】卷展栏，在【轮廓】右侧的数值框中输入"30mm"，如图4.97所示，完成后的效果如图4.98所示。

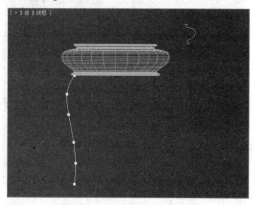

图4.96　绘制曲线

图4.97　输入轮廓值

步骤10　打开【修改】命令面板，单击【修改器列表】下拉列表框，在弹出的下拉列表中选择【挤出】修改器，设置【数量】数值框的值为"30mm"，然后在各个视图中利用移动和旋转工具调整它的位置，效果如图4.99所示。

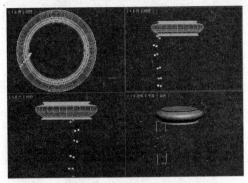

图4.98　轮廓效果

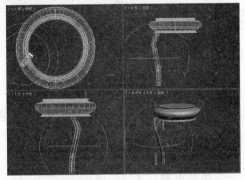

图4.99　挤出效果

步骤11　确定桌凳腿处于选中状态，在主工具栏的【参考坐标系】下拉列表框中选择【拾取】选项，如图4.100所示。

步骤12　在顶视图中单击绘制的桌凳面，此时的视图窗口就会变为"Circle01"的坐标窗口了，然后在主工具栏上用鼠标左键按住【使用轴点中心】按钮█不放，然后选择其下拉列表中的【使用变换坐标中心】按钮█。

步骤13　确认桌凳腿处于选中状态，执行【工具】→【阵列】命令，在打开的对话框中设置参数，如图4.101所示的。

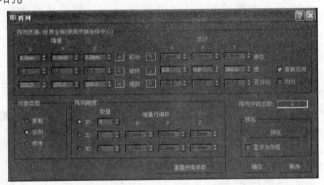

图4.100　选择【拾取】选项

图4.101　设置阵列参数

步骤14　单击【预览】按钮观看效果，如果效果不好可以重新设置。完成后单击【确定】按钮，最终效果如图4.102所示。

案例小结

本案例创建的圆桌凳应用了【倒角剖面】、【编辑样条线】和【挤出】修改器，并利用【阵列】工具进行了复制。

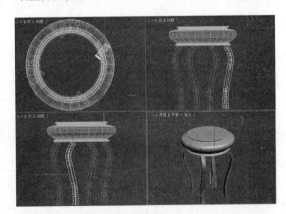

图4.102　最终的圆桌凳效果

4.4 上机练习

4.4.1 创建画框

本次练习将制作如图4.103所示的画框，主要练习曲线的编辑修改、【倒角】修改器和【挤出】修改器的应用。

素材位置：【\第4课\素材\画框\】

效果图位置：【\第4课\源文件\画框.max】

制作思路：

图4.103　画框效果

➡️ 创建两个【矩形】对象模拟画框，利用【编辑样条线】修改器将它们连为一体。

➡️ 利用【倒角】修改器将其转换为三维对象。

➡️ 利用【捕捉开关】工具创建矩形，模拟画框内部截面。

➡️ 对画框内部截面应用【挤出】修改器，将创建的对象挤出为三维对象。

➡️ 为新创建的三维对象赋予材质，得到画框效果。

4.4.2 创建客厅框架

本次练习将制作如图4.104所示的客厅框架，主要练习二维图形在室内建模方面的具体应用。

效果图位置：【\第4课\源文件\客厅框架.max】

制作思路：

图4.104　客厅框架模型

➡️ 先确定卧室的大体尺寸，地面的长度为"4000mm"，宽度为"4000mm"，墙体的高度为"2900mm"，其他尺寸可参照此比例制作。

➡️ 墙体的制作可先绘制矩形，然后通过为矩形添加轮廓，再应用【挤出】修改器制作。地面和天花板可用相同的方法创建，门和画框等都可通过编辑曲线来创建。

4.5　疑难解答

问：在绘制线形时，总是调整不好各个顶点的位置，有没有实用的方法呢？

答：顶点类型有很多种，在绘制线形时，为了控制好线型整体的形态，首先可使用【角点】类型绘制曲线。

问：为什么在效果图的制作过程中常常需要对二维曲线进行挤出？

答：在效果图的制作过程中常常使用【挤出】修改器对二维曲线进行挤出操作，因为这样能减少模型的面数，从而提高渲染速度。

问：在修改器堆栈列表中选择【顶点】或【样条线】选项后，若要选择其他对象，怎么也无法选中，这是为什么呢？

答：在修改器堆栈列表中选择【顶点】或【样条线】选项后，必须退出修改器堆栈才可以选择其他对象，方法是：单击堆栈中相应的修改器选项即可，如图4.105所示。要想退出【样条线】次对象编辑模式，再次选择【样条线】选项即可。

图4.105　取消选中【样条线】选项

问：如果在绘制二维图形时，其节点比预想中的少，那么该怎么办？

答：如果绘制的节点比实际需要的少，那么可以将其转化为可编辑样条线，进入【顶点】次对象编辑模式，在【几何体】卷展栏下单击【优化】按钮，然后在视图中单击曲线即可创建新的顶点。

4.6　课后练习

选择题

1 可编辑二维图形具有哪些次对象级别？（　　　　）
A. 顶点　　　　　　B. 线段　　　　　　C. 样条线　　　　　　D. 边界线

2 通过下面哪些命令可以直接创建具有次对象级别的二维图形？（　　　　）
A. 线　　　　　　　B. 矩形　　　　　　C. 文本　　　　　　D. 截面

3 在编辑曲线状态下，【顶点】次对象具有哪几种类型？（　　　　）
A. 角点　　　　　　B. Bezier　　　　　C. 平滑　　　　　　D. Bezier角点

4 【挤出】修改器的光滑量由（　　　）参数控制。
A. 分段　　　　　　B. 数量　　　　　　C. 封口　　　　　　D. 平滑

5 【车削】修改器默认旋转（　　　）度。
A. 180　　　　　　　B. 90　　　　　　　C. 720　　　　　　　D. 360

6 如果使用【倒角】命令产生了相交线，应该选中（　　　）复选框。

　A.【避免线相交】　　　　　B.【起始轮廓】

　C.【级别】　　　　　　　　D.【分段】

问答题

1 能否通过【截面】按钮直接创建二维图形？为什么？

2 二维图形能不能直接被渲染？如果不能，请简述其渲染操作过程。

3 简述如何实现样条线【顶点】次对象属性的改变。

4 在使用【倒角剖面】修改器后，轮廓线和路径能删除吗？

上机题

1 结合本课介绍的知识点制作如图4.106所示的方格木门。

　效果图位置：【\第4课\源文件\方格木门.max】

 该实例主要通过二维图形的编辑操作来完成，需要注意以下几点。

➡ 创建【矩形】对象，然后利用【倒角】修改器制作门框。

➡ 创建矩形，然后利用【挤出】修改器，将其挤出为门面。

➡ 创建矩形，利用【阵列】工具按钮进行复制。

➡ 创建矩形，模拟门框，然后将其附加为一体。

➡ 利用【倒角】修改器将附加后的对象转换为三维对象，得到方格木门效果。

2 制作如图4.107所示的石凳。

图4.106　方格木门效果图

图4.107　石凳效果图

　效果图位置：【\第4课\源文件\石凳.max】

➡ 在左视图中绘制两个矩形。

➡ 将两个矩形附加为一体，然后利用【布尔】运算，得到石凳的截面。

➡ 利用【优化】按钮修改石凳的截面。

➡ 利用【挤出】修改器，将创建的截面挤出为三维对象。

➡ 创建【长方体】对象，模拟石凳的石条。

➡ 创建【长方体】对象，并进行复制，模拟石凳的木条。

第5课

三维模型的创建与修改

▼ **本课要点**

创建常用标准基本体
创建常用扩展基本体
修改创建的基本体

▼ **具体要求**

认识标准和扩展基本体
掌握【长方体】、【球体】、【圆柱体】等标准基本体的创建方法
掌握【切角长方体】、【切角圆柱体】等扩展基本体的创建方法
认识修改器
掌握【弯曲】、【扭曲】和【锥化】修改器的应用
掌握【FFD（长方体）】修改器的应用

▼ **本课导读**

本课重点介绍3ds Max 2010中基本体的创建与修改方法。基本体的创建主要包括标准基本体和扩展基本体的创建；基本体的修改主要通过修改器来完成，包括【弯曲】、【扭曲】、【锥化】、【晶格】和【FFD（长方体）】等修改器。通过本课的学习，读者不但可以通过基本体来构建一些常见的三维场景，如客厅和卫生间等，还可通过修改器来完成对基本体的编辑，以便得到更为复杂的模型，如被盖和枕头等。

5.1 创建常用标准基本体

在现实生活中，只要用心观察一些复杂物体，就会发现这些物体都是由一些简单的几何体构成的。例如，书桌、衣柜和办公桌等都可以看成一些大小不同的长方体的有机组合。

在3ds Max 2010中，用户可以创建一些简单的基本体，并将这些基本体进行不同方式的组合，从而创建出复杂的模型。

5.1.1 知识讲解

在3ds Max 2010中可以创建的标准基本体有10种，如图5.1所示。创建标准基本体的工具按钮位于【创建】命令面板中【几何体】子面板的【对象类型】卷展栏中。利用这些工具按钮可以创建【球体】、【几何球体】、【管状体】等多种造型对象，如图5.2所示。下面来分别介绍这些标准基本体的创建方法。

图5.1　标准基本体类型

图5.2　标准基本体

这些对象既可以直接作为模型构件，也可以合成复杂的场景造型，还可以为这些对象施加不同的修改器。

标准基本体的创建方法非常简单，先在【创建】命令面板中单击要创建的基本体对应的工具按钮，然后在视图中单击并拖曳鼠标即可。

1. 创建长方体

长方体由长、宽、高3个变量来控制其形状，是最简单的基本体，图5.3显示了具有不同长、宽、高比例关系的几个长方体。

3ds Max 2010允许用户对已创建的基本体进行调整，以满足创建要求。长方体的【参数】卷展栏如图5.4所示。

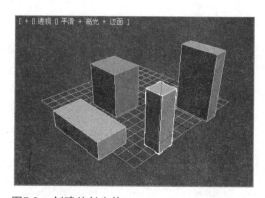

图5.3　创建的长方体

- 【长度】/【宽度】/【高度】数值框：用来确定长方体的长、宽、高。
- 【长度分段】/【宽度分段】/【高度分段】数值框：用来确定长方体的长、宽、高表面的分段数。分段数越多，对象表面越光滑。对如图5.3所示的长方体增加一些分段数后的效果如图5.5所示。

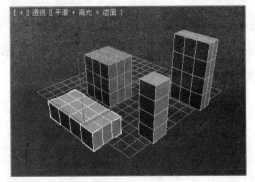

图5.4　长方体的【参数】卷展栏　　　　　图5.5　增加分段数后的长方体

- 【生成贴图坐标】复选框：系统自动选中该复选框，会自动为创建后的长方体指定贴图坐标。
- 【真实世界贴图大小】复选框：该复选框用来控制应用于该对象的纹理贴图所使用的缩放方法。

> **注意** 有关贴图的知识这里不做详细介绍，在后边的章节中有详细的讲解。

2. 创建圆锥体

利用【圆锥体】按钮，可以产生直立或倒立的圆锥体，也可以得到圆锥体上的某一部分，如图5.6所示，其【参数】卷展栏如图5.7所示。

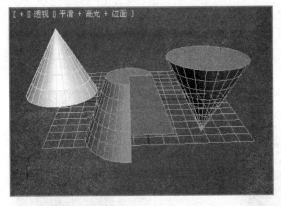

图5.6　不同造型的圆锥体　　　　　　　图5.7　圆锥体的【参数】卷展栏

- 【半径1】数值框：此值是圆锥体底面的半径，将【半径1】数值框的值设置为"100mm"，会在视图区中看到设置后的半径变化。
- 【半径2】数值框：设置【半径2】数值框的值为"40mm"，这时可以看到模型变成一个圆台。如果要创建一个圆锥体，此半径值必须为"0"，否则就会变成圆台。在视图区拖曳出圆锥体的底面后，拖曳鼠标，会显示一个圆柱体，再单击并拖曳鼠标即可确定此值。如图5.8所示是将半径2设置为不同值的圆锥或圆台效果。

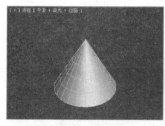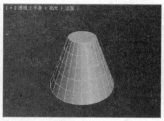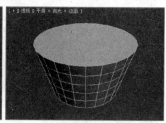

图5.8　圆锥及圆台的效果

- 🔘 【高度】数值框：用于设置圆锥体的高度。
- 🔘 【高度分段】数值框：用于设置圆锥体沿高度方向的分段数。
- 🔘 【端面分段】数值框：用于设置圆锥体两个底面的分段数。
- 🔘 【边数】数值框：用于设置上下底面的边数。如图5.9所示是设置边数为"5"和"9"时的不同效果。

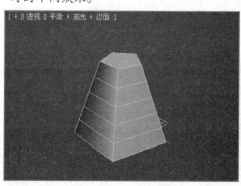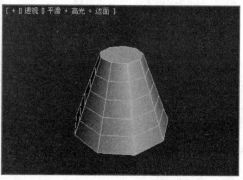

图5.9　设置圆锥不同边数的效果

- 🔘 【平滑】复选框：用于设置是否对圆锥体进行平面光滑处理。
- 🔘 【启用切片】复选框：用于设置是否进行切割。选中此复选框，会激活下面的两个数值框，【切片起始位置】数值框用于设置切割的起始角度，【切片结束位置】数值框用于设置切割的终止角度。图5.10显示的是截取圆锥体一部分后的效果，其切片参数设置如图5.11所示。

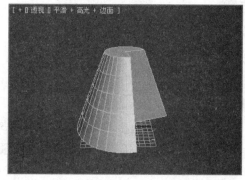

图5.10　截取后的圆锥体

图5.11　参数设置

3. 创建球体

利用【球体】按钮，可以生成完整的球体、半球体或球体的某些部分，还可以围绕

零起点　　3ds Max 2010三维设计基础培训教程

球体的垂直轴对其进行生成切片操作，如图5.12所示。球体的【参数】卷展栏如图5.13所示。

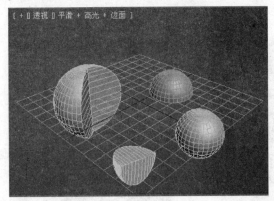

图5.12　球体的不同形态

图5.13　球体的【参数】卷展栏

- ➡ **【半径】数值框**：用来控制球体的大小。
- ➡ **【分段】数值框**：用来设置球体表面的分段数。分段数越多，表面越光滑。图5.14显示了将分段数设置为不同值时的球体表面的光滑程度。
- ➡ **【平滑】复选框**：系统自动选中该复选框，对球体表面进行平滑处理，图5.15显示了没有选中该复选框时的球体表面效果。

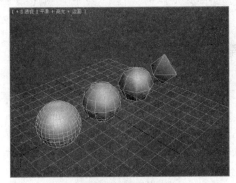

图5.14　具有不同分段数的球体

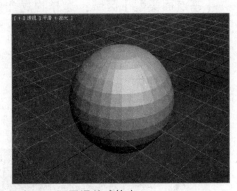

图5.15　不平滑的球体表

- ➡ **【半球】数值框**：用来控制沿球体的垂直方向创建半球体的程度。将该值分别设置为"0.5"和"0.7"时，得到的半球体如图5.16和图5.17所示。

图5.16　半球系数为"0.5"

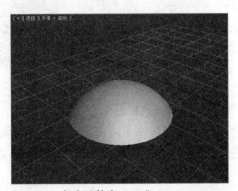

图5.17　半球系数为"0.7"

4. 创建几何球体

几何球体与球体的形状一样，只是表面的分段显示不一样，如图5.18所示，其【参数】卷展栏如图5.19所示。

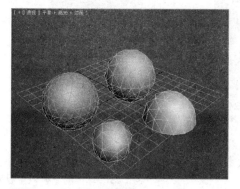

图5.18　不同的几何球体

图5.19　几何球体的【参数】卷展栏

- 【半径】数值框：用于设置几何球体的半径。
- 【分段】数值框：与基准多面体的类型配合，确定网格线中构成几何球体表面的小三角形的数目。例如，如果分段数为"4"，构成几何球体的基准多面体为N面体，则该几何球体表面的小三角形数目为4×4×N个。
- 【基点面类型】区域：选择构成几何球体的基准多面体的类型，其中包括【四面体】、【八面体】和【二十面体】3种类型。

下面的几个复选框，在球体及前面的内容中都介绍过了，在此不再重复。

5. 创建圆柱体

利用【圆柱体】按钮，可以产生半径、高度不一的圆柱体，还可以得到圆柱体的某一部分，如图5.20所示，其【参数】卷展栏如图5.21所示。

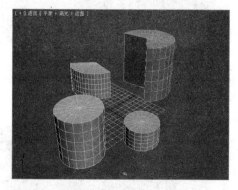

图5.20　不同造型的圆柱体

图5.21　圆柱体的【参数】卷展栏

6. 创建管状体

利用【管状体】按钮，可以生成圆形和棱柱管道，管状体类似于中空的圆柱体和棱柱，如图5.22所示，其【参数】卷展栏如图5.23所示。

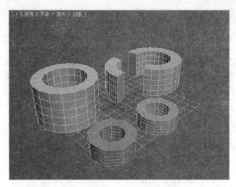

图5.22　不同造型的管状体

图5.23　管状体的【参数】卷展栏

7. 创建圆环

利用【圆环】按钮，可生成一个环形或具有圆形横截面的环，如图5.24所示，其【参数】卷展栏如图5.25所示。

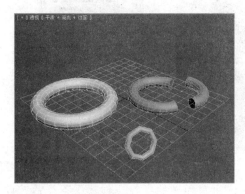

图5.24　不同造型的圆环

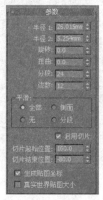

图5.25　圆环的【参数】卷展栏

下面还有几个参数，用于设置切片及创建贴图坐标等，用法与前面的内容差不多，在此不再介绍。

8. 创建四棱锥

利用【四棱锥】按钮，可生成具有方形或矩形底部和三角形侧面的四棱锥，如图5.26所示，其【参数】卷展栏如图5.27所示。

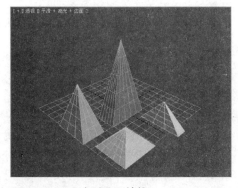

图5.26　不同造型的四棱锥

图5.27　四棱锥的【参数】卷展栏

- ➔ 【宽度】数值框：用于设置四棱锥底面矩形的宽度。
- ➔ 【深度】数值框：用于设置四棱锥底面矩形的深度。
- ➔ 【高度】数值框：用于设置四棱锥的高度。

 在视图区中单击并拖曳鼠标创建了四棱锥后，改变以上数值可以使创建的四棱锥按设置的数值改变形状。

- ➔ 【宽度分段】数值框：用于设置四棱锥底面矩形宽度方向的分段数。
- ➔ 【深度分段】数值框：用于设置四棱锥底面矩形深度方向的分段数。
- ➔ 【高度分段】数值框：用于设置四棱锥高度方向的分段数。

9. 创建茶壶

利用【茶壶】按钮，可以制作整个茶壶（默认设置）或一部分茶壶，如图5.28所示，其【参数】卷展栏如图5.29所示。

图5.28　整个茶壶和部分茶壶效果　　　　图5.29　茶壶的【参数】卷展栏

- ➔ 【半径】数值框：用于设置茶壶体最大水平截面圆的半径。创建了茶壶后，改变此值即可改变茶壶的大小。
- ➔ 【分段】数值框：用于设置茶壶或它某一部分的分段数。
- ➔ 【茶壶部件】区域：该区域包括【壶体】、【壶把】、【壶嘴】和【壶盖】4个复选框。默认情况下，这4个复选框都处于选中状态。取消选中某部件对应的复选框，会暂时隐藏该部件；再次选中该部件对应的复选框，则会重新显示该部件。

10. 创建平面

利用【平面】按钮，可生成特殊类型的平面多边形网格，如图5.30所示，其大小由【长度】数值框和【宽度】数值框来控制，其【参数】卷展栏如图5.31所示。

- ➔ 【长度】/【宽度】数值框：用于设置平面的长度和宽度。
- ➔ 【长度分段】数值框：用于设置平面长度方向上的分段数。
- ➔ 【宽度分段】数值框：用于设置平面宽度方向上的分段数。
- ➔ 【渲染倍增】区域：用于控制渲染时的缩放和密度值。【总面数】参数显示的是平面一共具有多少个网格面。例如，如图5.31所示，长度分段数为"4"，宽度分段数为"4"，则其网格面总共为4×4×2=32（因为平面有正反两面，所以要乘以2）。
- ➔ 【生成贴图坐标】复选框：选中此复选框，表示可以对平面进行贴图处理。

图5.30 平面效果　　　　　　　　　　　　　　图5.31 平面的【参数】卷展栏

5.1.2 典型案例——创建显示器

案例目标

本案例将利用3ds Max 2010提供的标准基本体创建一台显示器模型，其目的是让读者在制作实例的过程中进一步掌握标准基本体在实际建模中的应用。创建后的显示器如图5.32所示。

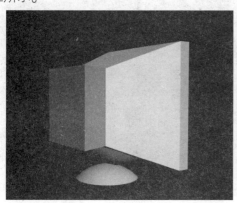

图5.32 显示器

效果图位置：【\第5课\源文件\显示器.max】

制作思路：

步骤01 利用【管状体】、【长方体】和【圆锥体】按钮创建显示器框架。

步骤02 利用【球体】按钮创建显示器的底座模型。

操作步骤

本案例分为两个制作步骤：第一步，创建显示器框架；第二步，创建显示器底座模型。

1. 创建显示器框架

具体操作步骤如下。

步骤01 新建一个文件，在【创建】命令面板中进入【几何体】子面板，在打开的面板中单击【管状体】按钮，在前视图中单击并拖曳鼠标创建一个管状体，作为显示器的外壳，参数设置和创建效果分别如图5.33和图5.34所示。

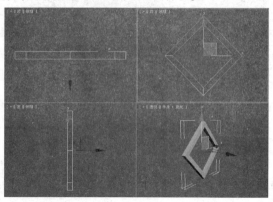

图5.33　设置参数　　　　　　　　　　　图5.34　创建效果

步骤02 确定刚创建的对象处于选中状态，激活前视图，右键单击主工具栏上的【选择并旋转】按钮，打开【旋转变换输入】对话框，参数设置如图5.35所示。

步骤03 按下【Enter】键，关闭对话框，此时的前视图效果如图5.36所示。

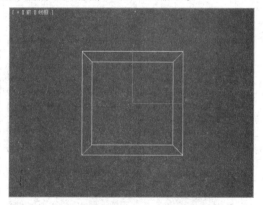

图5.35　【旋转变换输入】对话框　　　　图5.36　旋转后的效果

步骤04 右键单击主工具栏上的【捕捉开关】按钮，打开【栅格和捕捉设置】对话框，选中【顶点】复选框，如图5.37所示。

步骤05 关闭该对话框，单击【捕捉开关】按钮，然后单击【长方体】按钮，在前视图中捕捉创建一个【长方体】对象作为显示器的屏幕，尺寸即

图5.37　选中【顶点】复选框

为捕捉的尺寸，将【高度】数值框的值设置为"45mm"，效果如图5.38所示。

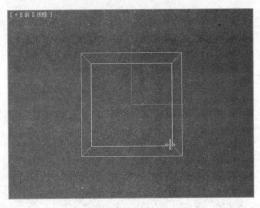

图5.38 创建长方体

步骤06 单击【圆锥体】按钮，在前视图中创建一个圆台体，作为显示器的后壳，然后按照前面的方法将它沿Z轴旋转45°，并调整好它的位置。设置参数和创建效果分别如图5.39和图5.40所示。

图5.39 设置参数

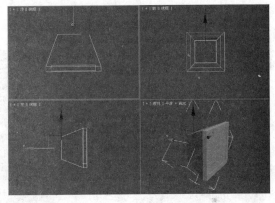

图5.40 创建效果

步骤07 在顶视图中将刚创建的对象复制一个，修改其参数，如图5.41所示，然后移动到如图5.42所示的位置。

图5.41 修改参数

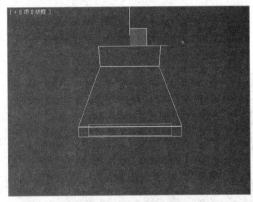

图5.42 创建效果

2. 创建显示器底座模型

具体操作步骤如下。

步骤01 打开【创建】命令面板，单击【几何体】子面板下的【球体】按钮，在顶视图中创建一个半球作为底座，设置参数并调整底座位置如图5.43和图5.44所示。

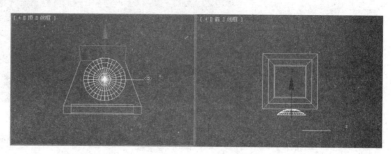

图5.43　设置参数　　　　　　图5.44　创建的效果

步骤02 激活左视图，单击主工具栏上的【镜像】按钮，打开【镜像：屏幕 坐标】对话框，参数设置如图5.45所示。

步骤03 单击【确定】按钮，效果如图5.46所示。

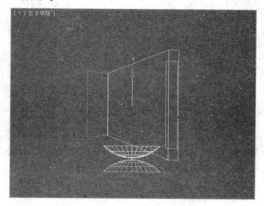

图5.45　设置参数　　　　　　图5.46　镜像后的效果

步骤04 单击主工具栏上的【选择并旋转】按钮，对镜像后的半球进行旋转，旋转后的效果如图5.47所示。

步骤05 切换到透视视图，通过旋转透视视图将其调整成如图5.48所示的观察方位。

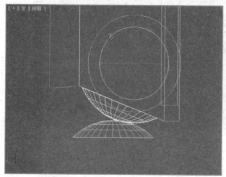

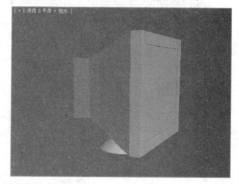

图5.47　旋转后的效果　　　　　　图5.48　调整后的透视视图

案例小结

本案例创建了一个简易的显示器，它的各个部件都是通过标准基本体来创建的。由此可以看出，复杂的模型都可通过简单的基本体来构建。通过本案例的制作，读者可以初步了解三维模型的具体创建过程，并认识到标准基本体的重要性。

5.2 创建常用扩展基本体

同标准基本体一样，扩展基本体的创建命令也位于【创建】命令面板中。扩展基本体各参数的含义往往比较复杂，灵活应用这些扩展基本体可以创建更多、更为复杂的三维对象。

在【创建】命令面板中，单击【标准基本体】右侧的下拉按钮，从弹出的下拉列表中选择【扩展基本体】选项，打开创建扩展基本体的命令面板，如图5.49所示。该命令面板与创建标准基本体命令面板结构相同。

在该命令面板中用户可以创建【异面体】、【环形结】、【切角长方体】和【胶囊】等造型对象，如图5.50所示。

图5.49　扩展基本体类型

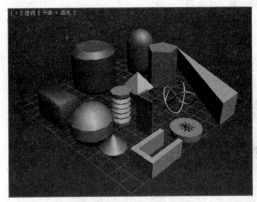
图5.50　扩展基本体

与标准基本体一样，创建扩展基本体也是先单击要创建的扩展基本体对应的按钮，然后在视图中单击并拖曳鼠标。

5.2.1　知识讲解

在三维场景的创建过程中，有一些扩展基本体并不常用，有的甚至用不上，所以这里只介绍几种常用的扩展基本体。

1. 创建切角长方体

切角长方体是具有切角或圆形边的长方体，如图5.51所示，其【参数】卷展栏如图5.52所示。

该【参数】卷展栏中的一些参数设置与前面介绍的内容基本一致，在此主要介绍这个扩展基本体特有的参数设置。

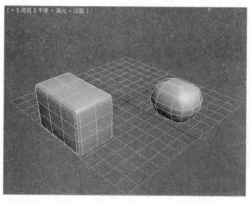

图5.51 不同造型的切角长方体   图5.52 切角长方体的【参数】卷展栏

 【圆角】数值框：用于设置圆角程度。

 【圆角分段】数值框：用于设置切角长方体或切角圆柱体的圆角切面段数。调整这两个参数可以决定圆角的圆滑程度。

> 说明：切角长方体常用来制作沙发、桌面等具有圆角造型的模型。

2. 创建切角圆柱体

切角圆柱体是具有切角或圆形封口边的圆柱体，通过【切角圆柱体】按钮不但可以创建完整的切角圆柱体，还可以创建切角圆柱体中的某些部分，如图5.53所示，其【参数】卷展栏如图5.54所示。

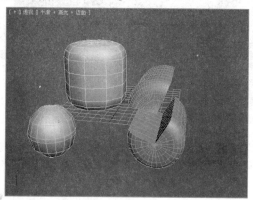

图5.53 不同造型的切角圆柱体   图5.54 切角圆柱体的【参数】卷展栏

5.2.2 典型案例——创建沙发组合

案例目标

本案例将利用3ds Max 2010提供的标准基本体和扩展基本体创建沙发组合模型，其目的就是要让读者在实例的制作过程中进一步掌握扩展基本体的具体应用，并了解不同对象的组合可以创建复杂的模型。创建后的沙发组合如图5.55所示。

素材位置：【\第5课\素材\沙发组合\】

效果图位置：【\第5课\源文件\沙发组合.max】

制作思路：

步骤01 利用扩展基本体创建单人沙发。

步骤02 利用合并方式合并长沙发和茶几到场景中。

 操作步骤

图5.55　沙发组合

本案例分为3个制作步骤：第一步，创建沙发主体；第二步，创建沙发扶手和沙发腿；第三步，合并长沙发和茶几。

1. 创建沙发主体

具体操作步骤如下。

步骤01 重置场景，将单位设置为"毫米"。

步骤02 在【创建】命令面板中进入【几何体】子面板，单击【标准几何体】右侧的下拉按钮，从弹出的下拉列表中选择【扩展几何体】选项。

步骤03 单击【对象类型】卷展栏中的【切角长方体】按钮，在顶视图中创建一个切角长方体作为沙发底座，如图5.56所示。

步骤04 打开【修改】命令面板，设置长度值为"600mm"，宽度值"600mm"，高度值为"130mm"，圆角值为"20mm"，圆角分段值为"3"，如图5.57所示。

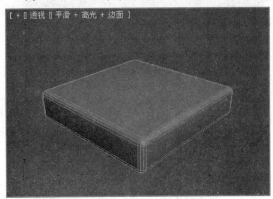

图5.56　创建的切角长方体

图5.57　修改参数

步骤05 激活前视图，单击主工具栏上的【选择并移动】按钮，按住【Shift】键的同时拖曳鼠标。将切角长方体沿Y轴方向复制一个作为沙发座，然后修改复制出的对象的高度值为"100mm"，圆角值为"30mm"，如图5.58所示。

步骤06 确定刚复制的切角长方体处于选中状态，按下【Alt+A】组合键，激活主工具栏上的【对齐】按钮，在前视图中单击下面的切角长方体，在打开的对齐当前选择对话框中设置参数如图5.59所示。

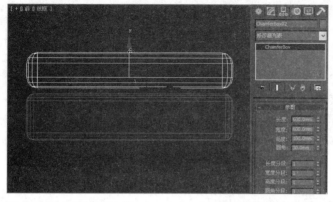

图5.58 复制并修改参数

图5.59 设置对齐参数

步骤07 单击【确定】按钮，关闭对话框。

2. 创建扶手和沙发腿

具体操作步骤如下。

步骤01 单击【切角长方体】按钮，在前视图中创建一个切角长方体作为沙发的扶手，参数设置和创建效果分别如图5.60和图5.61所示。

图5.60 设置参数

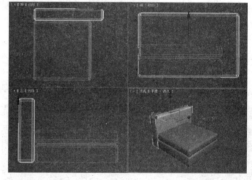

图5.61 创建效果

步骤02 激活顶视图，按【Alt+W】组合键将顶视图最大化，在【创建】命令面板中单击【长方体】按钮，创建一个"40mm×40mm×100mm"的长方体对象作为沙发腿，并在各个视图中调整好它的位置，如图5.62所示。

步骤03 激活顶视图，确定刚创建的长方体处于选中状态。单击主工具栏上的【选择并移动】按钮，按住【Shift】键的同时向右拖曳鼠标到合适的位置，这时将打开【克隆选项】对话框。

步骤04 选中【实例】单选项，如图5.63所示，然后单击【确定】按钮，关闭对话框。此时的效果如图5.64所示。

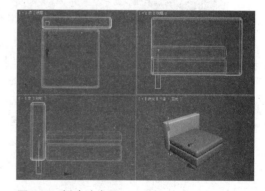

图5.62 创建沙发腿

图5.63 【克隆选项】对话框

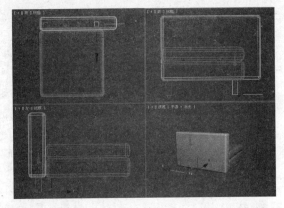

图5.64 复制沙发腿后的效果

步骤05 在顶视图中选中【扶手】和【沙发腿】对象，然后用实例复制方式再复制一组，调整好位置，如图5.65所示。

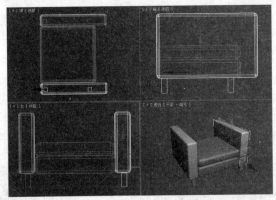

图5.65 复制后的效果

步骤06 单击【切角长方体】按钮，在左视图中创建一个切角长方体作为沙发的靠背，参数设置和创建效果分别如图5.66和图5.67所示。

图5.66 创建参数

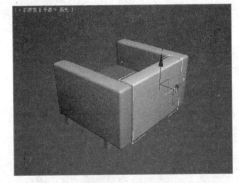

图5.67 创建的靠背

步骤07 将创建的【靠背】对象复制一个，在【克隆选项】对话框中选中【复制】单选项，放在沙发座的上边，然后修改它的参数，如图5.68所示。

步骤08 激活前视图，确定刚复制的对象处于选中状态，利用【选择并旋转】按钮将创建的切角长方体旋转一定的角度，并移动到合适的位置，做出沙发靠背倾斜的效果，如图5.69所示。

图5.68 修改参数

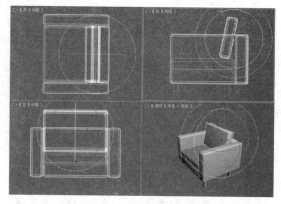

图5.69 旋转并移动【靠背】对象

3. 合并对象并群组模型

长沙发和茶几可通过合并外部模型来实现，其具体操作步骤如下。

步骤01 单击3ds Max图标⑥，在弹出的下拉菜单中选择【导入】命令，在其子菜单中选择【合并】命令，在打开的【合并文件】对话框中选择"长沙发.max"文件，如图5.70所示。

步骤02 单击【打开】按钮，在打开的【合并–长沙发.max】对话框左侧的列表框中，选择要被合并的所有对象，如图5.71所示。

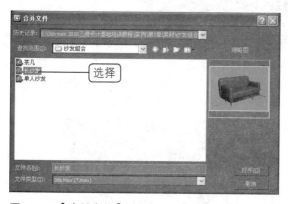

图5.70 【合并文件】对话框

图5.71 【合并–长沙发.max】对话框

步骤03 单击【确定】按钮，这样就为场景调入了长沙发。执行【组】→【成组】命令，在打开的【组】对话框中输入组的名称"长沙发"，如图5.72所示。然后通过移动和缩放操作调整其位置跟大小，效果如图5.73所示。

步骤04 选中单人沙发的所有部件，将其组合，组名为"单人沙发"。

步骤05 选中【单人沙发】对象，用移动复制的方式将其复制一个，并旋转移动至合适的位置，如图5.74所示。

步骤06 按照步骤01至步骤03的操作方法，从素材库中将【茶几】对象合并到场景中，并通过移动和对齐操作将其调整到如图5.75所示的位置。

图5.72　输入组名

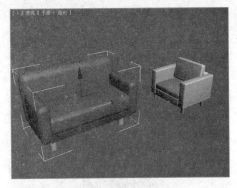

图5.73　合并后的效果

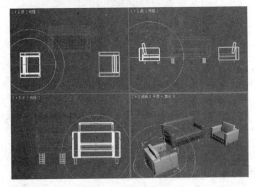

图5.74　复制【单人沙发】对象

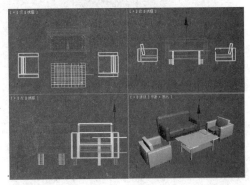

图5.75　合并茶几

案例小结

　　本案例创建了一个沙发组合，单人沙发是通过标准基本体或扩展基本体来创建的；基本体之间的组合都是通过精确移动、旋转和对齐操作来实现的，目的是防止模型变形，也可通过前面章节介绍的捕捉对齐、捕捉移动操作来实现组合。通过本案例的制作，读者可以对标准基本体和扩展基本体有一个更深入的认识，并熟练掌握它们的创建方法。

5.3　修改创建的基本体

　　模型的修改和编辑是建立在基本模型之上的，利用3ds Max 2010中提供的强大功能，可以对模型进行进一步处理，使模型的外表、颜色及形状产生各种各样的效果。

　　要使模型产生各式各样的效果，可以使用3ds Max 2010中的修改器，通过不同参数的设置来决定如何编辑三维模型。

　　单击命令面板上的【修改】按钮，即可打开【修改】命令面板，在其中可以看到它的几个基本区域，如图5.76所示。单击【修改器列表】下拉列表框，可以在弹出的下拉列表中选择修改器，如图5.77所示。

图5.76 【修改】命令面板

图5.77 修改器列表

5.3.1 知识讲解

3ds Max 2010提供了许多三维修改器，在三维场景创建中常用的修改器主要有【锥化】修改器、【弯曲】修改器、【扭曲】修改器和【FFD（长方体）】修改器。

1.【锥化】修改器

【锥化】修改器通过缩放对象的两端产生锥化轮廓，使对象一端放大而另一端缩小，或者两端同时放大或缩小，如图5.78所示。【锥化】修改器对应的【参数】卷展栏如图5.79所示。

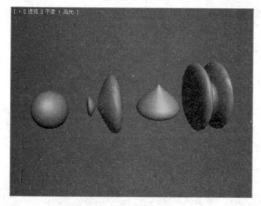

图5.78 进行不同锥化处理后的球体

图5.79 【锥化】修改器的【参数】卷展栏

- 🕑 **【数量】数值框**：用来设置缩放扩展的末端，这个值是一个相对值，最大为"10"。
- 🕑 **【曲线】数值框**：用来设置对对象锥化施加影响的锥化框的曲率，正值会沿着锥化侧面产生向外的曲线，负值则产生向内的曲线。
- 🕑 **【主轴】区**：用来设置锥化的中心样条线或中心轴，可设置将X轴、Y轴或Z轴作为中心轴。
- 🕑 **【效果】区**：用来设置除中心轴外锥化时被影响到的其他轴或平面。例如，当主轴

零起点　3ds Max 2010三维设计基础培训教程

是X轴时，被影响的可以是Y轴、Z轴或YZ平面。

2.【弯曲】修改器

【弯曲】修改器允许将当前选中的对象围绕单独的轴弯曲360°，在几何体对象中产生均匀弯曲，可以在任意3个轴上控制弯曲的角度和方向，也可以对基本体的一段限制弯曲。图5.80显示了左侧切角圆柱体采用不同弯曲角度和方向的弯曲效果。【弯曲】修改器的【参数】卷展栏如图5.81所示。

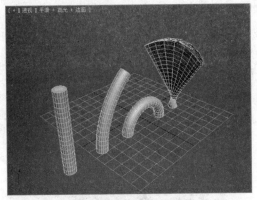

图5.80　不同弯曲程度的切角圆柱体

图5.81　【弯曲】修改器的【参数】卷展栏

- 【角度】数值框：用于确定弯曲的角度。
- 【方向】数值框：用于确定弯曲的方向。
- 【弯曲轴】区域：用于设置弯曲时所围绕的轴，默认设置为Z轴。
- 【限制】区域：用于设置被弯曲对象局部产生弯曲，只有选中【限制效果】复选框时局部弯曲才生效。【上限】数值框用来设置局部弯曲上限边界位于对象的哪个部位，此边界位于弯曲中心点上方，超出此边界，弯曲将不再影响几何体；【下限】数值框用来设置局部弯曲下限边界位于对象的哪个部位，此边界位于弯曲中心点下方，超出此边界，弯曲将不再影响几何体。

3.【扭曲】修改器

【扭曲】修改器可以使对象沿某个轴产生旋转效果，可以任意设置旋转角度，也可以限制旋转效果只产生在对象的某一段，如图5.82所示。【扭曲】修改器对应的【参数】卷展栏如图5.83所示。

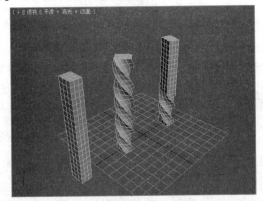

图5.82　不同扭曲程度的切角长方体

图5.83　【扭曲】修改器的【参数】卷展栏

- **【角度】数值框**：用于确定扭曲的角度。
- **【偏移】数值框**：用于设置扭曲旋转的中心在对象中的位置。此参数为负值时，对象扭曲会与扭曲轴的中心相邻；此参数为正值时，对象扭曲远离扭曲轴的中心；此参数为0时，将均匀扭曲。
- **【扭曲轴】和【限制】区域**：这两个区域的设置方法与【弯曲】修改器中对应区域的设置方法相同。

4.【FFD（长方体）】修改器

通过【FFD（长方体）】修改器可以使对象表面显示控制节点，如图5.84所示。通过移动、缩放和旋转控制节点操作可以改变对象的形状，如图5.85所示。

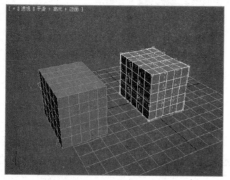

图5.84　控制节点

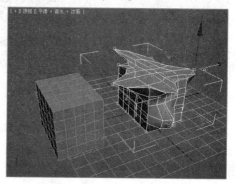

图5.85　调整节点改变对象形状

【FFD（长方体）】修改器对应的卷展栏如图5.86所示。利用该修改器对对象进行变形处理非常简单，只需要在修改器堆栈列表中展开【FFD（长方体）】修改器，进入【控制点】次对象编辑模式下，如图5.87所示，然后在视图中选择并调整控制点即可。

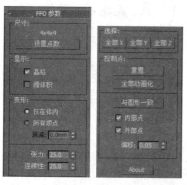

图5.86　【FFD（长方体）】修改器的卷展栏

图5.87　选择【控制点】次对象

5.3.2　典型案例——创建冰激凌

案例目标

本案例将利用3ds Max 2010提供的三维修改器对基本体进行修改，从而制作一个冰激凌，其目的是让读者进一步认识三维修改器，并在实践中掌握其具体使用方法。创建后的冰激凌如图5.88所示。

效果图位置：【\第5课\源文件\冰激凌.max】

制作思路：

步骤01 冰激凌的上部可以通过对【星形】对象进行挤出、扭曲和锥化操作来创建。

步骤02 对于冰激凌的下部和纸筒可以通过绘制线形并应用【车削】修改器来创建。

图5.88　制作的冰激凌

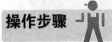

本案例分为两个制作步骤：第一步，创建冰激凌的上部；第二步，创建冰激凌的下部和纸筒。

1. 创建冰激凌的上部

具体操作步骤如下。

步骤01 重置场景，将单位设置为"毫米"。

步骤02 在【创建】命令面板中进入【图形】子面板，然后单击【对象类型】卷展栏中的【星形】按钮，在顶视图中创建一个星形，参数设置和创建效果如图5.89和图5.90所示。

图5.89　设置参数

图5.90　创建的星形

步骤03 打开【修改】命令面板，单击【修改器列表】下拉列表框，在弹出的下拉列表中选择【挤出】修改器，如图5.91所示。

步骤04 在【参数】卷展栏中将【数量】数值框的值设置为"180mm"，【分段】数值框的值设置为"30"，如图5.92所示，创建效果如图5.93所示。

图5.91　选择【挤出】修改器

图5.92　设置参数

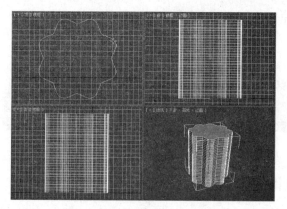

图5.93　挤出后的效果

步骤05　在【修改器列表】下拉列表框中选择【扭曲】修改器，如图5.94所示。在
　　　　【参数】卷展栏中将【角度】数值框的值设置为"180"，将挤出的模型扭曲
　　　　180°，效果如图5.95所示。

图5.94　选择【扭曲】修改器

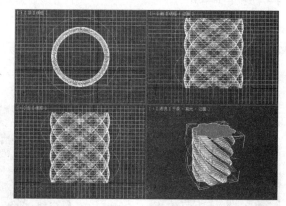

图5.95　扭曲后的效果

步骤06　在【修改器列表】下拉列表框中选择【锥化】修改器，对模型进行锥化处理，
　　　　在【参数】卷展栏中将【数量】数值框的值设为"-1"，【曲线】数值框的值
　　　　设为"1"，如图5.96所示。这时的效果如图5.97所示，此时冰激淋上部就制作
　　　　完成了。

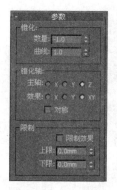

图5.96　设置参数

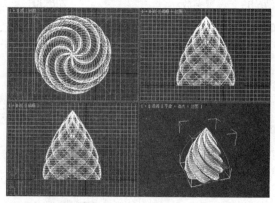

图5.97　锥化后的效果

2. 制作冰激凌的下部和纸筒

具体操作步骤如下。

步骤01 在【创建】命令面板中进入【图形】子面板，然后单击【对象类型】卷展栏中的【线】按钮，在前视图中绘制一条封闭的线条，如图5.98所示。

 在绘制过程中，如果点的位置不合适，可以先绘制大概的形状，然后进入【点】次对象编辑模式下进行细致的调整。

步骤02 在【修改器列表】下拉列表框中选择【车削】修改器，在【参数】卷展栏中将【度数】数值框的值设置为"360"，然后在【对齐】区域中单击【最小】按钮，并调整它的位置，这时的效果如图5.99所示。

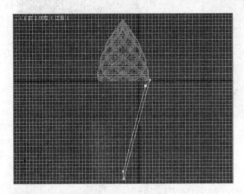

图5.98 绘制线条

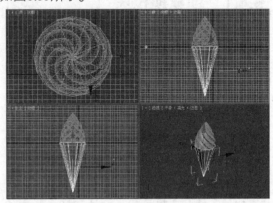

图5.99 应用【车削】修改器后的效果

步骤03 再在前视图中使用【线】按钮绘制一条封闭的线条，如图5.100所示。

步骤04 选择当前绘制的线条，在【修改器列表】下拉列表框中选择【车削】修改器，按上面的方法再次旋转出一个模型，作为冰激淋的纸筒，设置颜色为浅绿色，并调整它的位置。这时冰激淋就基本制作完成了，如图5.101所示。

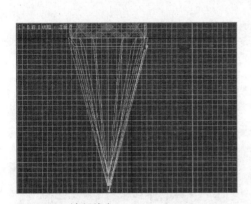

图5.100 绘制线条

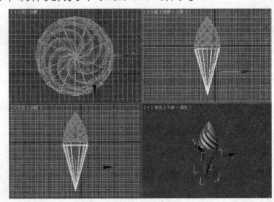

图5.101 制作的冰激淋

 如果要得到真实的效果，可以为冰激淋选择合适的材质然后进行渲染即可。有关材质和贴图的内容将在后面的章节中介绍。

案例小结

本案例创建了一个冰激凌，创建过程的重点是利用三维修改器对基本体进行加工处理。通过本案例的学习，读者可以认识到简单的模型经过修改器的编辑，也可变成复杂的模型。另外，需要注意的是可以为一个对象加载多个修改器。

5.4 上机练习

5.4.1 创建现代床

本次练习将制作如图5.102所示的现代床，主要练习应用标准基本体和扩展基本体及对它们进行修改编辑来创建简单模型。

素材位置：【\第5课\素材\现代床\】

效果图位置：【\第5课\源文件\现代床.max】

图5.102　现代床

制作思路：

步骤01　床体和床垫可用长方体和切角长方体来创建，床腿可用圆柱体来创建。

步骤02　靠枕和床单可用长方体来表现，并通过【FFD（长方体）】修改器来进行编辑修改。

5.4.2 创建装饰灯

本次练习将制作如图5.103所示的装饰灯模型，主要练习【晶格】和【锥化】修改器的使用方法。

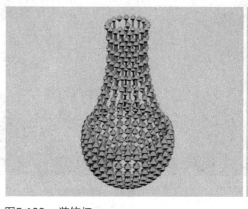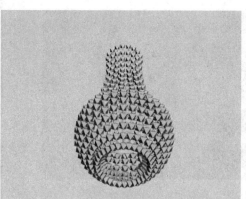

图5.103　装饰灯

效果图位置：【\第5课\源文件\装饰灯.max】

制作思路：

步骤01 装饰灯的上部可通过圆柱体创建，并使用【锥化】和【晶格】修改器对其进行修改编辑。

步骤02 装饰灯的下部可通过球体创建，修改球体的形状并使用【晶格】修改器实现。

5.5 疑难解答

问：在创建模型时，为什么三维修改器的使用如此频繁呢？

答：因为现实生活中的物体是很复杂的，通过标准基本体和扩展基本体是不可能直接创建出来的。这就需要使用三维修改器对其进行变形操作，如【挤出】、【锥化】、【弯曲】、【FFD（长方体）】等修改器都是使用非常频繁的修改器。

问：【FFD（长方体）】修改器都可以应用于哪些模型的修改？

答：一般来说，【FFD（长方体）】修改器可以应用于任何三维模型的修改，但是该修改器是针对总体进行变形的，如果针对模型的某个区域进行变形，就不太适合了。

问：在使用某些修改器，如【噪波】修改器、【晶格】修改器和【FFD（长方体）】修改器时，为什么一定要注意设置分段数呢？

答：因为只有设置了长度、宽度和高度的分段数，才能在应用相应的修改器时显示节点或控制点的数量，从而影响创建的模型的效果。

5.6 课后练习

选择题

1 下面哪些对象属于标准基本体？（　　　）
 A. 圆环   B. 茶壶   C. 胶囊   D. 切角圆柱体

2 长方体由什么来控制体积大小？（　　　）
 A. 长   B. 宽   C. 高   D. 分段数

3 下面哪个参数可以用来控制通过球体生成半球、四分之一球体？（　　　）
 A. 半径   B. 直径   C. 半球系数   D. 分段数

4 【弯曲】修改器的次对象包括（　　　）。
 A. Gizmo，中心   B. 顶点，多边形
 C. 上限，下限   D. 顶点，元素

问答题

1 在使用【弯曲】修改器对对象进行弯曲处理时，应注意什么问题？

2 在使用【晶格】修改器对对象进行晶格处理时，应注意什么问题？

3 利用【FFD（长方体）】修改器编辑对象时，应注意什么问题？

上机题

1 根据本课介绍的知识点制作如图5.104所示的书架。

图5.104　书架

素材位置：【\第5课\素材\书架】
效果图位置：【\第5课\源文件\书架.max】

> 书架的制作方法与双人床的类似，只需要注意以下几点即可。
>
> ➡ 书架侧面板和正面板可用长方体来创建，顶面板可用切角长方体来创建。
> ➡ 书架内的书可通过创建长方体来表现，底层面板下的支架可用圆柱体来创建。

2 根据本课介绍的知识点制作如图5.105所示的花钵。

图5.105　花钵

效果图位置：【\第5课\源文件\花钵.max】

> ➡ 绘制曲线，然后对其进行修改编辑，制作出花钵主体部分的截面。
> ➡ 然后利用【车削】修改器将其转换为三维对象。
> ➡ 再创建【多边形】对象，通过使用【编辑样条线】修改器对其进行修改编辑，然后利用【挤出】修改器将其挤出为花钵的花边外观。
> ➡ 最后使用【FFD（长方体）】修改器拖动两侧的控制点，得到花钵效果。

第6课

高级建模

▼ **本课要点**

网络建模

多边形建模

▼ **具体要求**

认识【网格】对象

掌握如何将对象转换成【可编辑网格】和【可编辑多边形】对象

掌握【可编辑网格】对象下【顶点】、【边】次对象的编辑

掌握【可编辑网格】对象下【面】、【多边形】和【元素】次对象的编辑

掌握【可编辑多边形】对象下【顶点】、【边】次对象的编辑

掌握【可编辑多边形】对象下【边界】、【多边形】、【元素】次对象的编辑

▼ **本课导读**

本课重点介绍【编辑网格】和【编辑多边形】修改器的具体应用，即如何利用这两个修改器对基本对象进行修改，以得到三维场景需要的模型。通过本课的学习，读者可以学会利用多边形来创建模型，这对提高渲染速度有很大的帮助。

6.1 网格建模

前面各章节介绍的建模方法只能算做模糊建模，如果要创建较为复杂的模型，利用以前介绍的建模方法有很大的难度，而利用【编辑网格】修改器则可以轻松完成。

6.1.1 知识讲解

网格编辑是对模型的点、面进行较精细的编辑，可以使用【编辑网格】修改器进行修改，也可以直接将对象塌陷成【可编辑网格】对象。其中使用【网格平滑】修改器，可以对对象表面进行平滑处理和提高精度。这种建模方法大量使用点、边、面和元素的编辑操作，对空间感的控制能力要求较高，适合角色建模。

要对已存在的对象进行网格处理，应先将其转换成【可编辑网格】对象，具体步骤如下。

步骤01 选择要转换成可编辑网格的对象。

步骤02 单击鼠标右键，在弹出的方形菜单中执行【转化为】→【转换为可编辑网格】命令，如图6.1所示。转换后的对象具有【顶点】、【边】、【面】、【多边形】和【元素】5个次对象，分别对应于【选择】卷展栏中的 ▇，▇，◢，▢ 和 ⬦ 按钮，如图6.2所示。

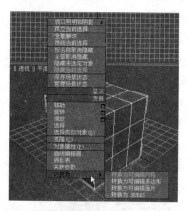

图6.1 选择【转换为】命令

图6.2 【可编辑网格】对象的【修改】命令面板

要实现对某个次对象的编辑，应先在修改器堆栈列表此对象下选择相应的选项或单击【选择】卷展栏下对应的次对象按钮，然后在展开的卷展栏中设置参数。

1.【顶点】次对象的编辑

顶点是构成【可编辑网格】对象的最小单元，如图6.3所示。当顶点被选择时呈红色显示，如图6.4所示。

【顶点】次对象的编辑包括顶点的切角、断开、焊接和塌陷等操作。

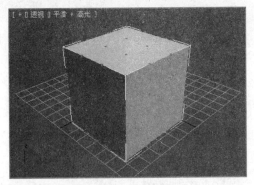

图6.3 【网格】对象上的顶点

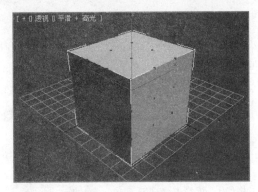

图6.4 选择的顶点呈红色显示

顶点的切角

顶点的切角就是在选择的顶点处产生切角，并生成新的顶点。图6.5显示的为切角前的顶点，图6.6显示的为切角后新增加的顶点。

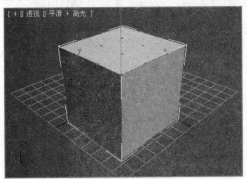

图6.5 选择要切角的顶点

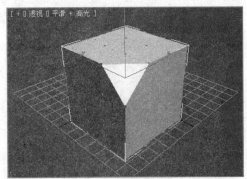

图6.6 切角后生成的新顶点

要对顶点进行切角处理，应先选择需要切角的一个或多个顶点，然后在【编辑几何体】卷展栏的【切角】按钮右侧的数值框中，输入相应的切角数值并按【Enter】键，如图6.7所示。

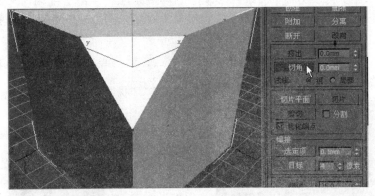

图6.7 输入切角值

顶点的断开

在默认状态下，顶点连接着周围的边和面，移动顶点会同时移动周围的边和面。图6.8选择了要移动的顶点，图6.9显示了沿X轴移动后的顶点。

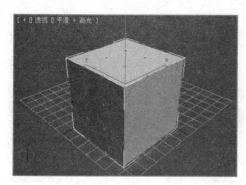

图6.8 选择要移动的顶点

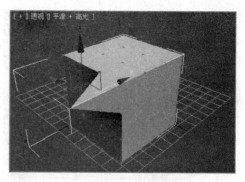

图6.9 移动后的顶点

顶点的断开就是为每个附加到选定顶点的面创建新的顶点，这时，对象不再是封闭型对象，而是将所选择的顶点断开，然后将创建的新顶点分别移离原来的位置，得到如图6.10所示的效果。

要对顶点进行断开操作，应先选择要断开的顶点，然后单击【编辑几何体】卷展栏中的【断开】按钮，如图6.11所示。

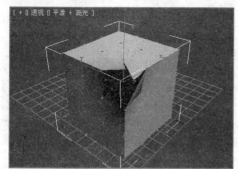

图6.10 断开并移动后的顶点

图6.11 【编辑几何体】卷展栏

📁 顶点的焊接

与【编辑曲线】修改器中二维图形顶点的焊接原理一样，【可编辑网格】对象的焊接就是将两个分离的顶点焊接成一个新的顶点。对图6.10右下侧的两个分离顶点进行焊接后的效果如图6.12所示。

要进行焊接操作，先选择要焊接的两个顶点，然后单击【编辑几何体】卷展栏的【焊接】区域中的【选定项】按钮即可，如图6.13所示。

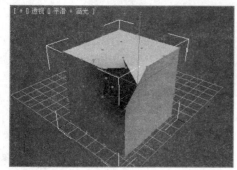

图6.12 焊接后的顶点

图6.13 焊接参数

说明 如果单击【选定项】按钮后仍没有实现焊接，那么是因为要焊接的两个顶点的距离超过了该按钮右侧数值框中设置的距离值。这时，增大该数值，然后再进行焊接操作即可。

📁 顶点的塌陷

顶点的塌陷属于特殊的焊接操作，该操作可以一次性将选择的所有顶点融合成一个新的顶点。对图6.14所示的平面内部的所有顶点进行融合处理，将得到如图6.15所示的效果。

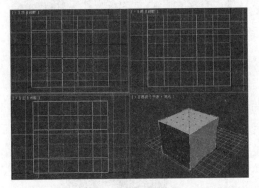

图6.14　选择平面内的所有顶点

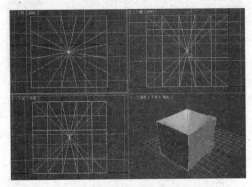

图6.15　塌陷所选择顶点后的效果

塌陷是断开的逆操作。要塌陷顶点，应先选择要塌陷的所有顶点，然后单击【编辑几何体】卷展栏中的【塌陷】按钮，如图6.16所示。

图6.16　【塌陷】按钮

2.【边】次对象的编辑

【边】次对象的编辑主要包括边的挤出和切角。

📁 边的挤出

利用边的挤出操作可以为【可编辑网格】对象创建新的面，其具体操作步骤如下。

步骤01　选择【可编辑网格】对象上需要挤出的边，如图6.17所示。

步骤02　在【编辑几何体】卷展栏的【挤出】按钮右侧的数值框中，输入数值并按【Enter】键，图6.18显示了挤出边后的效果。

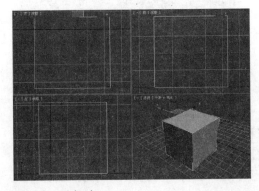

图6.17　选择边

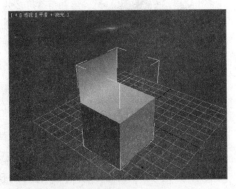

图6.18　挤出边后的效果

📁 边的切角

利用边的切角可以创建新的边，并使对象产生切角效果。图6.19显示的是切角前选择的边，图6.20显示了切角后的效果。

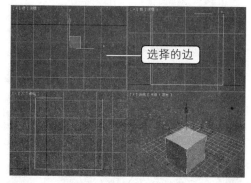

图6.19　选择长方体顶部的4条边

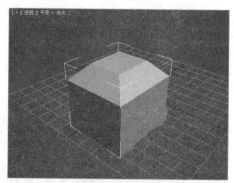

图6.20　切角后的效果

要对【边】次对象进行切角处理，应先选择要切角的边，然后在【编辑几何体】卷展栏中的【切角】按钮右侧的数值框中，输入数值并按【Enter】键，如图6.21所示。

3.【面】/【多边形】次对象的编辑

面和多边形都是由点和边构成的，只是在选择【面】次对象时有所不同，通过面选择的面是三角形面（三角形面是对象最小的面），如图6.22所示；而通过多边形选择的面则是四边形面，如图6.23所示。

图6.21　输入切角值

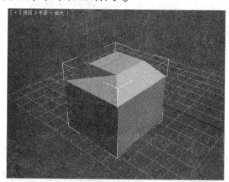

图6.22　选择的三角形面

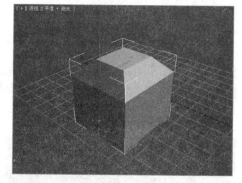

图6.23　选择的四边形面

【面】和【多边形】次对象的编辑主要包括挤出处理和倒角处理。

📁 挤出处理

面和多边形的挤出处理与边的挤出处理一样，先选择要挤出的面或多边形，然后在【编辑几何体】卷展栏中的【挤出】按钮右侧的数值框中，输入数值并按【Enter】键即可。数值为正时向外挤出，否则向内挤出。对选中的面进行向外挤出和向内挤出操作的效果分别如图6.24和图6.25所示。

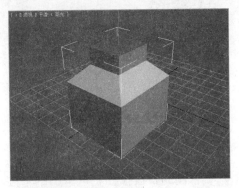

图6.24 向外挤出的效果

图6.25 向内挤出的效果

📁 倒角处理

面和多边形的倒角处理与边的倒角处理一样，先选择要倒角的面或多边形，然后在【编辑几何体】卷展栏中的【倒角】按钮右侧的数值框中，输入数值并按【Enter】键即可。数值为正时向外倒角，否则向内倒角。对如图6.23所示的面进行向外和向内倒角后的效果分别如图6.26和图6.27所示。

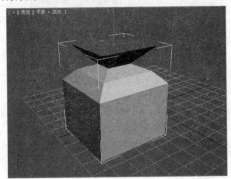

图6.26 向内倒角的效果

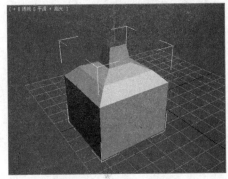

图6.27 向外倒角的效果

4.【元素】次对象的编辑

元素都是由点、边、面和多边形构成的，完成了【顶点】、【边】、【面】和【多边形】次对象的编辑就完成了元素的编辑，这里就不再详细介绍了。

6.1.2 典型案例——制作显示器

案例目标 ✛

本案例将一个切角长方体转换成【可编辑网格】对象，并将其编辑成一个显示器，其目的就是让读者在实例的制作过程中熟练掌握【网格】对象的编辑操作。制作后的显示器如图6.28所示。

素材位置：【\第6课\素材\显示器\】

图6.28 显示器模型

效果图位置：【\第6课\源文件\显示器.max】

制作思路：

步骤01 创建一个切角长方体作为显示器的雏形。

步骤02 将切角长方体转换成【可编辑网格】对象，然后通过编辑【多边形】次对象创建出显示器的其他细节。

操作步骤

步骤01 打开【创建】命令面板，单击【标准基本体】右侧的下拉按钮，从弹出的下拉列表中选择【扩展基本体】选项，打开创建扩展基本体的命令面板，在其中单击【切角长方体】按钮，在前视图中创建一个切角长方体模拟抽屉，参数设置和创建效果如图6.29和图6.30所示。

图6.29 设置参数

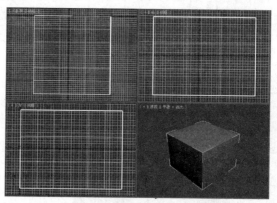

图6.30 创建效果

步骤02 保持切角长方体的选中状态，打开【修改】命令面板为其添加【编辑网格】修改器，如图6.31所示。

步骤03 展开【选择】卷展栏，在其中单击【顶点】按钮，如图6.32所示。

图6.31 选择【编辑网格】修改器

图6.32 单击【顶点】按钮

步骤04 在前视图中沿水平方向框选中间的两排顶点，分别向上下移动，如图6.33所示。

步骤05 在前视图中沿垂直方向框选中间的两排顶点，分别向左右移动，制作出显示器屏幕的外框，如图6.34所示。

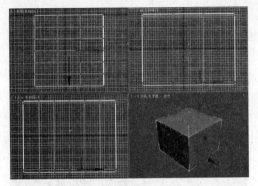

图6.33 移动水平方向顶点

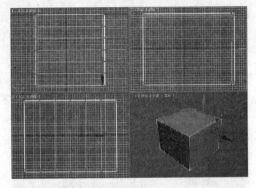

图6.34 移动垂直方向顶点

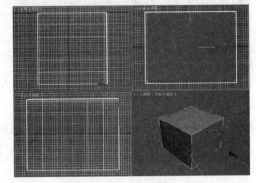

图6.35 选择多边形

步骤06 展开【选择】卷展栏，在其中单击【多边形】按钮，然后在前视图中选择中间的多边形，如图6.35所示。

步骤07 展开【编辑几何体】卷展栏，然后单击其中的【挤出】按钮，设置挤出值为"-8mm"，如图6.36所示。然后单击【倒角】按钮，设置倒角值为"-5mm"，如图6.37所示。最后按下【Enter】键完成设置，效果如图6.38所示。

图6.36 设置参数

图6.37 设置参数

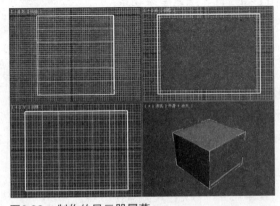

图6.38 制作的显示器屏幕

步骤08 展开【选择】卷展栏，在其中单击【顶点】按钮，在顶视图中框选上面的5排顶点，单击主工具栏上的【选择并均匀缩放】按钮🔲，对顶点进行缩放操作，如图6.39所示。

步骤09 单击主工具栏上的【选择并移动】按钮✛，在左视图中框选左上角的顶点，移动顶点表现出弧形，然后移动左下角的顶点，制作的显示器效果如图6.40所示。

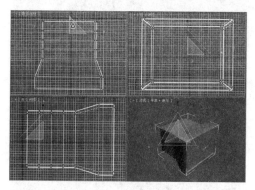

图6.39　缩放顶点

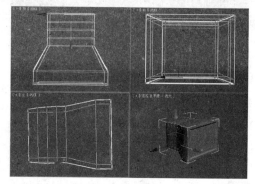

图6.40　制作的显示器效果

步骤10 展开【选择】卷展栏，在其中单击【多边形】按钮，在前视图中选择代表显示器屏幕的多边形，在【曲面属性】卷展栏中设置材质ID为"2"，如图6.41所示，并设置其他多边形的材质ID为"1"。

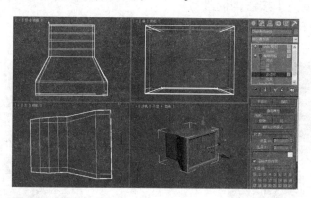

图6.41　设置材质ID

步骤11 按下【Shift+Q】组合键，快速渲染场景。

案例小结

　　本案例通过【可编辑网格】对象制作了一个显示器。先创建一个切角长方体为其初始模型，然后通过编辑顶点制作出显示器屏幕的外框，再对【多边形】次对象进行挤出和倒角编辑制作显示器的屏幕，最后通过缩放和移动顶点制作显示器的后壳。在利用【可编辑网格】对象创建模型时，应注意选择适当的顶点、边、面或多边形，这是进行下一步操作的关键。

6.2 多边形建模

多边形建模是3ds Max 2010建模中应用最广泛的一种建模方式。要进行多边形建模，首先要把对象转换为【可编辑多边形】对象，才能进行多边形建模。

6.2.1 知识讲解

要对已存在的对象进行多边形编辑，应先将其转换成【可编辑多边形】对象，步骤如下。

步骤01 选择要转换成可编辑多边形的对象。

步骤02 单击鼠标右键，在弹出的方形菜单中选择【转换为】→【转换为可编辑多边形】命令，如图6.42所示。转换后的对象具有【顶点】、【边】、【边界】、【多边形】和【元素】5个次对象，分别对应于【选择】卷展栏中的████，████，████，██和██按钮，如图6.43所示。

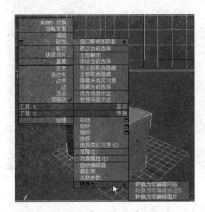

图6.42 选择【转换为】命令

图6.43 【可编辑多边形】对象的【修改】命令面板

 选择对象，然后在【修改】命令面板中为其加载【编辑多边形】修改器，也可将选择的对象转换成【可编辑多边形】对象。

1.【顶点】次对象的编辑

顶点是构成多边形最基本的单元，调整顶点会使整个对象都受到影响。当进入【顶点】次对象编辑模式时，【修改】命令面板中会增加一个【编辑顶点】卷展栏，如图6.44所示。

图6.44 【编辑顶点】卷展栏

➡ **【移除】按钮**：选择多边形上不需要的顶点，再单击该按钮，可移除所选择的顶点。

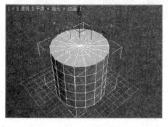

图6.45　选择要删除的顶点

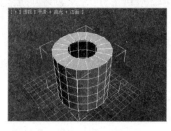

图6.46　删除顶点后的效果

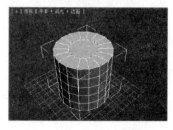

图6.47　移除顶点后的效果

⊙ 　**【断开】按钮**：与【编辑网格】修改器一样，单击该按钮，为每个附加到选定顶点的面创建新的顶点。这时，对象不再是封闭型对象。

⊙ 　**【挤出】按钮**：选择要挤出的顶点，然后单击该按钮，并在视图中拖曳鼠标，可实现顶点的挤出。图6.48和图6.49分别显示了挤出顶点前后的效果。

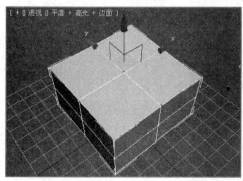

图6.48　选择要挤出的3个顶点

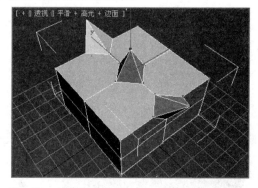

图6.49　挤出后的顶点

⊙ 　**【焊接】按钮**：与【编辑网格】修改器一样，选择要焊接的顶点，然后单击该按钮，可将所选择的顶点融合成一个新顶点。

⊙ 　**【切角】按钮**：与【编辑网格】修改器一样，顶点的切角就是在所选择的顶点处产生切角，并生成新的顶点。

⊙ 　**【目标焊接】按钮**：单击该按钮，可选择一个顶点，并将它焊接到目标顶点。当光标处在顶点之上时，会变成"+"形状，单击并移动鼠标会出现一条虚线，虚线的一端是顶点，另一端是箭头光标。将光标放在附近的其他顶点之上，当其再次变成"+"形状时单击。此时，第一个顶点将会移动到第二个顶点的位置，从而将这两个顶点焊接在一起。

⊙ 　**【连接】按钮**：使用该按钮可以在选中的顶点之间创建新的边，图6.50显示的是要生成新边的两个顶点，图6.51显示的是生成新边后的效果。

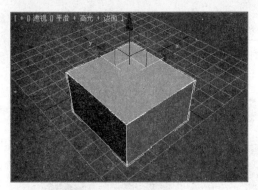

图6.50　选择顶点

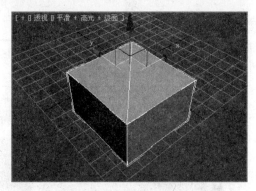

图6.51　顶点间生成的新边

2.【边】次物体的编辑

当进入【边】次物体编辑模式时，【修改】命令面板中会增加一个【编辑边】卷展栏，如图6.52所示。

图6.52　【编辑边】卷展栏

- ➡ **【插入顶点】按钮**：单击该按钮，然后在边上的任意位置处单击，可在单击处插入一个新点。

- ➡ **【移除】按钮**：与顶点的移除一样，单击该按钮可以在不破坏对象的前提下删除多余的边。

- ➡ **【分割】按钮**：选择边并单击该按钮，可实现边的分割。

- ➡ **【挤出】按钮**：与【编辑网格】修改器中边的挤出方法一样，单击该按钮将生成新的边。

- ➡ **【焊接】按钮**：与顶点的焊接原理一样，选择要焊接的边，然后单击该按钮，可实现边的焊接。

- ➡ **【切角】按钮**：与【编辑网格】修改器中边的切角方法一样，单击该按钮会生成新的边和面。

- ➡ **【目标焊接】按钮**：用于选择边并将其焊接到目标边。将光标放在边上时，光标会变为"+"形状，单击并移动鼠标会出现一条虚线，虚线的一端是顶点，另一端是箭头光标。将光标放在其他边上，当光标再次显示为"+"形状时单击。此时，第一条边将会移动到第二条边的位置，从而将这两条边焊接在一起。

- ➡ **【桥】按钮**：在对象中选择两条单独的边，然后单击该按钮，将在这两个边之间创建新的边。

- ➡ **【连接】按钮**：选择两条边，单击该按钮，可在两边之间创建新边，边的两端分别位于所选择边的中点。

- ➡ **【利用所选内容创建图形】按钮**：选择一个或多个边后，单击该按钮，可通过选择的边创建二维图形。

3.【边界】次对象的编辑

边界是多边形的线性部分，通常用于描述孔洞的边缘，图6.53中选择了【茶壶】对象上的多个边界。

 只有【多边形】对象上有孔洞时才有边界，长方体、圆柱体等基本体由于没有孔洞，所以没有边界。

当进入【边界】次对象编辑模式时，【修改】命令面板中会增加一个【编辑边界】卷展栏，如图6.54所示。其中的各按钮与【边】次对象编辑模式下各按钮的用法一样。

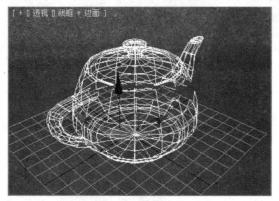

图6.53　选择边界

图6.54　【编辑边界】卷展栏

4.【多边形】次对象的编辑

当进入【多边形】次对象编辑模式时，【修改】命令面板中会增加一个【编辑多边形】卷展栏，如图6.55所示。

图6.55　【编辑多边形】卷展栏

⊙ 　【轮廓】按钮：该按钮用于增大或减小选定多边形的每组连续的外边。执行挤出或倒角操作后，通常可以使用该功能调整挤出面的大小。使用该按钮不会缩放多边形，只会更改外边的大小。

⊙ 　【插入】按钮：该按钮用于执行没有高度的倒角操作，即在选定多边形的平面内执行该操作。单击此按钮，然后垂直拖曳任何多边形，以便将其插入。

⊙ 　【倒角】按钮：通过直接在视图中操纵执行手动倒角操作。单击此按钮，然后垂直拖曳任何多边形，以便将其挤出；之后，释放鼠标，接着垂直移动光标，以便设置挤出轮廓。

⊙ 　【桥】按钮：使用该按钮可连接对象上的两个多边形或选定多边形。

⊙ 　【翻转】按钮：该按钮用于翻转选定多边形的法线方向，使其面向用户。

⊙ 　【从边旋转】按钮：通过在视图中直接操纵执行手动旋转操作。选择多边形，并单击该按钮，然后沿着垂直方向拖曳任何边，以便旋转选定多边形。如果鼠标光标在某条边上，那么将会显示为十字形状。

⊙ 　【沿样条线挤出】按钮：沿样条线挤出当前的选定内容。

- **【编辑三角剖分】按钮**：使用户可以通过绘制内边来修改多边形细分为三角形的方式。
- **【重复三角算法】按钮**：使用该按钮，允许软件对当前选定的多边形执行最佳的三角剖分操作。
- **【旋转】按钮**：该按钮用于通过单击对角线来修改多边形细分为三角形的方式。激活该按钮时，对角线可以在线框和边面视图中显示为虚线。在该模式下，单击对角线可更改其位置。

5. 【元素】次对象的编辑

元素是由点、边、边界和多边形构成的，完成了【顶点】、【边】、【边界】和【多边形】次对象的编辑就完成了元素的编辑，这里就不再详细介绍了。

6.2.2 典型案例——制作餐椅

案例目标

本案例将利用多边形建模方式制作一个餐椅，其目的是帮助读者进一步认识多边形建模的用处，并在实践中掌握多边形建模的具体过程。制作后的餐椅如图6.56所示。

素材位置：【\第6课\素材\餐椅\】

效果图位置：【\第6课\源文件\餐椅.max】

制作思路：

步骤01 创建一个长方体作为编辑的初始模型。

步骤02 将长方体转换成【可编辑多边形】对象，然后通过编辑【边】和【多边形】次对象得到最终的餐椅。

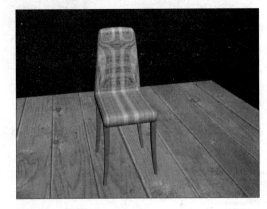

图6.56 餐椅

操作步骤

本案例分为两个制作步骤：第一步，创建餐椅靠背和餐椅垫；第二步，创建餐椅腿。

1. 创建餐椅靠背和餐椅垫

具体操作步骤如下。

步骤01 打开【创建】命令面板，在【几何体】子面板中单击【长方体】按钮，在前视图中创建一个长方体，参数设置和创建效果分别如图6.57和图6.58所示。

步骤02 选择新创建的【长方体】对象，右击鼠标，从弹出的方形菜单中选择【转换为】→【转换为可编辑多边形】命令，将长方体转换为【可编辑多边形】对象。

步骤03 按【4】键，进入【多边形】次对象，在透视视图中选择长方体两侧的面，如图6.59所示。

图6.57 设置参数

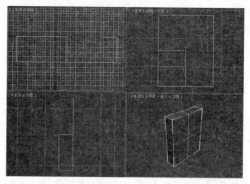

图6.58 创建效果

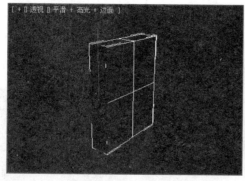

图6.59 选择两侧的面

步骤04 展开【编辑多边形】卷展栏，单击【挤出】按钮右侧的【设置】按钮■，打开【挤出多边形】对话框，设置【挤出高度】数值框的值为"50mm"，如图6.60所示。

步骤05 单击【确定】按钮，使选择的面挤出，效果如图6.61所示。

图6.60 设置挤出高度

步骤06 用同样的方法将上边和下边的面挤出，为了使餐椅靠背的下方增加段数，需要挤出两次，第二次设置挤出高度的值要大一些，是决定餐椅垫高度的数值，如图6.62所示。

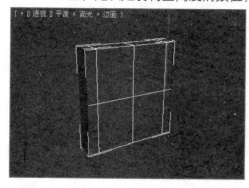

图6.61 挤出效果

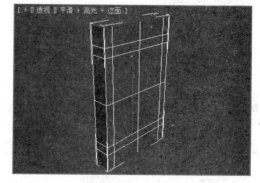

图6.62 第二次挤出效果

步骤07 在透视视图中选择底下侧面的面进行挤出，第一次的挤出高度是"50mm"，第二次的挤出高度是"500mm"，第三次的挤出高度是"50mm"，如图6.63所示。

 餐椅靠背及餐椅垫就基本上制作完成了，下面对它进行圆滑处理。

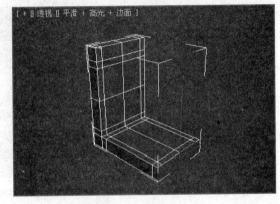

图6.63 挤出效果

步骤08 在【修改】命令面板中选中【细分曲面】卷展栏中的【使用NURMS细分】复选框，设置【迭代次数】数值框的值为"1"，效果如图6.64所示。

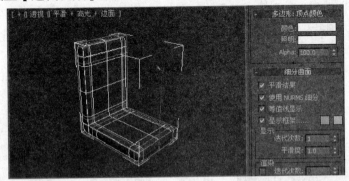

图6.64 参数设置和创建效果

 【迭代次数】数值框的功能是使表面光滑，如果设置其值为"2"的话会更圆滑，但是面片太多，影响运行速度，所以设置为"1"就可以了。

步骤09 按【1】键，进入【顶点】次对象编辑模式，在前视图中选择中间的顶点，利用主工具栏上的移动和缩放工具调整餐椅的形态，效果如图6.65所示。

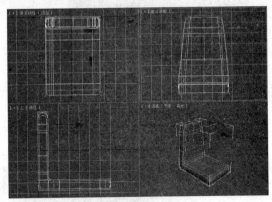

图6.65 用移动工具调整顶点的形态

2. 创建餐椅腿

具体操作步骤如下。

步骤01 打开【创建】命令面板，在【几何体】子面板中单击【长方体】按钮，在顶视图中创建一个【长方体】对象，并将其调整到合适的位置，参数设置和创建效果分别如图6.66和图6.67所示。

图6.66 设置参数

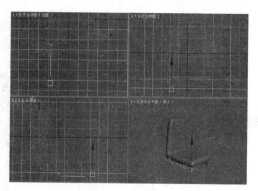

图6.67 创建效果

步骤02 选择新创建的长方体，右击鼠标，从弹出的方形菜单中选择【转换为】→【转换为可编辑多边形】命令，将长方体转换为【可编辑多边形】对象。

步骤03 按【4】键，进入【多边形】次对象编辑模式，在透视视图中选择下面的面，然后单击【倒角】按钮右侧的【设置】按钮■，打开【倒角多边形】对话框，设置高度值为"50mm"，轮廓量值为"−1mm"，如图6.68所示。

步骤04 连续单击10次【应用】按钮，然后再单击【确定】按钮，效果如图6.69所示。

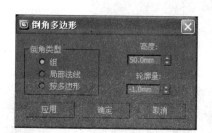

图6.68 【倒角多边形】对话框

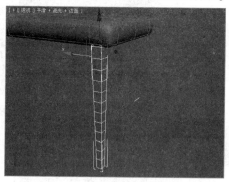

图6.69 应用【倒角】命令制作的椅子腿

步骤05 打开【修改】命令面板，从【修改器列表】下拉列表框中选择【弯曲】修改器，设置【角度】数值框的值为"12"，【方向】数值框的值为"150"，效果如图6.70所示。

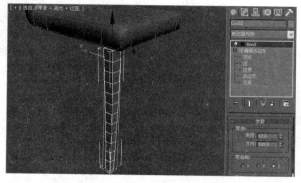

图6.70 弯曲后的效果

步骤06 利用主工具栏上的【镜像】工具按钮，将其他的3条椅子腿制作出来，并利用

【选择并移动】工具调整它们的位置，效果如图6.71所示。

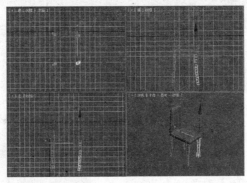

图6.71　将椅子腿进行复制后的效果

此时，餐椅已制作完毕，将其赋予材质并最终渲染后的效果如图6.56所示，由于还未介绍材质和渲染等知识，所以读者可先参阅本书后面的相关章节。

案例小结

本案例利用多边形建模方式制作了一个餐椅，主要用到了【顶点】和【多边形】次对象的相关操作，读者也可使用编辑网格的方法来创建。

6.3　上机练习

6.3.1　创建电脑桌

本次练习将制作如图6.72所示的电脑桌，主要练习编辑网格建模的具体应用。

素材位置：【\第6课\素材\电脑桌\】

效果图位置：【\第6课\源文件\电脑桌.max】

制作思路：

步骤01　电脑桌可以用长方体创建，通过【编辑网格】修改器对其进行圆滑处理。

步骤02　抽屉的创建可先绘制一个矩形，通过应用【挤出】修改器将其挤出为三维对象，创建长方体，通过与挤出的对象进行【布尔】运算得出抽屉的外框，然后创建长方体，通过网格编辑来创建抽屉。

步骤03　主机箱位置通过复制抽屉模型并修改参数完成。

图6.72　电脑桌

6.3.2　创建背投电视

本次练习将制作如图6.73所示的背投电视，主要练习多边形建模的应用。

　　素材位置：【\第6课\素材\背投电视\】

　　效果图位置：【\第6课\源文件\背投电视.max】

　　制作思路：

步骤01　首先创建一个长方体，将其转换为【可编辑多边形】对象。

步骤02　使用【多边形】和【顶点】次对象进行调整，制作出背投电视的外观。

图6.73　背投电视

步骤03　对于背投电视下部的文字商标，可先利用【文本】工具创建出二维图形，再通过【挤出】修改器将其转换成三维对象。

6.4　疑难解答

问：在编辑多边形时，选择边并按【Delete】键删除不需要的边，为什么也删除了与边相连接的面？

答：不能通过键盘上的【Delete】键来删除模型中不需要的边，而应先选择不需要的边，然后单击【编辑几何体】卷展栏中的【移除】按钮。

问：有什么方法能够确保首次执行布尔操作即可成功？

答：如果一组操作对象总是产生不了所需的结果，那么可尝试利用塌陷操作来创建一个【可编辑网格】或【可编辑多边形】对象，还可以在未应用修改器的情况下塌陷对象为【可编辑网格】和【可编辑多边形】对象。

6.5　课后练习

选择题

1　【可编辑网格】对象具有哪几个次对象？（　　　）

　　A. 顶点，边　　　　　　　　　　B. 面

　　C. 多边形　　　　　　　　　　　D. 元素

2　【可编辑多边形】对象具有哪几个次对象？（　　　）

　　A. 顶点，边　　　　　　　　　　B. 边界

　　C. 多边形　　　　　　　　　　　D. 元素

3 【编辑多边形】修改器是在【编辑网格】修改器基础上的一个升级，下面哪些说法是正确的？（ ）

A. 顶点都可以进行挤出操作　　　　B. 边都可以进行挤出操作
C. 顶点都可以进行切角操作　　　　D. 边都可以进行切角操作

问答题

1 在可编辑多边形三维修改功能中，在有些次对象编辑模式下可以通过按住【Shift】键进行复制操作，但在有些次对象编辑模式下是不能这样做的，为什么？

2 3ds Max 2010中最小的面是什么？要同时选择两个三角形面最好采用什么方式？

3 简述可编辑网格下顶点的几种操作方法。

4 要在两条平行边之间增加一条垂直于这两条边的新边，应该如何操作？有什么条件？

上机题

1 利用多边形建模的方法创建如图6.74所示的沙滩椅。

效果图位置：【\第6课\源文件\沙滩椅.max】

→ 绘制线形，设置其为可渲染，制作沙滩椅的腿。

→ 通过【挤出】修改器制作出椅面，并将其转换为可编辑多边形，通过编辑【边】次对象来完成。

→ 其他部分可利用本书前面章节介绍的知识来创建。

图6.74　沙滩椅

2 利用【编辑网格】修改器创建如图6.75所示的组合沙发。

效果图位置：【\第6课\源文件\组合沙发.max】

创建具有足够多段数的长方体，并将其转换成【可编辑网格】对象，然后通过编辑顶点、边和面来完成最终的造型。

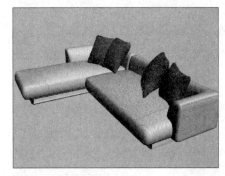

图6.75　组合沙发

第7课

创建复合对象

▼ **本课导读**

本课重点介绍在3ds Max 2010中如何通过复合运算来创建复杂的三维模型，这是前面介绍的建模工具所不能做到的。通过本课的学习，读者不但能掌握复合运算的不同创建方式，还能对截面、路径、合并等概念有一个深入的认识。

7.1 常用复合运算建模方法

复合对象中包括了几种其他建模类型。这些建模类型提供了多种独特而新颖的用于对象建模的方式。复合对象是将两个或两个以上的对象结合成一个对象，从而创建奇特的造型对象。

单击【创建】命令面板中的【几何体】按钮并从【标准基本体】下拉列表框中选择【复合对象】选项，如图7.1所示，就可以进入创建复合对象的命令面板，如图7.2所示。

图7.1 从创建命令面板访问

图7.2 复合对象命令面板

复合对象中包括的所有对象类型都显示在命令面板中的【对象类型】卷展栏中，并且以按钮的形式显示。其中复合对象包括以下几种对象类型：【变形】、【散布】、【一致】、【连接】、【水滴网格】、【图形合并】、【布尔】、【地形】、【放样】、【网格化】、【ProBoolean】和【ProCutter】12种类型。

7.1.1 知识讲解

常用的复合运算包括【变形】、【散布】、【一致】、【连接】、【图形合并】、【布尔】和【地形】复合运算。

1.【变形】复合运算

变形是一种动画特技。通过将一个【网格】对象中的顶点插补到第二个【网格】对象的顶点位置上，从而创建变形动画。原始对象称为原对象，第二个对象称为目标对象。原对象和目标对象都必须有相同的顶点数，才能进行变形动画。一个原对象可以变形为几个目标对象。

图7.3 变形对象的卷展栏

 所有的变形对象都必须是【网格】或【面片】对象。

创建变形对象可以在视图中选择原对象并单击【变形】按钮。然后在【拾取目标】卷展栏中单击【拾取目标】按钮，并在视图中选定目标对象，如图7.3所示是变形对象的卷展栏。

其中卷展栏中的各参数功能介绍如下。

 【拾取目标】按钮：单击此按钮后可以在视图中选择目标对象。其变形对象属性特征包括【参考】、【复制】、【移动】和【实例】4种。

说明 在视图中选择目标对象时，鼠标移动到可操作的对象上时会变成一个加号，反之则不发生变化。

 【变形目标】列表框：此列表框内显示了所有用于变形对象的目标对象名称。

 【变形目标名称】文本框：用来显示当前选择的目标对象名称。

 【创建变形关键点】按钮：单击此按钮，可以在当前关键帧上创建变形关键点。

 【删除变形目标】按钮：单击此按钮，可以删除选择的目标对象。如果选择的目标对象在【变形目标】列表框中，则会连同其关键点一起删除。

2.【散布】复合运算

【散布】复合运算就是将原对象随机分布到目标对象的表面，【散布】运算前后的工作示意图如图7.4和图7.5所示。

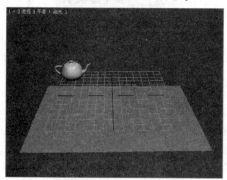

图7.4　【散布】运算前

图7.5　【散布】运算后

用户可以根据需要设置原对象在目标对象表面的分布数量，只要在【散布对象】卷展栏的【重复数】数值框中输入相应的数值即可。

【散布】复合运算的具体操作步骤如下。

步骤01 在视图中创建一个原对象和一个目标对象，并将原对象作为当前选择对象。

步骤02 单击【散布】按钮，在展开的【拾取分布对象】卷展栏中单击【拾取分布对象】按钮，然后在视图中选择目标对象。

步骤03 在【散布对象】卷展栏的【重复数】数值框中输入数值，用来确定原对象在目标对象表面的分布数量。

3.【一致】复合运算

【一致】复合运算可以将一个对象的表面投影到另一个对象上，可以用来创建包裹动画，如用纸包裹食品，用布包裹静物等。

在创建一致对象后被修改的对象称为包裹器对象，被包裹的对象称为包裹对象。包裹器对象和包裹对象必须是【网格】对象或是可以转换为【网格】对象的对象，它们可以不具有相同的顶点数。

如图7.6所示是使用【一致】复合运算将面片包裹到坛子上的效果。

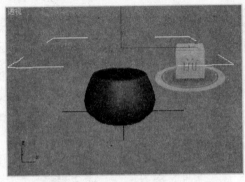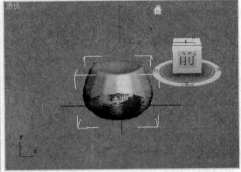

图7.6　包裹对象前后的效果

【一致】复合运算的具体操作步骤如下。

步骤01　在视图中创建一个原对象和一个目标对象，并将原对象作为当前选择对象。

步骤02　单击【一致】按钮，在展开的【拾取包裹到对象】卷展栏中单击【拾取包裹对象】按钮，然后在视图中选择目标对象。

步骤03　在【参数】卷展栏下设置参数即可。

4.【连接】复合运算

【连接】复合运算可以创建两个删除面对象之间的封闭表面，并且可以进行连接面的光滑处理。每个连接对象必须都有开放面或边界用来作为两个对象连接的位置。

图7.7显示了两个球体连接前后的效果。

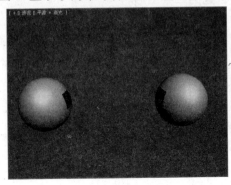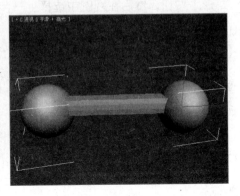

图7.7　连接前后的手柄

【连接】复合运算的具体操作步骤如下。

步骤01　在视图中创建相连接的两个三维对象，并将其转换成【可编辑网格】对象，然后在【多边形】次对象编辑模式下选择并删除一些面，以创建对象表面的"洞"。

步骤02　选择任意一个三维对象，单击【连接】按钮，在展开的【拾取操作对象】卷展栏下单击【拾取操作对象】按钮，然后在视图中选择另一个三维对象。

5.【图形合并】复合运算

利用【图形合并】复合运算可以将二维图形投影到三维对象的表面，即在三维对象表面创建二维图形形状的面。图7.8显示的为运算前的三维对象（长方体）和二维图形

（文字图形），图7.9显示的为二维图形投影到三维对象表面后产生的新面。

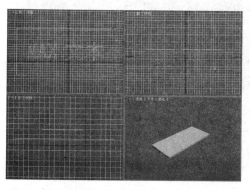
图7.8　运算前的文字图形和长方体

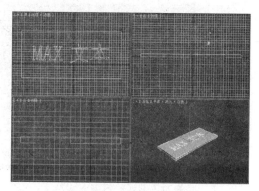
图7.9　长方体表面生成文字图形面

由此可以看出，【图形合并】复合运算的真正目的就是在三维对象表面生成建模需要的不规则面。

 在进行复合运算前，二维图形必须在一个角度上垂直于三维对象的一个面，而且二维图形与三维对象之间必须有一定的距离。

【图形合并】复合运算的具体操作步骤如下。

步骤01　在视图中创建一个三维对象和一个二维图形，并将三维对象作为当前选择对象。

步骤02　单击【图形合并】按钮，在展开的【拾取操作对象】卷展栏中单击【拾取图形】按钮，然后在视图中选择上一步创建的二维图形。

6.【布尔】复合运算

【布尔】复合运算通过两个或两个以上对象交叠时，对它们进行不同的【布尔】运算以创建独特的造型对象。【布尔】运算包括【并集】、【交集】和【差集】等运算方式。

应用【布尔】复合运算可以先选择一个对象并单击【布尔】按钮。在【参数】卷展栏中，单击【拾取布尔】卷展栏下的【拾取操作对象B】按钮，并在视图中选择第二个对象，然后选中【操作】区域中的单选项即可。

 选择的第一个对象称为对象A，拾取的对象称为对象B。

- ➡ 【并集】运算方式：将两个对象合成为一个对象，与【附加】按钮相似。
- ➡ 【交集】运算方式：运算后只保留两个对象的相交部分。
- ➡ 【差集】运算方式：从一个对象中减去另一个对象中与其相交的部分，可以有两种形式。选择的对象用A来表示，拾取的对象用B来表示，其运算方式可有两种【A-B】或【B-A】。

如图7.10所示是各种【布尔】复合运算的效果。

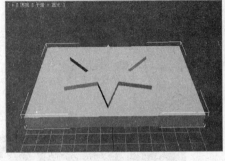
【并集】

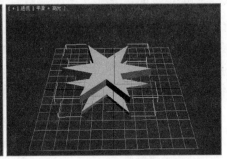
【交集】

【差集（A-B）】

【差集（B-A）】

图7.10 各种【布尔】复合运算的效果

【布尔】复合运算的具体操作步骤如下。

步骤01 在视图中创建两个对象，一个作为对象A，一个作为对象B。如果要进行【差集】或【交集】运算，那么对象A和对象B必须有重合。

步骤02 选择对象A，单击【布尔】按钮，然后单击【拾取布尔】卷展栏中的【拾取操作对象B】按钮，再在视图中选择上一步创建的对象B。

步骤03 在【操作】区域中设置一种运算方式。

7.【地形】复合运算

通过【地形】复合运算可以在不处于同一水平面上的二维图形间创建网格曲面，得到具有地形特征的三维模型，如图7.11所示。

【地形】复合运算的具体操作步骤如下。

步骤01 在视图中创建任意多个封闭二维图形，并将这些二维图形在垂直方向上进行随机分布。

步骤02 选择垂直方向上最下层的二维图形，单击【地形】按钮，单击

图7.11 具有地形特征的模型

【拾取操作对象】卷展栏中的【拾取操作对象】按钮，然后在视图中单击紧挨

当前选择对象的图形。

步骤03 继续从下到上依次单击二维图形，即可得到【地形】复合运算的效果。

7.1.2 典型案例——创建游戏机

案例目标

　　本案例将制作一个游戏机，主要利用【图形合并】复合运算来创建。通过本案例的制作，将使读者进一步认识复合运算的具体用法。制作出的游戏机如图7.12所示。

　　效果图位置：【\第7课\源文件\游戏机模型.max】

　　制作思路：

图7.12　游戏机

步骤01 先创建一个【平面】对象作为模型的主体，再创建其他图形模拟键盘截面。

步骤02 通过【图形合并】复合运算将图形与平面合并。

步骤03 将模型转换为可编辑多边形，通过【轮廓】、【挤出】和【倒角】等按钮对按键进行修改编辑。

操作步骤

　　具体操作步骤如下。

步骤01 在视图中创建【平面】对象，设置其参数为长度值为"45mm"、宽度值为"75mm"。

步骤02 在顶视图平面中创建图形使其与游戏机按键相匹配，如图7.13所示。

步骤03 将图形使用【附加】按钮结合为两组，因为所有的按键并没有在一个面内，结合效果如图7.14所示。

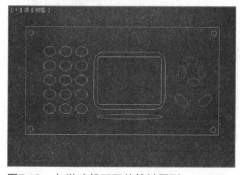

图7.13　与游戏机匹配的按键图形

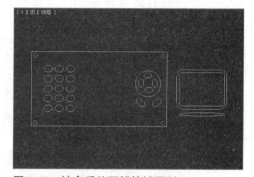

图7.14　结合后的两组按键图形

步骤04 选择【平面】对象，单击【复合对象】下的【图形合并】按钮。

步骤05 单击【拾取操作对象】卷展栏下的【拾取图形】按钮后，在下方的图形属性区域中选中【复制】单选项，在视图中拾取平面上方的一组图形，并选中【参数】卷展栏下【操作】区域中的【饼切】单选项（【反转】复选框为未选中状态），如图7.15所示。

步骤06 选择上方的按键图形将其转换为可编辑多边形，并使用【编辑多边形】卷展栏下的【轮廓】、【挤出】和【倒角】按钮，对按键进行修改，如图7.16所示。

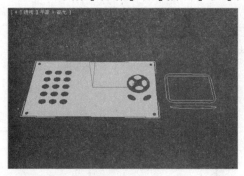

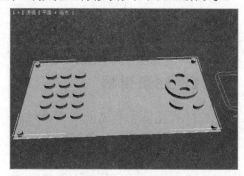

图7.15　形体合并后的效果　　　　　　　图7.16　第一组键盘按钮创建好的效果

步骤07 下面来制作第二组按键。把第二组按键图形移动到合适位置并选择前面制作好的键盘按钮。

步骤08 单击【复合对象】下的【图形合并】按钮。

步骤09 单击【拾取操作对象】卷展栏下的【拾取图形】按钮后，在下方的图形属性区域中选中【复制】单选项，在视图中拾取第二组图形，并选中【参数】卷展栏下【操作】区域中的【饼切】单选项（【反转】复选框为未选中状态）。

步骤10 选择中间作为屏幕的按键图形将其转换为可编辑多边形，并使用【编辑多边形】卷展栏下的【轮廓】、【挤出】和【倒角】按钮，对按键进行修改，如图7.17所示效果。

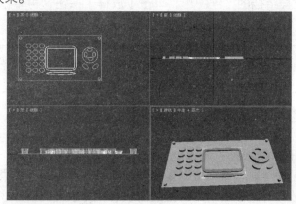

图7.17　手机按键完成后的效果

步骤11 按下【Shift+Q】组合键，快速渲染视图。

案例小结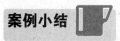

　　本案例创建了一个游戏机，主要是通过【图形合并】复合运算来创建的。首先将平面和图形组合到一起，然后将其转换为【可编辑多边形】对象，进行轮廓、挤出和倒角编辑得到最终模型。需要注意的是，本例运用了两次【图形合并】复合运算，注意【参数】卷展栏下的设置。

7.2 放样复合建模

放样是一种较高级的复合运算方式，利用放样可以创建出具有复杂倒角的模型，而且由于放样的操作方便、修改简单，所以深受广大三维设计者的好评。

7.2.1 知识讲解

放样就是将一个或多个被称为放样截面的二维图形沿一条被称为放样路径的二维图形进行大量复制叠加，从而生成三维对象，其工作示意图如图7.18所示。

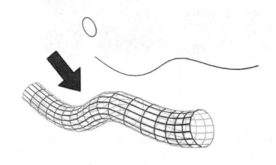

图7.18 放样工作示意图

1. 标准放样

标准放样又称为单截面放样，就是将一个二维图形作为放样截面沿另一个作为放样路径的二维图形进行大量复制叠加，从而生成一个新的三维对象。具体操作步骤如下。

步骤01 在视图中创建两个二维图形，一个作为放样路径，另一个作为放样截面。

步骤02 选择作为放样路径的二维图形，单击【放样】按钮，再单击【创建方法】卷展栏中的【获取图形】按钮，然后在视图中选择作为放样截面的二维图形。

 说明

> 如果在放样前选择的是作为放样截面的二维图形，在【创建方法】卷展栏下则应单击【获取路径】按钮。

路径和截面可以是开放型的二维图形，也可以是封闭型的二维图形，下面对其进行详细介绍。

📁 当路径为开放型图形时

当路径为开放型图形时，截面可以是封闭型的，也可以是开放型的。当截面为封闭型图形时，产生的放样对象的各个面都呈封闭状态，如图7.19所示；当截面为开放型图形时，则会产生具有开放面的对象，如图7.20所示。

📁 当路径为封闭型图形时

当路径为封闭型图形时，截面可以是封闭型的，也可以是开放型的。当截面为封闭型图形时，产生的放样对象的各个面都呈封闭状态，如图7.21所示；当截面为开放型图形时，则会产生具有开放面的对象，如图7.22所示。

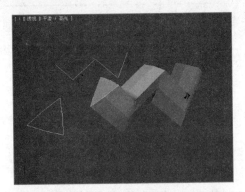

图7.19　截面为封闭型时的放样

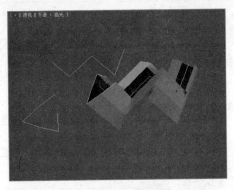

图7.20　截面为开放型时的放样

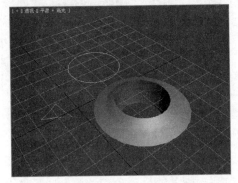

图7.21　截面为封闭型时的放样

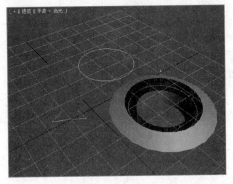

图7.22　截面为开放型时的放样

2. 多重放样

多重放样也称为多截面放样，就是让两个或两个以上的截面沿路径进行放样，生成的放样对象在每两个截面之间会进行自动的平滑处理，如图7.23所示。

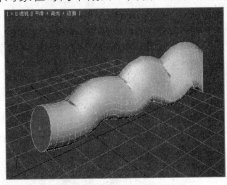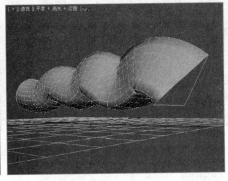

图7.23　多重放样

多重放样的具体操作步骤如下。

步骤01 在视图中创建多个二维图形，一个作为放样路径，其余的作为放样截面。

步骤02 选择作为放样路径的二维图形，单击【放样】按钮，再单击【创建方法】卷展栏中的【获取图形】按钮，然后在视图中选择获取第一个放样截面。

步骤03 展开【路径参数】卷展栏，在【路径】数值框中输入一个数值，用来确定下一个截面在路径上的位置。

步骤04 单击【获取图形】按钮，在视图中选择获取第二个放样截面。

步骤05 重复步骤3和步骤4的操作，直到所有截面被获取完为止，这样便完成了多重放样操作。

3. 编辑放样生成对象

放样生成的对象有时不能满足建模的需要，这时就需要对生成的对象进行适当的修改。常用的修改方法包括缩放、扭曲、倾斜和倒角。

📁 缩放

缩放可以将放样生成对象的表面向其中心或向外进行缩放处理，缩放后生成对象的表面处会产生一个对称的变化。在【修改】命令面板的【变形】卷展栏中，单击【缩放】按钮，可在打开的【缩放变形】对话框中控制缩放，如图7.24所示。

图7.24 【缩放变形】对话框

要缩放放样对象，只需沿轴拖动缩放线上的黑色控制点上下移动即可。如果控制点在原始位置向上移动，那么放样对象的体积将扩大；否则，体积将缩小。图7.25显示的是缩放前的放样对象，图7.26显示的是将放样对象起点处的控制点不变，将终点处的控制点沿X轴向下拖动，缩放后的放样对象如图7.27所示。

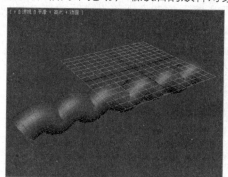

图7.25 缩放前的效果图

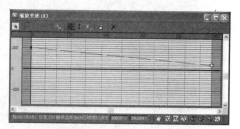

图7.26 调整控制点

📁 扭曲

使用扭曲操作，可以沿着放样对象的长度方向创建盘旋或扭曲的效果。扭曲将沿着路径指定旋转量。

在【变形】卷展栏中单击【扭曲】按钮，可在打开的【扭曲变形】对话框中控制扭曲，如图7.28所示。

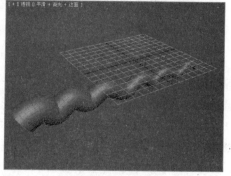

图7.27 缩放后的效果

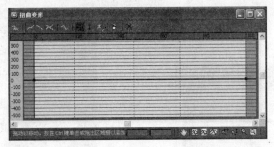

图7.28　【扭曲变形】对话框

　　与缩放操作一样，扭曲也可以通过调整控制点来达到改变放样对象扭曲效果的目的。图7.29显示的是调整后的控制点，得到的扭曲效果如图7.30所示。

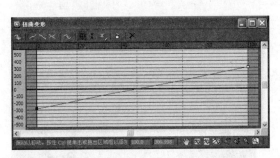

图7.29　调整后的控制点

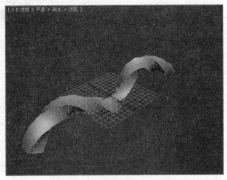

图7.30　扭曲后的效果

　　📁　倾斜

　　利用倾斜操作可以使放样对象围绕X轴和Y轴进行旋转，其控制方法与扭曲一样，在【变形】卷展栏中单击【倾斜】按钮，然后在打开的【倾斜变形】对话框中将控制点调整成如图7.31所示，倾斜后的效果如图7.32所示。

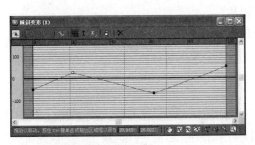

图7.31　【倾斜变形】对话框

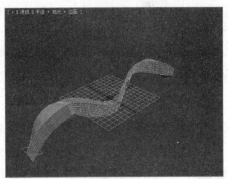

图7.32　倾斜后的效果

　　📁　倒角

　　利用倒角操作可以使放样对象在边缘处产生倒角效果，倒角操作的方法与缩放操作的方法一样。单击【变形】卷展栏中的【倒角】按钮，在打开的【倒角变形】对话框中将控制点调整成如图7.33所示，倒角后的效果如图7.34所示。

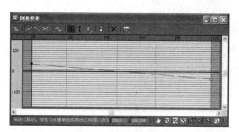

图7.33 【倒角变形】对话框

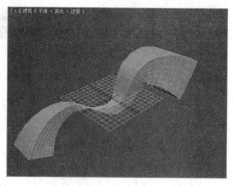

图7.34 倒角后的放样对象

7.2.2 典型案例——制作圆桌布

案例目标

本案例将制作一个圆桌布，在制作过程中主要使用【放样】复合运算来完成，重点是掌握多重放样和编辑放样对象的操作。通过本案例的制作，将使读者对复合运算有一个更深入的认识。制作出的圆桌布如图7.35所示。

效果图位置：【\第7课\源文件\圆桌布.max】

制作思路：

图7.35 圆桌布

步骤01 创建【圆】和【星形】对象作为截面。

步骤02 创建直线作为路径，然后执行多重放样操作。

步骤03 使用倒角操作对放样对象进行调整，得到最终模型。

操作步骤

具体操作步骤如下。

步骤01 在顶视图中创建一个半径为"400mm"的圆形，在创建一个半径1为"410mm"、半径2为"280mm"，点数为"22"，圆角半径1为"5mm"，圆角半径2为"5mm"的星形。

步骤02 然后再在前视图中绘制一条直线，控制其长度为"600mm"，创建效果如图7.36所示。

步骤03 在前视图中选择直线，打开【创建】命令面板，在【几何体】子面板中的下拉列表框中选择【复合对象】选项，然后单击【放样】按钮，再单击【获取图形】按钮，在顶视图中单击圆，此时生成放样对象，效果如图7.37所示。

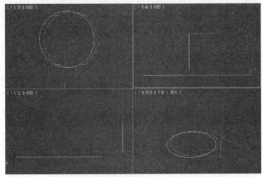

图7.36　创建样条线

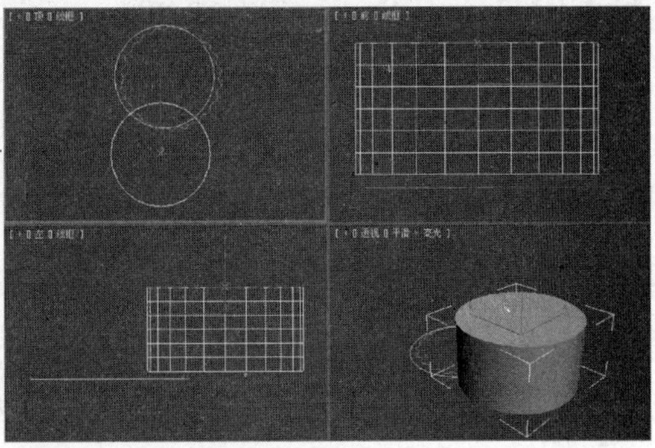

图7.37　第一次放样后的效果

步骤04 在【路径参数】卷展栏的【路径】数值框右侧输入"100"，再次单击【获取图形】按钮，在顶视图中选择【星形】对象，生成桌布，效果如图7.38所示。

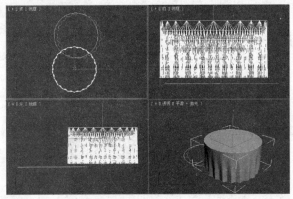

图7.38　放样后的桌布效果

　桌布拐角地方应该圆滑一点儿，这时应该用【变形】卷展栏下的【倒角】按钮来完成。

步骤05 打开【修改】命令面板，展开【变形】卷展栏，然后单击【倒角】按钮，打开【倒角变形】对话框，在控制线上添加一个控制点，调整其形态，如图7.39所示。

步骤06 激活透视视图，按下【Shift+Q】组合键，快速渲染视图，效果如图7.40所示。

图7.39　进行倒角变形

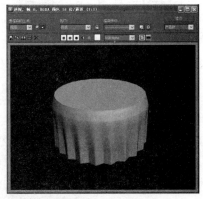

图7.40　渲染效果

本案例利用【放样】复合运算创建了一个圆桌布,主要练习了多重放样操作,了解了【路径】参数的作用,在进行多重放样的时候要合理设置这个参数。另外应掌握【变形】卷展栏下【倒角】按钮的使用。

7.3 上机练习

7.3.1 创建草地

本次练习将制作如图7.41所示的草地,主要练习【散布】复合运算的具体应用。

效果图位置:【\第7课\源文件\草地.max】

制作思路:

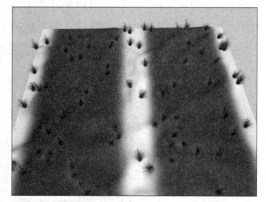

图7.41 草地

步骤01 创建一个平面作为草地的载体,即【散布】复合运算的目标对象。

步骤02 在【几何体】子面板中的下拉列表框中选择【AEC扩展】选项,然后创建草植物,用来作为【散布】复合运算的原对象,然后将其依次散布到目标对象上,并设置好相应的数量。

7.3.2 创建窗帘

本次练习将制作如图7.42所示的窗帘,主要练习【放样】复合运算及编辑放样对象的方法。

素材位置:【\第7课\素材\窗帘\】

效果图位置:【\第7课\源文件\窗帘.max】

制作思路:

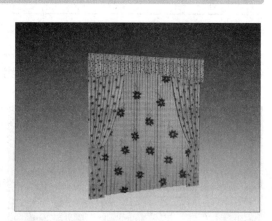

图7.42 窗帘

步骤01 首先在顶视图中绘制曲线作为截面。

步骤02 在前视图中创建一条直线作为路径。

步骤03 利用【放样】复合运算生成窗帘,最后通过缩放变形对窗帘进行调整,通过镜像复制完成窗帘的制作。

7.4 疑难解答

问： 如果在两个看似相交，其实却并没有相交的对象上误执行了【交集】运算，就会出现对象完全消失的情况，在【操作对象】区域中，可以看见其中显示有这两个对象，但屏幕上却没有显示，有什么方法可以修正该问题？

答： 可以单击【撤销】按钮，取消对操作对象B的选择，再单击鼠标右键，退出【布尔】运算。在两个视图（如顶视图和左视图）中检查对象并验证对象是否相交，再单击相应的【布尔】运算按钮，启用操作，然后单击【拾取操作对象B】按钮，选择相交的对象。

问： 有什么方法能够确保首次执行【布尔】运算即能成功呢？

答： 如果一组操作对象总是产生不了所需的结果，请尝试添加修改器并转换堆栈来创建一个可编辑网格或可编辑多边形，还可以在未应用修改器的情况下塌陷对象为可编辑网格或可编辑多边形。

7.5 课后练习

选择题

1 以下建模方法属于复合建模的有（　　　）。
　　A. 编辑网格　　　　　　　　　　　　B. 连接
　　C. 散布　　　　　　　　　　　　　　D. 放样

2 布尔运算包括（　　　）操作方式。
　　A. 交集　　　　　　　　　　　　　　B. 并集
　　C. 差集　　　　　　　　　　　　　　D. 相除

3 需要连接有开口的几何体时会用到（　　　）复合运算。
　　A. 一致　　　　　　　　　　　　　　B. 布尔
　　C. 连接　　　　　　　　　　　　　　D. 变形

4 下面关于放样的说法错误的是（　　　）。
　　A. 放样就是将放样截面沿放样路径进行大量复制叠加
　　B. 在放样前只能先选择路径
　　C. 放样分为标准放样和多重放样
　　D. 放样后的对象不能被编辑

问答题

1 简述【图形合并】复合运算的工作原理。

2 【变形】复合运算对顶点数不相同的对象会有效吗？要使顶点数相同应采用哪种方法？

3 【布尔】复合运算提供了几种运算方式，各种方式的意义分别是什么？

4 在放样时能否多次使用同一截面？

上机题

1 利用【连接】复合运算制作如图7.43所示的坐凳。

图7.43　坐凳

效果图位置：【\第7课\源文件\坐凳.max】

 　➔ 首先创建【倒角长方体】对象，制作出坐凳的凳面和凳子腿。
　➔ 将凳子腿转换为【可编辑网格】对象，选择凳子腿部要连接的面，将其删除。
　➔ 利用【连接】复合运算制作出凳子之间的横撑。

2 利用【放样】复合运算制作如图7.44所示的牵牛花。

图7.44　牵牛花

效果图位置：【\第7课\源文件\牵牛花.max】

 　➔ 创建星形作为牵牛花的放样图形，创建直线作为牵牛花的放样路径。
　➔ 将星形沿直线进行放样，然后通过缩放变形编辑出牵牛花的最终模型。

第8课

标准材质

▼ **本课要点**

创建标准材质

贴图的应用

材质的指定

【UVW贴图】修改器

▼ **具体要求**

认识标准材质

认识贴图

贴图通道的应用

【UVW贴图】修改器的应用

▼ **本课导读**

本课重点介绍标准材质和贴图的应用，包括材质编辑器的应用、材质/贴图浏览器的应用、贴图通道的编辑、【UVW贴图】修改器的使用、室内外常见装饰模型材质的制作，以及将制作好的材质指定给相应的模型等。合理运用本章所学的内容，读者可以对创建好的三维模型赋予材质，使模型能更好地体现出其质感和光感等细节。

8.1 创建简单标准材质

在3ds Max 2010中,材质是指为场景模型的表面覆盖颜色或者是图片,用材质来决定模型的属性。被赋予了材质的模型在渲染后,可以表现出特定的颜色、反光度和透明度等外表特性,这样就会使造型对象看起来更加真实、更加多姿多彩。

8.1.1 知识讲解

在制作材质前,读者应对材质有一个大概的了解,知道在什么地方制作材质,如何制作材质,以及怎样将制作好的材质指定给相应的模型。

1. 认识材质

在3ds Max 2010中,材质是指对象的表面在渲染时所表现出来的性质,渲染后能显示出不同的质感和色彩,综合反映对象的表面颜色、反光度、反光强度、不透明度和自发光等属性,并且影响到材质的纹理、反射、折射及凹凸等特性。图8.1显示的是没有制作材质的三维模型效果,图8.2显示的是制作了材质后的模型效果。

图8.1 制作材质前的效果

图8.2 制作材质后的效果

2. 材质编辑器

选择【渲染】菜单中的【材质编辑器】命令,或者单击主工具栏上的【材质编辑器】按钮，或使用快捷键【M】,都可以打开材质编辑器对话框,如图8.3所示。

从右图中可以看到默认的材质编辑器对话框,包括标题栏、菜单栏、工具栏、样本槽和卷展栏5部分。

在材质编辑器对话框顶部是标题栏,用于显示材质编辑器的名称。

在标题栏下面是菜单栏,菜单栏包括【材质】、【导航】、【选项】和【工具】4个菜单项。这些菜单中的命令与下面要介绍的工具栏上按钮的功能是相同的。

菜单栏下方有6个样本槽,用于预览可用的材质。

图8.3 材质编辑器对话框

材质工具栏按钮分布在样本槽的右侧和下方，通常称为垂直工具栏和水平工具栏。

在工具栏下面的大部分区域是材质编辑器的卷展栏，用于进行材质编辑的各种设置。这些卷展栏因材质类型的不同而有所不同。

📁 样本槽

样本槽用于显示材质的编辑预览效果，其构成单元是若干个材质球，系统默认状态下由6个材质球组成，也可根据需要增加材质球的显示数量。

在样本槽中的任意地方单击鼠标右键，可在弹出的快捷菜单中选择一种显示模型，如图8.4所示。3ds Max 2010只能一次显示6个、15个或24个材质球，图8.5是设置显示24个材质球的样本槽。

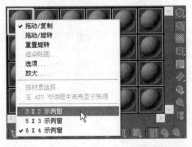

图8.4　利用快捷菜单设置显示数量

图8.5　显示6个材质球的样本槽

　样本槽中材质球的数量并不是制作材质的最大数量，在3ds Max 2010中，用户可以制作任意数量的材质。

在样本槽右侧和下方显示按钮图标的区域是工具栏，这些按钮用来控制样本槽的外观并与材质互相作用。工具栏通常分为垂直工具栏和水平工具栏。

📁 垂直工具栏

垂直工具栏主要包括以下按钮，具体功能如下。

- ➡ 【采样类型】按钮◎：此按钮属于下拉按钮，按住此按钮后，会出现◎◎◎3个子按钮，其功能是控制在样本槽中显示对象的类型，默认的对象类型是球体，还可以选择另外的对象类型作为预览。

- ➡ 【背光】按钮◎：打开或关闭样本槽中的背景灯光。当打开背景灯光时，此按钮以黄色显示。

- ➡ 【背景】按钮▦：在样本槽的材质后面显示方格底纹。主要是为了更好地显示透明材质的编辑效果。

- ➡ 【采样UV平铺】按钮▢：为样本槽中的贴图设置【UV】平铺显示，以预览场景中对象表面的重复贴图阵列效果。单击此按钮后，会出现▢▦▦▦4个按钮。默认为【1×1】阵列显示，其他3个按钮是【2×2】、【3×3】和【4×4】阵列显示。

- ➡ 【视频颜色检查】按钮▦：不同的显示设置，色彩再现范围也不同，一种高纯度的色彩在有的显示设备中不能被正确地显示，以致影响最后的渲染输出效果。此按钮会依据NTSC和PAL制式检查当前材质的颜色。

- ➡ 【生成预览】按钮▨：单击此按钮后会出现▨◈▨3个按钮，这3个按钮分别用于生成、播放和保存材质预览渲染，使用这些材质动画预览可在渲染之前查看材质动画。

- ➡ 【选项】按钮：单击此按钮后，会打开【材质编辑器选项】对话框，如图8.6所示。在此对话框中可以对材质编辑器进行整体控制。

- ➡ 【按材质选择】按钮：单击此按钮，会打开【选择对象】对话框，从中可以找到使用当前材质的所有对象。

- ➡ 【材质/贴图导航器】按钮：单击此按钮可以打开【材质/贴图导航器】对话框。这个对话框用层次树的方式显示了当前的所有材质图。

图8.6　【材质编辑器选项】对话框

📁 水平工具栏

样本槽下面的工具按钮区域一般称为水平工具栏，其中的各按钮功能如下。

- ➡ 【获取材质】按钮：单击此按钮后，会打开【材质/贴图浏览器】对话框，在其中可以选取所需的材质和贴图。

- ➡ 【将材质放入场景】按钮：更新已经编辑并应用到视图场景中对象的材质。

- ➡ 【将材质指定给选定对象】按钮：把选定的材质赋予选定的对象。

- ➡ 【重置贴图/材质为默认设置】按钮：删除被修改的所有材质属性并把材质属性重新设置为默认值。

- ➡ 【生成材质副本】按钮：在选定的样本槽中创建激活材质的副本。

- ➡ 【使唯一】按钮：可以使贴图实例成为唯一的副本，还可以使一个实例化的子材质成为唯一的子材质。

- ➡ 【放入库】按钮：单击此按钮会打开一个简单的对话框，用于重新命名材质并将材质保存到当前打开的库中。

- ➡ 【材质ID通道】按钮：用于为材质指定【G-buffer】特效通道，为后期制作效果设置唯一的通道ID，单击此按钮会弹出按钮列表，显示了【1】到【15】通道，通道为【0】的材质意味着不应用任何效果。

- ➡ 【在视口中显示标准贴图】按钮：在视图中对象显示二维材质贴图。

- ➡ 【显示最终结果】按钮：主要用于多级次对象材质、混合材质和材质的贴图层级，主要作用是在样本槽中显示出应用的所有层次，如果禁用该按钮，则只会看到当前选定的层次。

- ➡ 【转到父对象】按钮：只应用于有几个层次的复合对象，返回到上一级的父级材质编辑状态。

- ➡ 【转到下一个同级顶】按钮：转到同一层次的下一个贴图或材质属性。

- ➡ 【从对象拾取材质】按钮：可以吸取场景中对象的材质，并把材质加载到当前的样本槽中。

- ➡ 材质下拉列表框 01 - Default ▼：列出当前材质中的元素，在该下拉列表框中输入新名称可以更改材质或贴图的名称。

➡ **类型按钮** Standard ：显示当前正在使用的材质或贴图类型，单击该按钮可以打开【材质/贴图浏览器】对话框，从中选择新的材质或贴图类型。

📁 **卷展栏**

下方的卷展栏用来设置当前所编辑材质的各种属性和特性，如材质的类型、表面显示颜色、高光和透明度等。这部分内容将在下面的知识点中详细介绍。

3. 为模型指定材质

材质编辑完成后，需要将其指定给场景中的相关模型，其具体操作步骤如下。

步骤01 在材质编辑器的示例窗口中选择已经编辑好的材质球。

步骤02 在视图中选择要指定材质的模型。

步骤03 单击材质编辑器水平工具栏中的【将材质指定给选定对象】按钮🎨。

 说明 如果材质球上被设置了位图图像，为了使位图图像在场景中的模型表面显示出来，则必须激活材质编辑器水平工具栏中的【在视口中显示标准贴图】按钮▨。

8.1.2 典型案例——制作砖墙材质

案例目标 ✛

本案例将为砖墙制作材质，主要通过对【漫反射】贴图通道和【凹凸】贴图通道指定位图贴图，并将其赋予创建的对象来制作。通过本案例的制作过程，将使读者熟练掌握材质编辑器的应用、漫反射颜色的制作及复制材质等知识点。制作出的砖墙如图8.7所示。

素材位置：【\第8课\素材\砖墙\】

效果图位置：【\第8课\源文件\砖墙.max】

制作思路：

图8.7 砖墙

步骤01 利用漫反射颜色添加位图。

步骤02 将【漫反射】贴图通道复制到【凹凸】贴图通道上，并修改参数。

操作步骤 🚶

具体操作步骤如下。

步骤01 打开素材中提供的"砖墙.max"文件。

步骤02 单击主工具栏上的【材质编辑器】按钮，打开材质编辑器对话框。

步骤03 在【Blinn基本参数】卷展栏中单击【漫反射】后面的【无】按钮,在打开的对话框中双击【位图】选项,如图8.8所示。

步骤04 在打开的【选择位图图像文件】对话框中选择需要的图像文件,如图8.9所示。

图8.8 双击【位图】选项

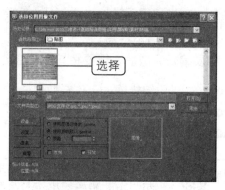

图8.9 选择图像文件

步骤05 单击【打开】按钮,返回材质编辑器对话框。双击添加贴图后的材质,查看砖墙效果,如图8.10所示。

步骤06 在水平工具栏上单击【转到父对象】按钮,返回第一层级。

步骤07 展开【贴图】卷展栏,然后在【漫反射颜色】后的长按钮上右击鼠标,从弹出的快捷菜单中选择【复制】命令,如图8.11所示。

图8.10 材质效果

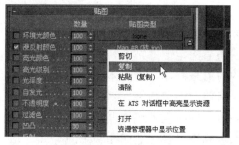

图8.11 选择材质的【复制】命令

步骤08 将鼠标移动到【凹凸】贴图通道上,同样使用快捷菜单粘贴贴图,选择【粘贴(实例)】命令,如图8.12所示。

步骤09 完成贴图复制后,将【凹凸】贴图通道的数量值设置为"-100",如图8.13所示。

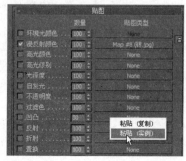

图8.12 选择材质的【粘贴】命令

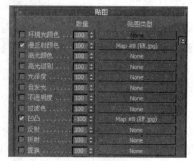

图8.13 设置贴图通道的参数

如果想要表现出凹凸不平的砖墙效果，可以在【凹凸】贴图通道中添加一幅与【漫反射颜色】贴图通道中不一样的贴图，会得到很好的效果。

步骤10 在视图中选择作为墙体的长方体，然后在材质编辑器对话框的水平工具栏上单击【将材质指定给选定对象】按钮，将材质赋予对象。然后单击【在视口中显示标准贴图】按钮，此时在视图中显示贴图效果，如图8.14所示。

图8.14　赋予材质后的效果

案例小结

　　本案例为一面砖墙制作了材质，在制作时，使用一幅砖位图贴图来表现表面纹理，并将【漫反射颜色】贴图通道复制到【凹凸】贴图通道上，然后修改参数，最后赋予砖墙，用来表现砖墙效果。

8.2　贴图的应用

　　在3ds Max 2010中，贴图类似于位图，是可应用于对象表面的图案。它可以在增加对象几何结构复杂程度的基础上增加对象的细节程度，最重要的是可以提升材质的真实程度。贴图还可以用于创建背景图像或灯光投影效果。

　　另外，贴图不仅仅可以作为材质的贴图子层级，还可以用做环境贴图、灯光投影贴图、贴图置换造型等，过多的贴图设置会大大增加场景渲染输出的时间。

8.2.1　知识讲解

　　在3ds Max 2010中提供了多种不同的贴图方式，这些贴图方式中既包含2D平面图像贴图，也包含3D三维程序贴图。

1. 贴图的类型

　　3ds Max 2010提供了多种不同的贴图类型，包括【2D贴图】、【3D贴图】、【合成器】、【颜色修改器】、【其他】和【全部】类型。可以从【材质/贴图浏览器】对话框中看到大多数材质贴图。如图8.15所示是材质/贴图浏览器中所有可用的贴图。如果要打开此对话框，可以在材质编辑器对话框中单击任意一个贴图按钮，或单击【获取材质】按钮，还可以展开【贴图】卷展栏，从中单击【贴图类型】下面的长按钮。

图8.15　贴图浏览器中的材质贴图

2. 贴图通道的应用

贴图通道好比一个机器上的各个部件，各个部件都有自己的功能，只有各个部件正确发挥自己的功效，机器才能正常运转。同样，只有对不同的贴图通道进行正确设置，才能使制作的材质真实表现对象应该具有的属性。

3ds Max 2010在标准材质的【贴图】卷展栏下设置了12个贴图通道，如图8.16所示。贴图在贴图通道中显示，并可通过【数量】和【贴图类型】参数来控制。

- **贴图通道：** 12个贴图通道位于【贴图】卷展栏下。如果要使某个贴图通道有效，则应选中相应的复选框。
- **【数量】参数：** 用来控制贴图通道在材质表面的应用强度。
- **【贴图类型】参数：** 用来控制是否采用贴图来应用于通道，如果指定了贴图，其对应的按钮上会显示贴图的名称，如图8.17所示。

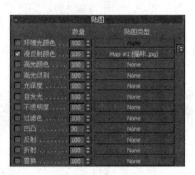

图8.16 【贴图】卷展栏　　　　　图8.17 贴图应用于通道

3.【UVW贴图】修改器

通过前面章节的学习，我们知道系统会自动为创建的标准基本体和扩展基本体指定贴图坐标，贴图坐标的用途就是使具有纹理的材质在模型表面正确显示。

有些模型在创建完成后不再具有贴图坐标，这样，材质纹理就不会显示或显示出错，为了解决这一问题，3ds Max 2010提供了【UVW贴图】修改器。如果模型表面的材质纹理没有达到预期效果，那么就必须为模型应用【UVW贴图】修改器。

【UVW贴图】修改器用于为对象表面指定贴图坐标，以确定贴图材质如何投射到对象的表面，【UVW贴图】修改器主要用于以下几个方面。

- 为特定的贴图通道指定一种贴图坐标，如【漫反射颜色】贴图在贴图通道1，【凹凸】贴图在贴图通道2，可以为这两个贴图通道分别指定【UVW 贴图】修改器，使它们具有不同的贴图坐标，并可以在修改器堆栈中分别对这两个贴图坐标进行编辑。
- 通过变换贴图修改器线框的位置，改变对象表面贴图的位置。
- 为不具有默认贴图坐标的对象指定贴图坐标。
- 为对象的次级结构层级指定贴图坐标。

贴图坐标是用于控制纹理贴图正确显示在对象上的修改器，这些坐标通过U，V和W尺寸值来进行控制。U代表水平方向，V代表垂直方向，W代表深度。

在视图中选择对象，然后选择修改器堆栈列表中的【UVW贴图】修改器，即可打开【UVW 贴图】修改器的卷展栏，如图8.18所示。

图8.18　【UVW 贴图】修改器的卷展栏

8.2.2　典型案例——制作卧室材质

案例目标

　　本案例将利用标准材质为室内客厅中的地板、地毯、壁画和床单等制作材质，并制作金属材质和玻璃材质以完善该场景。通过本案例的制作，将使读者对家装材质的制作有一个初步的认识，并深入理解贴图的重要性。制作出的卧室材质如图8.19所示。

　　素材位置：【\第8课\素材\卧室\】

　　效果图位置：【\第8课\源文件\卧室.max】

　　制作思路：

图8.19　卧室

步骤01　墙体和天花板的材质可直接用颜色来表现，由于这些物体在现实生活中会产生均匀漫反射，所以不需要制作高光。

步骤02　地板、地毯、壁画和床单等材质在制作时只需在材质的【漫反射颜色】贴图通道上指定一幅位图贴图即可。

步骤03　窗框、电视框材质通过制作金属材质完成，玻璃通过制作玻璃材质完成。

操作步骤

　　本案例分为两个制作步骤：第一步，赋予位图贴图；第二步，制作金属和玻璃材质。

1. 赋予位图贴图

具体操作步骤如下。

步骤01 打开素材库中的"卧室.max"文件,打开后的场景如图8.20所示。

步骤02 选择场景中的地板,打开材质编辑器,选择第1个材质球,展开【贴图】卷展栏,单击【漫反射颜色】贴图通道右侧的【None】按钮,在打开的【材质/贴图浏览器】对话框中双击【位图】选项,如图8.21所示。

图8.20 卧室场景

图8.21 【材质/贴图浏览器】对话框

步骤03 在打开的【选择位图图像文件】对话框中选择素材文件,如图8.22所示。

步骤04 在材质编辑器中单击【转到父对象】按钮█,返回上一层级,单击【将材质指定给选定对象】█按钮,将编辑好的材质指定给地板。

步骤05 按照步骤步骤02至步骤04的操作方法,在材质编辑器对话框中选择第2个材质球,并为【漫反射颜色】贴图通道指定"地毯.jpg"文件,然后将该材质指定给场景中的地毯。

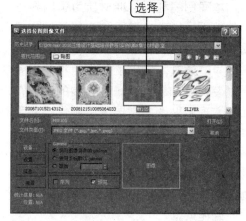

图8.22 选择位图文件

步骤06 在材质编辑器对话框中选择第3个材质球,并为【漫反射颜色】贴图通道指定"皮革.jpg"文件,然后将该材质指定给场景中的床头。

步骤07 在材质编辑器对话框中选择第4个材质球,并为【漫反射颜色】贴图通道指定"布纹01.jpg"文件,然后将该材质指定给场景中的抱枕。

步骤08 用同样的方法分别为床单、电视、壁画、电视柜、踢脚线赋予材质,渲染效果如图8.23所示。

图8.23　渲染效果

2. 制作金属和玻璃材质

具体操作步骤如下。

步骤01　选择一个新的材质球，将【环境光】、【漫反射】和【高光反射】颜色调整为"白色"，赋予天花板。

步骤02　选择一个新的材质球，在【明暗器基本参数】卷展栏的下拉列表框中选择【（M）金属】选项，单击【漫反射】颜色色块，并在打开的【颜色选择器：漫反射颜色】对话框中将颜色设置为"灰色"，如图8.24所示。

步骤03　然后设置【高光级别】数值框为"100"；设置【光泽度】数值框为"20"，如图8.25所示。

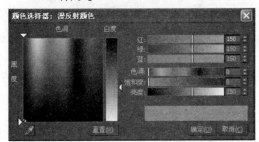

图8.24　设置颜色

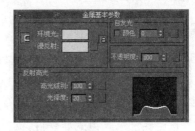

图8.25　设置参数

步骤04　在【贴图】卷展栏中单击【反射】贴图通道按钮，在【材质/贴图浏览器】对话框中双击【位图】选项，从打开的对话框中选择"SILVER.JPG.jpg"文件作为反射贴图，单击【转到父对象】按钮■返回上一层级，设定【反射】贴图的数量值为"30"，如图8.26所示。

步骤05　然后将设置好的材质指定给场景中的窗框和电视框模型，渲染后的效果如图8.27所示。

步骤06　选择一个新的材质球，在【明暗器基本参数】卷展栏的下拉列表框中选择【（A）各项异性】选项，单击【漫反射】颜色色块，并在打开的【颜色选择器：漫反射颜色】对话框中将颜色设置为"R：196，G：225，B：225"。

步骤07　设置【高光级别】数值框为"100"，【光泽度】数值框为"40"，【各项异性】数值框为"65"，如图8.28所示。

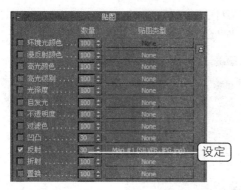

图8.26 设置参数

图8.27 渲染效果

步骤08 然后将设置好的材质指定给场景中的玻璃，效果如图8.29所示。

图8.28 设置参数

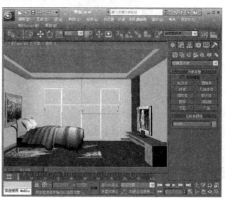

图8.29 赋予材质后的效果

案例小结

本案例为一个简单的卧室场景中的模型制作了材质，材质全部采用本课所介绍的标准材质来制作。在制作的过程中，可以发现【漫反射颜色】贴图通道在家装效果图制作中非常重要。另外，如果模型表面只显示一种单一的颜色，那么直接为其设置一种颜色即可，但要注意颜色的准确性，必要时可用数值来确定颜色。

8.3 上机练习

8.3.1 制作单元楼材质

本次上机练习将为如图8.30所示的单元楼模型制作材质，制作后的材质在进行渲染和后期处理后的效果如图8.31所示。

素材位置：【\第8课\素材\单元楼\】

效果图位置：【\第8课\源文件\单元楼.max】

图8.30 单元楼

图8.31 渲染和后期处理后的效果

制作思路：

步骤01 对于单元楼中的玻璃模型，可以通过创建玻璃材质得到，由于玻璃具有强烈的反射特性，可适当为其添加自发光效果。

步骤02 地基、墙体、地面和小路等都可使用相应的位图贴图来模拟，即只需将贴图放置在【漫反射颜色】贴图通道上即可。为了表现它们表面的凹凸感，可在【凹凸】贴图通道上指定与漫反射颜色一致的位图贴图。应为一些模型应用贴图坐标修改器来修正纹理显示方式。

8.3.2 制作书房材质

本次上机练习将为如图8.32所示的书房制作材质，制作后的材质在进行渲染和后期处理后的效果如图8.33所示。

图8.32 书房

图8.33 渲染和后期处理后的效果

素材位置：【\第8课\素材\书房\】

效果图位置：【\第8课\源文件\书房.max】

制作思路：

步骤01 可制作只具有单一颜色的材质来表现墙体、天花板等的效果。

步骤02 当为书架、窗帘、壁画和地板等制作材质时，只需为相应材质球上的【漫反射颜色】贴图通道指定相应的位图贴图即可；为灯具和瓷器制作材质时注意高光和自发光的设置，应为【反射】贴图通道指定【光线跟踪】贴图。

8.4 疑难解答

问： 为什么在为模型指定材质后，还要指定【UVW贴图】修改器，并对其进行调整？

答： 这是因为在为模型指定材质后，材质的方向和纹理是不正确的，所以需要为其指定【UVW贴图】修改器，然后再对其进行调整，调整贴图坐标后的模型看起来更为真实。

问： 是不是为所有的模型指定材质后都要为其指定【UVW贴图】修改器，然后再对贴图坐标进行调整？

答： 不一定。例如，为对象指定乳胶漆、白磁漆等材质时就不需要为其指定【UVW 贴图】修改器。通常，只是针对一些二维贴图时，才对其贴图坐标进行调整。

问： 在使用【UVW贴图】修改器时需要注意些什么？

答： 应注意模型的外形，由于【UVW贴图】修改器提供了【圆柱体】、【圆形】、【面】和【长方体】等贴图方式，因此所选择的贴图方式应大致与模型外形匹配。

问： 我如果不想要样本槽中的材质了，怎样将它删除呢？

答： 当用户不再需要样本槽中的某种材质时，可以将其删除，其方法如下。

⮞ 可以将其他样本槽中的材质用鼠标拖曳到该材质球上，这样就可以覆盖原来的材质了。

⮞ 激活要删除的材质，单击【重置贴图/材质为默认设置】按钮，这时会打开一个提示对话框，如图8.34所示，单击【是】按钮即可删除材质。

当用【重置贴图/材质为默认设置】按钮删除已被应用到场景对象的材质时，会打开一个对话框，如图8.35所示。

图8.34 【材质编辑器】提示框

图8.35 【重置材质/贴图参数】对话框

在此对话框中有两个单选项，第一个单选项提示使用此单选项将会影响场景中的材质或贴图，第二个单选项提示使用此单选项将仅影响样本槽中的材质或贴图。

选择题

1 材质编辑器由哪几部分构成？（　　　）
　A. 样本槽　　　　　　　　　　B. 水平工具栏
　C. 垂直工具栏　　　　　　　　D. 卷展栏

2 样本槽一次最多只能显示（　　　）个材质球。
　A. 6个　　　　　　　　　　　　B. 15个
　C. 24个　　　　　　　　　　　D. 48个

3 （　　　）贴图方式适用于平面的贴图。
　A.【柱形】　　　　　　　　　 B.【球形】
　C.【长方体】　　　　　　　　 D.【平面】

4 在3ds Max 2010中，高光由（　　　）来控制。
　A. 高光级别　　　　　　　　　B. 光泽度
　C. 自发光　　　　　　　　　　D. 漫反射

问答题

1 能否将贴图直接指定给模型？为什么？
2 简述贴图坐标的重要性。
3 怎样对一组对象指定贴图坐标？
4 简述3ds Max 2010中各个贴图通道的作用。

上机题

1 制作如图8.36所示的单人床效果。

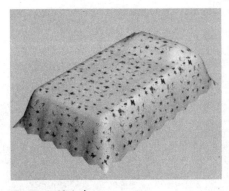

图8.36　单人床

素材位置：【\第8课\素材\单人床\】
效果图位置：【\第8课\源文件\单人床.max】

说明 ➔ 床已提供在素材库中，床单材质可以通过为相应材质球上的【漫反射颜色】贴图通道指定相应的位图贴图得到。
➔ 为创建好的材质添加【UVM贴图】修改器，在下面的卷展栏中选中【长方体】单选项，调整长宽高的参数。

2 制作如图8.37所示的客厅效果。

图8.37 客厅

素材位置：【\第8课\素材\客厅\】

效果图位置：【\第8课\源文件\客厅.max】

说明 ➔ 客厅已提供在素材库中，其中的场景灯光已布置好，读者只需为场景中的模型制作材质即可。
➔ 为沙发、电视柜、壁画、地板和玻璃等制作材质时，只需为相应材质球上的【漫反射颜色】贴图通道指定相应的位图贴图即可。为灯具和地板制作材质时注意高光和自发光的设置，应为【反射】贴图通道指定【光线跟踪】贴图。

第9课

复合材质

▼ **本课要点**

高级材质与标准材质的区别

高级材质的编辑

高级材质与渲染方式的关系

▼ **具体要求**

认识高级材质

掌握光能传递的概念

掌握光能传递时的各参数控制

▼ **本课导读**

本课重点介绍高级材质的编辑及应用，包括
【多维/子对象】材质、【光线跟踪】材质、
【混合】材质和【无光/投影】材质等。通过
本课的学习，读者不但可以掌握高级材质的编
辑，还可以掌握高级材质与渲染方式的关系。

9.1　高级材质的应用

标准材质能够表现对象表面单一的材质和材质的光学性质。但在真实的场景中，材料的质感很可能是多重性的，仅用标准材质来编辑是很难模拟的，必须同时使用几个材质一起作用到对象表面才能将其充分表现，这就是复合材质。

9.1.1　知识讲解

3ds Max 2010提供了更多的材质类型以满足动画制作中的需求，其中包括一些具备特殊属性的高级材质，能帮助设计师实现一些标准材质实现不了的特殊效果。

在材质编辑器中系统默认的材质是标准材质，因此，在制作高级材质前，应将当前标准材质转换成高级材质，其具体操作步骤如下。

步骤01　执行【渲染】→【材质编辑器】命令，或按【M】键，打开材质编辑器对话框。

步骤02　单击水平工具栏右下方的【Standard】按钮，如图9.1所示。

步骤03　打开【材质/贴图浏览器】对话框，在右侧的列表框中选择一种高级材质，如图9.2所示。

步骤04　然后单击【确定】按钮。改变材质后的材质编辑器对话框如图9.3所示。

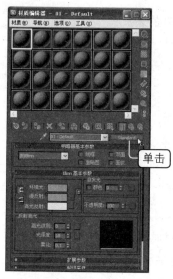

图9.1　标准材质

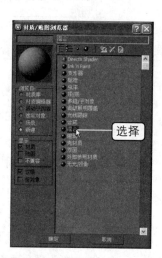

图9.2　选择高级材质

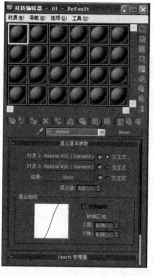

图9.3　指定高级材质后的对话框

3ds Max 2010提供了15种高级材质，但常用的是【多维/子对象】、【光线跟踪】、【混合】和【无光/投影】材质。

1.【多维/子对象】材质

使用【多维/子对象】材质可以为同一对象上的不同部位指定不同的材质，如图9.4所示，【多维/子对象】材质的卷展栏如图9.5所示。

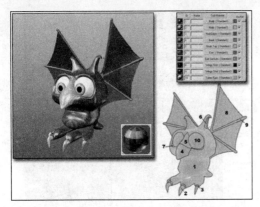

图9.4　使用【多维/子对象】材质后的效果

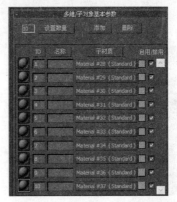

图9.5　【多维/子对象】材质的卷展栏

该卷展栏中的各参数具体如下。

- 【设置数量】按钮：单击此按钮会打开如图9.6所示的【设置材质数量】对话框，在其中的数值框中可以自定义材质数量，默认的材质数目是"10"个。

图9.6　【设置材质数量】对话框

- 【添加】按钮：每单击一次此按钮，就会在原来的材质数目上增加一个材质。
- 【删除】按钮：每单击一次此按钮，就会在原来的材质数目上减少一个材质。
- 【ID】列：在下面的文本框中显示指定给次级材质的ID号。
- 【名称】列：在下面的文本框中显示指定给次级材质的名称。
- 【子材质】列：按次级材质的名称进行排序。单击下面的次级材质按钮可以进入次级材质中设置次级材质，单击其右侧的颜色色块可以打开颜色选择器对话框，设置材质球的颜色。
- 【材质球】图标：在此可以预览次级材质，单击材质球图标可对此材质进行选择。

2.【光线跟踪】材质

【光线跟踪】材质包含了标准材质的所有功能参数，更重要的是它能够真实地反映物体对光线的反射和折射现象，如图9.7所示。

【光线跟踪】材质虽然效果不错，但是却需要很长的渲染时间，因此，一般的反射模拟多用【反射】贴图来实现。【光线跟踪】材质的卷展栏分为3部分，下面将分别进行讲解。

📁　【光线跟踪基本参数】卷展栏

【光线跟踪基本参数】卷展栏如图9.8所示。

【光线跟踪】材质的各参数具体如下。

- 【明暗处理】下拉列表框：在这里提供了5种明暗器类型，包括【Phong】、【Blinn】、【金属】、【Oren-Nayar-Blinn】和【各项异性】类型。
- 【双面】复选框：与标准材质中的相似，选中该复选框后，光线跟踪会在内外表面上同时进行计算，这样会大大增加渲染时间，默认设置是未选中的。

图9.7　光线跟踪效果

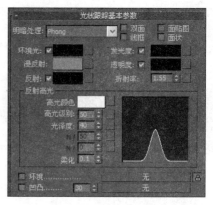

图9.8　【光线跟踪基本参数】卷展栏

- ➡ **【线框】复选框**：与标准材质中的相同。
- ➡ **【面贴图】复选框**：对模型的所有面指定材质。
- ➡ **【环境光】区**：与标准材质中的不同，在这里它控制的是材质吸收环境光的多少，如果将环境色设为"白色"，就与标准材质中将环境色与过渡色锁定是一样的。取消选中颜色色块左边的复选框后，右侧将变成一个数值框，环境色变为灰度模式，通过调节数值可以设置环境色的灰度值。
- ➡ **【漫反射】区**：代表对象固有色的颜色，当反射为100%（纯白色）时，漫反射的颜色将不可见。
- ➡ **【反射】区**：用于设置对象高光反射的颜色，取消选中颜色色块左边的复选框后，右侧会变成一个数值框，可以设置反射的灰度值；再次选中该复选框后，可以为反射指定【Fresnel】（菲涅尔）镜效果，它可以根据对象视角为反射对象增加折射效果。
- ➡ **【发光度】区**：可以设置自身的自发光颜色，与标准材质中的【自发光】参数相似；取消选中颜色色块左侧的复选框，会变为数值框。可以通过数值框中的值来调节发光色的灰度值，通过后面的方形按钮可以指定贴图。
- ➡ **【透明度】区**：用于控制在【光线跟踪】材质背后经过颜色过滤所表现出来的颜色，黑色为完全不透明，白色为完全透明。取消选中颜色色块左侧的复选框，右侧会变为数值框，可以通过数值框来调节透明色的灰度值。
- ➡ **【折射率】区**：与标准材质中的折射率相同，用于设置材质折射光线的强度。
- ➡ **【高光颜色】区**：用于设置高光反射等光的颜色。
- ➡ **【高光级别】数值框**：用于设置高光反射的强度。
- ➡ **【光泽度】数值框**：决定高光区域的大小。
- ➡ **【柔化】数值框**：柔化反光区的效果。
- ➡ **【环境】复选框**：该复选框用于为场景中的对象指定一张虚拟的环境贴图，在没有选中该复选框时，将使用场景中的环境贴图。
- ➡ **【凹凸】区**：它的作用同标准材质中的【凹凸】贴图。

📁 **【扩展参数】卷展栏**

【扩展参数】卷展栏如图9.9所示。

具体参数介绍如下。

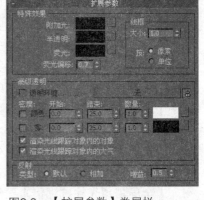

- ➡️ 【附加光】区：通过为它指定颜色或贴图，可以模拟场景中对象的反射光线在其他对象上产生的溢出颜色的效果，同时可以增加对象表面的光照。

- ➡️ 【半透明】区：用于创建半透明效果。

- ➡️ 【荧光】区：用于创建荧光材质的效果。

- ➡️ 【荧光偏移】数值框：该数值框用于调节荧光的强度。

- ➡️ 【线框】区域：同标准材质中的【线框】参数。

图9.9　【扩展参数】卷展栏

- ➡️ 【透明环境】区：专用于透明材质对象，用指定的环境贴图替代场景中原有的环境贴图。

- ➡️ 【密度】区：专用于透明材质的控制。

- ➡️ 【渲染光线跟踪对象内的对象】复选框：选中该复选框，可以渲染应用了光线跟踪的透明对象内部的对象。

- ➡️ 【渲染光线跟踪对象内的大气】复选框：当应用了光线跟踪功能的透明对象内部具有大气效果时，选中此复选框，可以渲染内部大气。

- ➡️ 【反射】区域：在下面提供了两种类型的反射方式，选中【默认】单选项，反射与过渡色是分层的；选中【相加】单选项，与标准材质的相同。在【增益】数值框中可以控制反射的亮度。

📁 【光线跟踪器控制】卷展栏

【光线跟踪器控制】卷展栏如图9.10所示。
具体参数介绍如下。

- ➡️ 【局部选项】区域：在该区域中可对自身光线跟踪进行控制。

- ➡️ 【启用光线跟踪】复选框：该复选框控制是否进行光线跟踪计算。当未选中此复选框时，【光线跟踪】材质不会对真实的场景对象进行折射、反射的计算，但依然会对场景中的环境贴图和指定给材质的环境贴图进行折射、反射计算。

图9.10　【光线跟踪器控制】卷展栏

- ➡️ 【光线跟踪大气】复选框：选中该复选框，将对场景中的大气效果进行光线跟踪计算。

- ➡️ 【启用自反射/折射】复选框：该复选框控制是否使用自身反射或折射。

- ➡️ 【反射/折射材质ID】复选框：在为一个【光线跟踪】材质指定了材质ID后，要在【Video Post】（视频合成器）和【效果】特效编辑器中根据材质ID号指定特效，该复选框将控制是否对反射或折射的图像进行特技处理。

- ➡️ 【启用光线跟踪器】区域：在该区域中可以控制【光线跟踪】材质是否进行反射和折射的计算。

- ➡️ 【光线跟踪反射】复选框：该复选框控制是否进行光线跟踪反射计算。

- ⏩ 【光线跟踪折射】复选框：该复选框控制是否进行光线跟踪折射计算。
- ⏩ 【局部排除】按钮：单击此按钮，会打开【排除/包含】对话框，设置排除场景中不进行光线跟踪的对象，将加速光线跟踪计算。
- ⏩ 【凹凸贴图效果】数值框：通过调节该数值框中的数值，可以调节【凹凸】贴图在光线跟踪反射与光线跟踪折射上的效果，默认值为"1.0"。
- ⏩ 【反射】数值框：通过此数值框，可以设置在当前距离上暗淡反射效果直至黑色，默认值为"100.0"。
- ⏩ 【折射】数值框：通过此数值框，可以设置在当前距离上暗淡折射效果直至黑色，默认值为"100.0"。
- ⏩ 【全局禁用光线抗锯齿】区域：在该区域中可以对当前【光线跟踪】材质和贴图设置自身的抗锯齿处理。但忽略全局抗锯齿设置没有打开的话，此处的抗锯齿设置也无效。
- ⏩ 【启用】复选框：选中此复选框，可以设置当前材质自身的抗锯齿方式，但只有当全局禁用光线抗锯齿功能开启时才有效。

3.【混合】材质

【混合】材质的功能是将两种不同的材质混合在一起，使用遮罩或简单的曲线控制可以设定两个次级材质的混合方式，其工作示意图如图9.11所示，其卷展栏如图9.12所示。

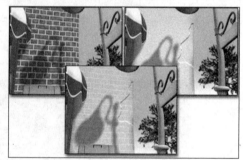

图9.11　【混合】材质工作示意图

图9.12　【混合】材质的卷展栏

- ⏩ 【材质1】/【材质2】区：单击后面的按钮，可以选择相应的贴图，设置各参数。
- ⏩ 【交互式】单选项：在【材质1】和【材质2】区中选择一种材质展现在对象表面，主要在以实体着色方式进行交互渲染时运用。
- ⏩ 【遮罩】区：单击后面的按钮，可以选择一张贴图作为蒙板，通过贴图的明暗度来对前两种材质的混合情况进行调整。
- ⏩ 【混合量】数值框：通过调节该数值框中的值，可以控制混合的百分比，当值为"0"时，材质1完全显示，材质2不可见；当值为"100"时，材质2完全显示，材质1不可见。当应用了遮罩时，此数值框不可用。
- ⏩ 【混合曲线】区域：用于调整两种材质的混合程度，专用于使用了遮罩的【混合】材质。
- ⏩ 【使用曲线】复选框：选中此复选框，将应用曲线来影响混合效果。
- ⏩ 【转换区域】区：它包含【上部】和【下部】两个数值框，通过调节这两个数值框的值，控制混合曲线。两值相近时，会产生清晰尖锐的融合边缘，两值相差很大时，会产生柔和模糊的边缘。

4.【无光/投影】材质

【无光/投影】材质通过给场景中的对象增加阴影使对象真实地融入背景，造成阴影的对象在渲染时见不到，不会遮挡背景。该材质常用来表现三维场景的投影效果，其工作示意图如图9.13所示，其卷展栏如图9.14所示。

图9.13　工作示意图

图9.14　【无光/投影】材质的卷展栏

- ➡ 【不透明Alpha】复选框：确定【无光/投影】材质是否显示在【Alpha】通道中。如果取消选中该复选框，【无光/投影】材质将不会构建【Alpha】通道，并且图像将用于合成。就好像场景中没有隐藏对象一样，默认为未选中状态。
- ➡ 【应用大气】复选框：启用或禁用隐藏对象的雾效果。
- ➡ 【以背景深度】单选项：这是2D方法，扫描线渲染器雾化场景并渲染场景的阴影。在这种情况下，阴影不会因为雾化而变亮，如果希望使阴影变亮，需要提高阴影的亮度。
- ➡ 【以对象深度】单选项：这是3D方法，渲染器先渲染阴影然后雾化场景。此操作使3D无光曲面上雾的量发生变化，因此生成的无光【Alpha】通道不能很好地混入背景。
- ➡ 【接收阴影】复选框：渲染无光曲面上的阴影，默认设置为选中状态。
- ➡ 【影响Alpha】复选框：选中该复选框后，将投射于【无光/投影】材质上的阴影应用于【Alpha】通道，此操作允许用以后合成的【Alpha】通道来渲染位图。
- ➡ 【阴影亮度】数值框：设置阴影的亮度。此值为"0.5"时，阴影将不会在无光曲面上衰减；此值为"1.0"时，阴影使无光曲面的颜色变亮；此值为"0.0"时，阴影变暗使无光曲面完全不可见。
- ➡ 【数量】数值框：控制要使用的反射数量，这是一个百分比值，范围为"0"～"100"。如果没有指定贴图，此参数不可用，默认值为"50"。

　在以2D背景表现的场景中要使隐藏对象为一个3D对象时，应选中【以对象深度】单选项。

9.1.2　典型案例——制作磨砂玻璃

本案例将利用高级材质制作一个磨砂玻璃的场景，主要练习高级材质下的材质混合

和贴图叠加。通过本案例的制作，将使读者了解如何利用高级材质模拟现实环境，以加深对高级材质的认识。制作出的磨砂玻璃效果如图9.15所示。

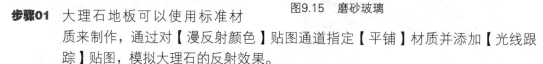

图9.15　磨砂玻璃

　　素材位置：【\第9课\素材\磨砂玻璃\】

　　效果图位置：【\第9课\源文件\磨砂玻璃.max】

　　制作思路：

步骤01　大理石地板可以使用标准材质来制作，通过对【漫反射颜色】贴图通道指定【平铺】材质并添加【光线跟踪】贴图，模拟大理石的反射效果。

步骤02　磨砂玻璃左右两个面通过设置【漫反射颜色】贴图通道的参数来制作，前后两个面都添加【光线跟踪】材质，然后为【凹凸】贴图通道添加【噪波】贴图来制作。

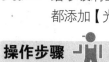
操作步骤

　　具体操作步骤如下。

　　本案例的制作可用两个步骤来完成：第一步，为场景中的地板制作材质；第二步，利为场景中的玻璃制作材质。

1. 为地板制作材质

　　具体操作步骤如下。

步骤01　打开素材库中的"磨砂玻璃.max"文件，打开后的场景如图9.16所示，该场景由一个作为地板的平面和两个作为玻璃的长方体组成。

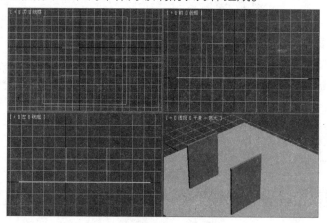

图9.16　创建地板和玻璃造型

步骤02　选中作为地板的【平面】对象，单击工具栏上的【材质编辑器】按钮，打开材质编辑器对话框。选择第1个材质球，设置其参数为：明暗处理器为"Phong"、高光级别为"30"、光泽度为"20"，如图9.17所示。

步骤03 展开【贴图】卷展栏，单击【漫反射颜色】贴图通道后面的按钮，在打开的对话框中选择【平铺】选项，如图9.18所示。

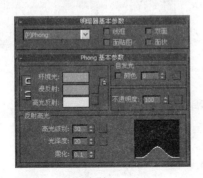

图9.17　设置参数

图9.18　选择【平铺】选项

步骤04 单击【确定】按钮，完成操作。在材质编辑器对话框中展开【标准控制】卷展栏，设置预设类型为"堆栈砌合"，如图9.19所示。

图9.19　选择【堆栈砌合】选项

步骤05 展开【高级控制】卷展栏，单击【平铺设置】区域中【纹理】右侧的【None】按钮，如图9.20所示。

步骤06 在打开的【材质/贴图浏览器】对话框中双击【位图】选项，在打开的对话框中选择需要的图像文件，如图9.21所示。

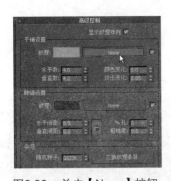

图9.20　单击【None】按钮

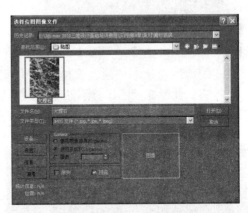

图9.21　选择位图文件

步骤07 单击【打开】按钮，返回材质编辑器对话框。单击水平工具栏上的【转到父对象】按钮，返回上一个层级。然后在【高级控制】卷展栏中单击【砖缝设置】区域中【纹理】右侧的颜色色块，在打开的对话框中设置砖缝的颜色为R，G和B的值均为"130"，设置水平间距和垂直间距为"0.2"，如图9.22所示。

如果要调整每一块大理石地板的尺寸，只需调整【水平数】和【垂直数】数值框的值；调整【水平间距】和【垂直间距】数值框的值就是调整地板砖之间的压线宽度。

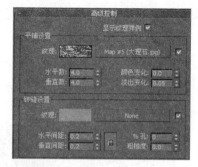

图9.22 设置参数

步骤08 单击【转到父对象】按钮返回基本材质编辑界面，单击【反射】贴图通道右侧的按钮，在打开的对话框中双击【光线跟踪】选项。

步骤09 单击【转到父对象】按钮返回基本材质编辑界面，设置【反射】贴图通道的数量值为"30"。

步骤10 在【贴图】卷展栏中将【漫反射颜色】贴图通道的贴图复制到【凹凸】贴图通道上，单击【凹凸】贴图通道右侧的按钮，在【高级控制】卷展栏中，取消选中【平铺设置】区域中【纹理】右侧的复选框，如图9.23所示。

步骤11 单击【转到父对象】按钮返回基本材质编辑界面，如图9.24所示。

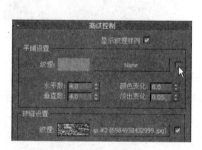

图9.23 取消选中复选框

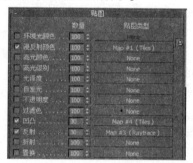

图9.24 编辑完成后的【贴图】卷展栏

步骤12 在视图中选择【平面】对象，在材质编辑器的水平工具栏中单击【将材质指定给选定对象】按钮，将材质赋予对象。然后单击【在视口中显示标准贴图】按钮，此时在视图中显示贴图效果，如图9.25所示。

步骤13 按【Shift+Q】组合键，快速渲染图像，此时的效果如图9.26所示。

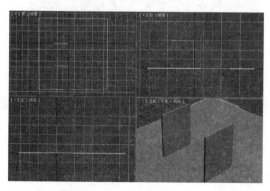

图9.25 赋予材质

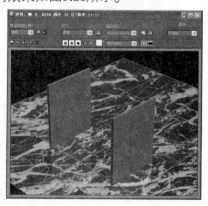

图9.26 渲染效果

2. 为玻璃制作磨砂材质

具体操作步骤如下。

步骤01　选择两块玻璃，单击鼠标右键，从弹出的方形菜单中选择【转换为】→【转换为可编辑多边形】命令，将长方体转换成为可编辑多边形。

步骤02　选择一块玻璃，打开【修改】命令面板，在修改器堆栈列表中选择【多边形】选项，选中长方体四周的面，如图9.27所示。

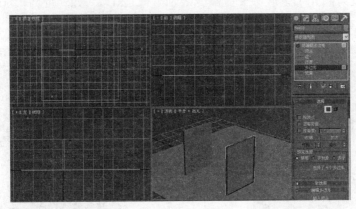

图9.27　选择需要的面

步骤03　单击主工具栏上的【材质编辑器】按钮，打开材质编辑器对话框，选择第2个材质球。

步骤04　在【明暗器基本参数】卷展栏中选中【双面】复选框。设置漫反射的颜色为"青色"，即"R:0，G:50，B:5"，高光级别为"120"、光泽度为"60"、不透明度为"50"，单击垂直工具栏上的【背景】按钮，效果如图9.28所示。

步骤05　然后在材质编辑器对话框中单击水平工具栏上的【将材质指定给选定对象】按钮，将材质赋予对象，如图9.29所示。

图9.28　编辑材质

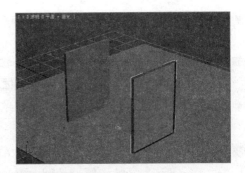

图9.29　赋予材质

步骤06　按【Ctrl+I】组合键，反选长方体前后两个大面，在材质编辑器对话框中选择第

3个材质球。

步骤07 单击【Standard】按钮，在打开的对话框中双击【光线跟踪】选项，将材质类型转换为【光线跟踪】材质，如图9.30所示。

步骤08 在【光线跟踪基本参数】卷展栏下将漫反射的颜色设置为"纯白"，即R，G和B值均为"255"，取消选中【反射】右侧的复选框，并设置反射值为"10"，取消选中【透明度】右侧的复选框，并设置透明度为"80"。

步骤09 在【反射高光】区域中设置高光级别为"120"、光泽度为"60"，如图9.31所示。

图9.30　【光线跟踪】材质编辑界面

图9.31　设置参数

步骤10 展开【贴图】卷展栏，单击【凹凸】贴图通道右侧的按钮，在打开的对话框中双击【噪波】选项，设置【噪波】贴图。在【噪波参数】卷展栏中设置其大小值为"0.3"，如图9.32所示。

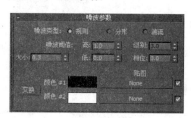

图9.32　设置噪波大小

步骤11 单击【转到父对象】按钮返回【光线跟踪】材质编辑界面，展开【扩展参数】卷展栏，将附加光、半透明和荧光的颜色均设置为"绿色"，即"R:50，G:250，B:120"，如图9.33所示。

步骤12 然后在材质编辑器对话框中单击水平工具栏上的【将材质指定给选定对象】按钮，将材质赋予对象，如图9.34所示。

步骤13 选择另一个玻璃造型，打开【修改】命令面板，在修改器堆栈列表中选择【多边形】选项，在视图中选择长方体四周的面。

步骤14 在【材质编辑器】对话框中选择第2个材质球，单击【将材质指定给选定对象】按钮，将材质赋予对象。

步骤15 按【Ctrl+I】组合键反选长方体前后两个大面，在材质编辑器对话框，选择第3个材质球，单击【将材质指定给选定对象】按钮，将材质赋予对象，如图9.35所示。

图9.33 设置材质

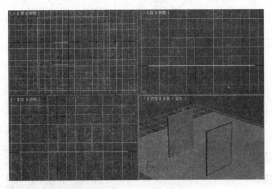

图9.34 赋予材质

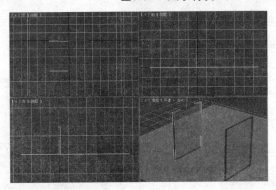

图9.35 赋予材质

步骤16 按【Shift+Q】组合键，快速渲染图像即可。

案例小结

　　本案例制作了一个磨砂玻璃的场景，该场景的模型已提供在素材库中，读者只需为模型制作材质即可。制作地板材质比较简单，只是要注意选择正确的贴图；制作磨砂玻璃材质使用的是【光线跟踪】材质，左右两个面通过设置【漫反射颜色】贴图通道的参数来制作，前后两个面通过添加【光线跟踪】材质，然后为【凹凸】贴图通道添加【噪波】贴图来制作。

9.2　配合渲染方式的高级材质

　　在3ds Max 2010中，有些高级材质使用标准渲染方式就可以达到很高的质量，例如，本课9.1节所介绍的几种高级材质；反之，有些高级材质则必须配合另外的渲染方式才能达到很高的质量。

9.2.1 知识讲解

必须配合新的渲染方式才能正确表现质感的高级材质有【高级照明覆盖】材质和【建筑】材质，而新的渲染方式是光能传递渲染。

1.【高级照明覆盖】材质

高级照明覆盖用于微调材质在高级照明中的效果，包括光跟踪和光能传递解决方案。通过【高级照明覆盖材质】卷展栏中的参数调节，可以对反射、颜色溢出等进行控制。虽然计算高级照明时并不需要光能传递覆盖设置，但使用它可以增强效果。

要使用【高级照明覆盖】材质，需要先加载，步骤如下。

步骤01 在材质编辑器中选择并编辑一个标准材质球。

步骤02 单击水平工具栏右下方的【Standard】按钮，在打开的【材质/贴图浏览器】对话框右侧的列表框中选择【高级照明覆盖】选项，然后单击【确定】按钮，在打开的【替换材质】对话框中选中【将旧材质保存为子材质】单选项，如图9.36所示，最后单击【确定】按钮。这时，系统会打开【高级照明覆盖】材质的卷展栏，如图9.37所示。

图9.36 【替换材质】对话框

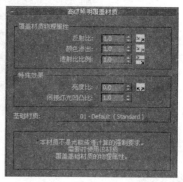

图9.37 【高级照明覆盖】材质的卷展栏

各参数简介如下。

- 【反射比】数值框：用来增加或减少材质反射的能量。当数值大于"1"时，对象表面受光后会产生大的反射，以增加周围环境的亮度；反之，则降低周围环境的亮度，如图9.38所示。

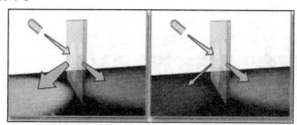

图9.38 反射比增加或减少反射光线的能量

- 【颜色溢出】数值框：用来增加或减少反射颜色的饱和度。当数值大于"1"时，对象表面受光后会产生大的颜色溢出；反之，则减少颜色溢出，如图9.39所示。

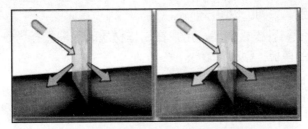

图9.39　颜色溢出增加或减少反射颜色的饱和度

- ➡ 【透射比比例】数值框：用来增加或减少材质透射的能量，该设置只对透明或半透明材质有效。当数值大于"1"时，能产生较大的透光性；反之，产生较小的透光性，如图9.40所示。

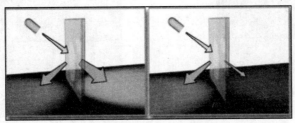

图9.40　透射比比例增加或减少时的效果

- ➡ 【亮度比】数值框：该参数大于"0"时，缩放基础材质的自发光组件。
- ➡ 【间接灯光凹凸比】数值框：在间接照明的区域中，用来缩放基础材质的【凹凸】贴图效果。当该值为"0"时，对间接照明不产生【凹凸】贴图；而增加间接灯光凹凸比可以增强间接照明下的凹凸效果。
- ➡ 【01–Default(Standard)】按钮：单击该按钮可以进入标准材质的卷展栏，以便再次编辑该材质。

2.【建筑】材质

【建筑】材质的设置是基于物理属性的，因此当与【光度学】灯光和光能传递一起使用时，它能够提供最逼真的效果，专门用于创建建筑场景中具有真实感的材质。

【建筑】材质的加载方法与【高级照明覆盖】材质一样，其卷展栏如图9.41和图9.42所示。

图9.41　【建筑】材质的卷展栏

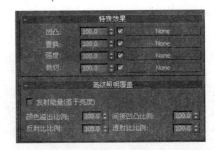

图9.42　【建筑】材质的卷展栏

📁 【模板】卷展栏

该卷展栏用来设置建筑的表现类别，在【用户定义】下拉列表框中列出了所有【建筑】材质的表现类别，如图9.43所示。

建筑材质提供了24种模板类型，用户在制作材质时只需根据场景中的模型具体要表现的效果选择相应的模板类型即可。

📁 【物理性质】卷展栏

该卷展栏用来显示或调整在【模板】卷展栏下设置的具体【建筑】材质的属性，如图9.44所示。

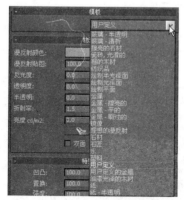

图9.43　【用户定义】下拉列表框

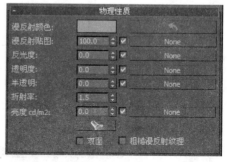

图9.44　【物理性质】卷展栏

➡ 【漫反射颜色】颜色色块：该颜色色块用于控制漫反射颜色。漫反射颜色即该材质在灯光直射时的表现颜色。

➡ ⬛⬛⬛⬛⬛↖按钮：用于将颜色设置为纹理平均值，单击此按钮可在当前漫反射贴图中改变漫反射颜色为颜色平均值。只有当为【漫反射颜色】、【反光度】、【透明度】、【半透明】、【折射率】或【亮度cd/m²】等参数指定贴图后，该按钮才有效。

➡ 【由灯光设置亮度】按钮 ⬛⬛⬛：用于设置当前材质与场景中某一灯光发光亮度一样的效果，单击该按钮，然后在场景中选择需要的灯光即可。

➡ 【双面】复选框：当选中此复选框时，将构建双面材质，即对选中曲面的两面都应用材质。

➡ 【粗糙漫反射纹理】复选框：当选中此复选框时，可以取消材质的照明及曝光控制设置，纹理材质将与原始图像或颜色相吻合。

📁 【特殊效果】卷展栏

创建新的建筑材质或编辑现有材质时，可使用【特殊效果】卷展栏中的设置来指定生成凹凸或位移的贴图，并调整光线强度或控制透明度，其参数控制区如图9.45所示。

➡ 【凹凸】/【置换】区：用来设置使材质表面不平滑的效果。

➡ 【强度】区：用来调节材质的亮度。

➡ 【裁切】区：用来调节材质的透明程度。它不是只让对象透明，而是有效地剪切材质。

📁 【高级照明覆盖】卷展栏

【高级照明覆盖】卷展栏用于在光能传递时设置材质的传递方案，其参数控制区如

图9.46所示。

图9.45　【特殊效果】卷展栏　　　　　　图9.46　【高级照明覆盖】卷展栏

因为【建筑】材质纳入了【高级照明覆盖】材质，所以【高级照明覆盖】卷展栏下的各参数与【高级照明覆盖】材质中的参数一样，这里就不再介绍了。

3. 认识光能传递

光能传递是一种渲染技术，它可以真实地模拟灯光在环境中相互作用的方式，比起3ds Max 2010系统默认的扫描线渲染方式，它有操作简单、布光容易等特点。如图9.47和图9.48所示分别显示了使用扫描线渲染和光能传递渲染表现同一场景的不同效果。

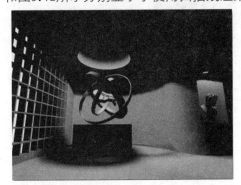

图9.47　扫描线渲染效果

图9.48　光能传递渲染效果

4. 利用光能传递表现材质

【高级照明覆盖】材质和【建筑】材质必须在光能传递渲染下才能淋漓尽致地表现出真实质感。

在进行光能传递渲染时，三维场景中的灯光在模型表面产生尽量接近于现实的反射效果，这称为漫反射，其工作示意图如图9.49所示。

另外，灯光在场景中传递时，会自动对模型表面进行细分处理，如将一个大面划分成若干个小面，每个面都会产生漫反射，这样得到的效果更加自然，如图9.50所示。

图9.49　灯光漫反射

图9.50　细分表面

有关光能传递的具体使用及调整方法将在下一小节以具体案例的方式进行介绍。

案例目标

　　本案例将为一个弧形椅场景制作高级材质，并使用光能传递渲染方式渲染场景。通过本案例的制作，将使读者对高级材质的制作有一个更深入的认识。制作出的弧形椅效果如图9.51所示。

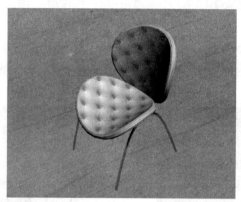

图9.51　弧形椅

　　素材位置：【\第9课\素材\弧形椅\】

　　效果图位置：【\第9课\源文件\弧形椅.max】

　　制作思路：

步骤01　地板、弧形椅座垫和靠垫可使用位图来表现其表面纹理，可用【建筑】材质或【高级照明覆盖】材质来制作；椅腿可制作成金属效果，用标准材质来制作即可。

步骤02　【建筑】材质或【高级照明覆盖】材质必须配合光能传递渲染方式才能更好地表现质感，所以在渲染时采用光能传递渲染方式。

操作步骤

　　本案例的制作过程可用两个步骤来完成：第一步，为场景中的模型制作材质；第二步，利用光能传递渲染场景。

1. 创建并调整材质

　　具体操作步骤如下。

步骤01　打开素材库中的"弧形椅.max"文件，打开后的场景如图9.52所示。

步骤02　打开材质编辑器，选择第1个材质球，展开【贴图】卷展栏，单击【漫反射颜色】贴图通道后的【None】按钮，从打开的【材质/贴图浏览器】对话框中双击【位图】选项，在打开的对话框中选择如图9.53所示的"地板.jpg"贴图文件。

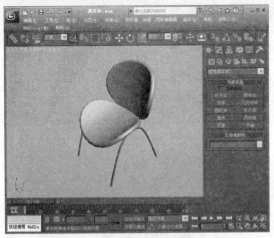

图9.52 弧形椅场景

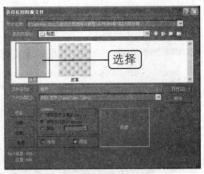

图9.53 选择地板贴图

步骤03 单击【打开】按钮，此时的【贴图】卷展栏如图9.54所示。然后为【反射】贴图通道指定【光线跟踪】贴图，并将【数量】数值框的值设置为"5"，以表现木板表面的镜面反射效果，如图9.55所示。

图9.54 为【漫反射颜色】贴图通道指定地板贴图

图9.55 设置【光线跟踪】贴图

步骤04 单击【转到父对象】按钮，然后单击【Standard】按钮，从打开的【材质/贴图浏览器】对话框中选择【高级照明覆盖】选项，如图9.56所示，然后单击【确定】按钮，设置参数如图9.57所示。

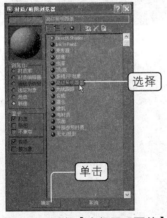

图9.56 选择【高级照明覆盖】材质

图9.57 设置参数

步骤05 将编辑好的第一个材质球上的材质指定给场景中的地板。

步骤06 在材质编辑器中选择第2个材质球，按照前面介绍的方法将其转换成【建筑】材质。

步骤07 在【模板】卷展栏下将模板类型设置为"纺织品"，然后在【物理性质】卷展栏下为【漫反射贴图】贴图通道指定如图9.58所示的"皮革.jpg"贴图文件，此时的卷展栏如图9.59所示。

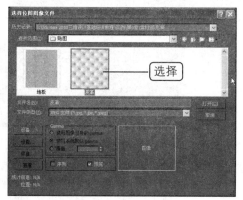

图9.58 皮革贴图

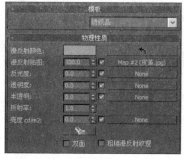

图9.59 参数控制区

步骤08 将编辑好的第2个材质球上的材质指定给场景中弧形椅的座垫和靠垫。

步骤09 在材质编辑器中选择第3个材质球，在【明暗器基本参数】卷展栏下将明暗器类型设置为【金属】选项，在【金属基本参数】卷展栏下将高光设置成如图9.60所示。

步骤10 展开【贴图】卷展栏，为【反射】贴图通道指定【光线跟踪】贴图，以表现椅腿表面的镜面反射效果，如图9.61所示。

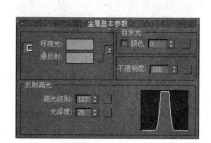

图9.60 设置金属基本参数

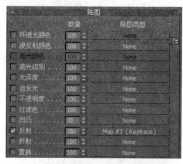

图9.61 设置镜面反射

步骤11 将编辑好的第3个材质球上的材质指定给场景中弧形椅的4个椅腿，指定材质后的场景如图9.62所示。

2. 光能传递正确表现材质

具体操作步骤如下。

步骤01 执行【渲染】→【渲染设置】命令，打开【渲染设置：默认扫描线渲染器】对话框，如图9.63所示。

步骤02 单击【高级照明】选项卡，在【选择高

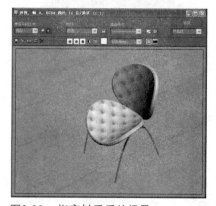

图9.62 指定材质后的场景

级照明】卷展栏的下拉列表框中选择【光能传递】选项，如图9.64所示。

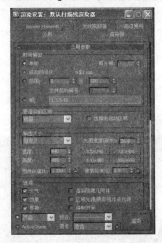

图9.63　渲染设置对话框　　　　　　　图9.64　设置渲染方式

步骤03　单击【光能传递处理参数】卷展栏下的【开始】按钮，此时系统开始处理场景，并在光能传递处理进度条上显示处理的进度，如图9.65所示。

步骤04　当系统处理完成后，在【交互工具】区域中将【间接灯光过滤】和【直接灯光过滤】数值框的值设置为"3"，如图9.66所示，然后单击【渲染】按钮。渲染后的最终效果如图9.51所示。

图9.65　处理进度条　　　　　　　　　图9.66　设置过滤

案例小结

　　本案例为一个弧形椅场景制作应用了高级材质，其中，为地板指定了【高级照明覆盖】材质，为弧形椅座垫和靠垫指定了【建筑】材质。由于【建筑】材质已集成了【高级照明覆盖】材质的所有参数控制，所以在以后的材质制作过程中，只需为模型指定【建筑】材质即可，而且还可以容易地设置模板类型。另外，为了配合高级材质，本案例采用的是光能传递渲染方式，较好地表现出对象的质感。

9.3 上机练习

9.3.1 为镜子制作材质

本次上机练习将为如图9.67所示的镜子制作材质，应用制作的材质后，渲染效果如图9.68所示。

图9.67 制作材质前的镜子

图9.68 制作材质后的镜子

效果图位置：【\第9课\源文件\镜子.max】

制作思路：

步骤01 茶壶可用标准材质来表现，即只需为【漫反射颜色】贴图通道指定一张带纹理的位图贴图即可。

步骤02 镜子主体模型由多边形编辑而来，并设置ID号，然后为镜子正面指定"平面镜"贴图文件，并使用【多维/子对象】材质确认材质ID号。

9.3.2 制作镀金金属材质

本次上机练习将为如图9.69所示的场景制作材质，以便使应用制作的材质后，渲染效果如图9.70所示，主要目的是练习使用高级材质制作镀金金属效果。

图9.69 制作材质前的场景

图9.70 制作材质后的场景

素材位置：【\第9课\素材\镀金材质\】

效果图位置：【\第9课\源文件\镀金材质.max】

制作思路：

步骤01 首先将明暗器类型设置为"金属"。然后设置环境光、漫反射的颜色和高光级别及光泽度的值。

步骤02 为【反射】贴图通道添加【混合】贴图，一个材质通道采用【位图】贴图，另一个材质通道采用【光线跟踪】贴图，并添加【衰减】贴图。

9.4 疑难解答

问： 在材质的调制方面，哪些材质会用到【光线跟踪】贴图？

答： 【光线跟踪】贴图使用得非常频繁，例如，玻璃、金属等材质就可能用到【光线跟踪】贴图，因为它能够模拟真实的反射效果。

问： 在制作效果图的过程中，如何管理材质？

答： 通常，制作效果图都需要建立一个材质库，可以把需要的材质放到库中，以方便下一次的调用，在材质编辑器中单击【放入库】按钮，然后在打开的对话框中为材质命名即可。

问： 【高光级别】和【光泽度】参数有什么区别吗？

答： 【高光级别】参数控制高光区的亮度，它可以使高光从最亮逐渐变暗直到没有，它并不影响高光的范围；而【光泽度】参数可以控制高光的范围，并不影响高光的亮度。

问： 通过哪些方法可以为对象分配材质？

答： 当材质编辑好之后，就要将其分配到对象上，这时可以通过3种方法来分配材质：激活要赋予的材质后，单击水平工具栏上的【将材质指定给选定对象】按钮；选择对话框菜单栏上的【材质】菜单项，在其下拉菜单中选择【指定给当前选择】命令；用鼠标直接把材质从材质球拖曳到相应的对象上也可完成材质的分配。

9.5 课后练习

选择题

1 3ds Max 2010提供了15种高级材质，但常用的是（　　　）。

　　A.【无光/投影】材质　　　　　　　　B.【混合】材质

　　C.【多维/子对象】材质　　　　　　　D.【光线跟踪】材质

2 在应用【混合】材质时，可以用哪些方式来控制材质的混合？（　　　）

　　A. 遮罩　　　　　　　　　　　　　　B. 数值

C. 贴图   D. 材质

3 编辑金属材质需要设置（　　　）明暗器类型。

A. Blinn   B. 金属

C. Phong   D. 各项异性

问答题

1 简述转换材质类型的方法。

2 如果要在一个模型表面指定不同的贴图显示，应使用什么材质？如何操作？

3 【高级照明覆盖】材质能直接调节材质中的哪些属性？

上机题

1 为如图9.71所示的墙体广告制作材质。

素材位置：【\第9课\素材\墙体广告\】

效果图位置：【\第9课\源文件\墙体广
告.max】

图9.71　墙体广告

> 该场景模型已在素材库中提供，读者只需为场景中的模型制作材质即可。
>
> 墙体可使用【混合】材质，一个材质通道采用"砖墙"位图文件，另一个材质通道采用"彩色文字"贴图文件，【遮罩】通道采用"黑白文字"贴图文件。

2 为如图9.72所示的别墅场景内的模型制作材质。

素材位置：【\第9课\素材\别墅\】

效果图位置：【\第9课\源文件\别墅.max】

图9.72　别墅效果

> 该场景模型已在素材库中提供，读者只需为场景内的模型制作材质即可。
>
> 地板可使用【光线跟踪】材质，其他模型都可使用【建筑】材质。【建筑】材质必须配合光能传递渲染方式才能更好地表现质感，所以在渲染时采用光能传递渲染方式。

第10课

环境和效果

▼ 本课要点
基础环境的设置与应用
大气效果的设置与应用

▼ 具体要求
认识环境的重要性

掌握运用颜色控制环境

掌握运用贴图控制环境

掌握为环境添加【火效果】效果

掌握为环境添加【雾】效果

掌握为环境添加【体积雾】效果

掌握为环境添加【体积光】效果

▼ 本课导读
本课将重点介绍如何为已创建的三维场景制作
环境，包括基本环境的设置和大气效果的设
置。环境是场景设计中必不可少的一个部分，
应该引起读者的重视。

10.1 基础环境的创建

在3ds Max 2010中要实现最终的整体视觉效果，环境设置是非常重要的。使用环境设置可以为场景设定背景影像，在场景中增加雾化、光柱等特殊效果。其中设置值的调整需要通过渲染来确定，大都需要耗费大量的渲染时间。

10.1.1 知识讲解

基础环境的设置很简单，但只有认清楚它、深入了解它，才能灵活运用。

1. 为模型添加环境

在创建三维场景时，用户很多时候先将重点放在建筑物的创建上，在渲染阶段再为建筑物制作出相应的环境，以使建筑物有生存的空间，并展示建筑物的灵性。图10.1显示的是没有制作环境的渲染效果，图10.2显示的是制作天空和地面环境后的渲染效果。

图10.1 没有制作环境的建筑

图10.2 制作环境后的建筑

环境的制作可以通过环境设置来完成，也可以通过后期处理来完成，关于后期处理制作环境的内容将在后面的章节中进行介绍。

2. 用颜色控制环境

在渲染三维场景时，渲染后的背景呈黑色，因为3ds Max 2010默认的环境背景色为黑色。执行【渲染】→【环境】命令，打开【环境和效果】对话框，在【背景】区域中可以设置背景颜色，如图10.3所示。

如果要改变背景颜色，只需单击该区域中的颜色色块，在打开的【颜色选择器：背景色】对话框中设置其他颜色即可，如图10.4所示。

将如图10.1所示的三维场景的环境色分别设置为"浅黄色"和"蓝色"后进行

图10.3 【环境和效果】对话框

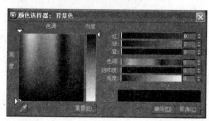

图10.4 设置背景颜色

渲染，渲染后的效果分别如图10.5和图10.6所示。

图10.5 环境色为"浅黄色"

图10.6 环境色为"蓝色"

3. 用贴图控制环境

如果要选择一幅背景图像作为环境贴图，需要在【环境与效果】对话框的【背景】区域中选中【使用贴图】复选框，然后单击【无】长按钮，如图10.7所示。

在打开的【材质/贴图浏览器】对话框中双击右侧的【位图】选项，在接着打开的对话框中选择要作为环境贴图的图像文件。选择好图像后，返回到【环境和效果】对话框，可以看到选择的图像文件的名称已经显示在对话框中的长按钮上。单击【渲染预览】按钮即可在对话框中看到渲染的预览效果，如图10.8所示。

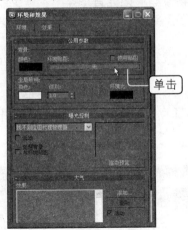

图10.7 贴图参数控制区

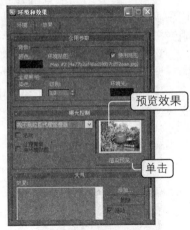

图10.8 指定贴图后的参数控制区

为如图10.1所示的三维场景的环境分别指定两种不同的天空贴图，渲染后的效果分别如图10.9和图10.10所示。

图10.9 添加夜景天空效果

图10.10 添加黄昏天空效果

4. 用染色控制环境

所谓染色，就是指为对象表面镀上一层颜色，系统默认染色为"白色"，其参数如图10.11所示。如果要为场景镀上一层金黄色，只需单击【染色】颜色色块，然后在打开的对话框中调整颜色为"黄色"即可，效果如图10.12所示。

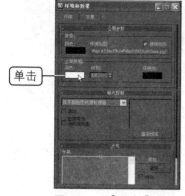

图10.11　【染色】参数　　　　　图10.12　添加黄色染色后的效果

染色有强弱之分，染色级别默认为"1"，大于该值将加强染色，否则将降低染色。

5. 用环境光控制环境

在一个具有阳光照射的建筑场景中，有的建筑物没有被阳光直接照射，但仍能被我们看见，那是因为阳光照在其他建筑物上后产生的漫反射对它施加了照明效果，这种照明光被称为环境光。

环境光不但能照射场景中的暗部，还能模拟一种气氛。例如，为一个场景制作蓝色的环境光，就增加了场景中的冷色调。

【环境光】参数位于【染色】参数右侧，如图10.13所示，系统默认为"黑色"。要改变环境光颜色，只需改变【环境光】颜色色块的颜色即可，添加红色环境光后的效果如图10.14所示。

图10.13　【环境光】参数　　　　　图10.14　添加红色环境光后的效果

10.1.2　典型案例——制作路灯

案例目标

本次上机练习将为如图10.15所示的路灯场景添加一个环境贴图，使渲染后的最终效果如图10.16所示。

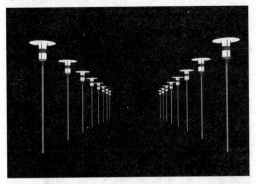

图10.15　没有环境的路灯

图10.16　添加环境后的路灯

素材位置：【\第10课\素材\路灯\】

效果图位置：【\第10课\源文件\路灯.max】

制作思路：

步骤01　路灯场景应具有公路的环境，不能单纯地用颜色来控制，应为其添加一个贴图。

步骤02　不能随便选择一个环境贴图来添加，必须根据场景要表达的主题思想来选择贴图。

操作步骤

具体操作步骤如下。

步骤01　打开素材库中的"路灯.max"文件，打开后的场景如图10.17所示。

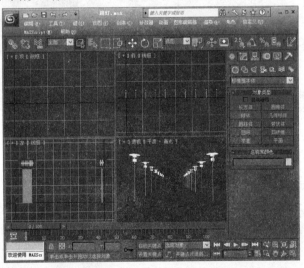

图10.17　路灯场景

步骤02　按【8】键打开【环境和效果】对话框，选中【使用贴图】复选框。

步骤03　单击【无】按钮，在打开的【材质/贴图浏览器】对话框中双击【位图】选项，
　　　　　如图10.18所示。

步骤04　在打开的【选择位图图像文件】对话框中，选择如图10.19所示的位图文件。

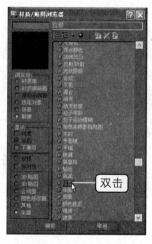

图10.18 双击【位图】选项

图10.19 选择位图文件

步骤05 单击【打开】按钮，此时的【环境和效果】对话框如图10.20所示。

步骤06 按【Shift+Q】组合键快速渲染场景，最终效果如图10.16所示。

案例小结

本案例通过为一个路灯创建制作环境贴图来表现公路上路灯的效果，从中可以看出环境的重要性。另外需要注意的是，应该根据具体的环境来选择合适的贴图。

图10.20 指定环境贴图

10.2 大气效果

在3ds Max 2010中，用大气效果来控制三维场景的环境，是一种比较高级的环境控制，它可以使环境更具有立体感和层次感。

10.2.1 知识讲解

大气效果包括【火效果】、【雾】、【体积雾】和【体积光】等效果。这些效果在场景中是看不到的，只有渲染后才能看到。

大气效果控制位于【环境和效果】对话框的【大气】卷展栏中，在使用前应先为场景加载相应的大气，其具体操作步骤如下。

步骤01 按【8】键打开【环境和效果】对话框，展开【大气】卷展栏，如图10.21所示。

步骤02 单击【添加】按钮，在打开的【添加大气效果】对话框的列表框中选择一种大气效果，然后单击【确定】按钮，如图10.22所示。

图10.21　【大气】卷展栏

图10.22　【添加大气效果】对话框

1. 利用【火效果】效果控制环境

使用【火效果】大气效果可以创建动态的火焰、烟雾、爆炸或水雾效果，模拟真实世界中的营火、火炬、火球、烟云和星云的效果。可以在场景中创建任意多个火效果，火效果在列表中的排序十分重要，列表底部的火效果会遮挡其上的火效果。火效果需要通过【Gizmo】（线框）对象来确定形态。在使用火效果时，应注意以下问题。

◉　火效果不能作为场景中的光源，要模拟燃烧产生的光效，还必须配合灯光的使用。

◉　火效果只能在透视视图和摄影机视图中渲染，而在正交视图或用户视图中是不能被渲染的，所以在渲染之前要确保选中透视视图或摄影机视图。

◉　默认情况下火效果不产生投影，在灯光的【阴影参数】卷展栏中选中【启用】复选框后，才可进行投影。

 火效果不会照亮场景，如果要模拟火焰照亮场景的效果，可以在火效果的中心部位创建一个【灯光】对象。

如果要将火效果加入到场景中，可单击【添加】按钮，并在【添加大气效果】对话框中选择【火效果】选项，单击【确定】按钮，这时在【环境和效果】对话框中即可看到当前火效果的卷展栏，如图10.23所示。

2. 利用【雾】效果控制环境

【雾】效果可以模拟雾、烟和蒸气的效果，分为【标准】和【分层】两种类型。通常标准雾可以依据对象与摄像机之间的相对距离逐渐遮盖淡化对象，用于增加场景中空气的不透明度，产生雾茫茫的大气效果；而层雾依据地平面的相对高度逐渐遮

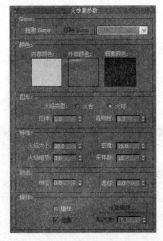

图10.23　【火效果参数】卷展栏

盖淡化对象，常用于表现舞台、仙镜等特殊效果。

当为场景添加【雾】效果后，即可在对话框中看到它的【雾参数】卷展栏，如图10.24所示。

3. 利用体积雾控制环境

【体积雾】效果可以创建三维空间中的密度不均匀的雾团效果，常用于模拟呼出的热气、云团和被风吹得支离破碎的云雾效果。体积雾有两种使用方法，一种是直接作用于整个场景，要求场景中必须有对象存在；另一种是作用于大气装置【线框】对象，在【线框】对象限制的区域内产生云雾效果，通常这是一种更容易控制的方法。

体积雾的卷展栏如图10.25所示。

图10.24　【雾参数】卷展栏

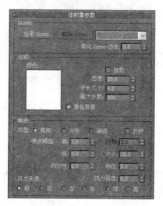

图10.25　【体积雾参数】卷展栏

10.2.2　典型案例——制作山中云雾

案例目标

本案例将利用体积雾制作一个山中云雾的效果，制作后的效果如图10.26所示。

素材位置：【\第10课\素材\山中云雾\】

效果图位置：【\第10课\源文件\山中云雾.max】

制作思路：

步骤01　首先为场景创建背景环境，并创建【目标】摄影机。

步骤02　要体现山中云雾的效果，可利用3ds Max 2010提供的【体积雾】大气效果来实现，并创建球形大气装置控制雾效果的范围。

图10.26　山中云雾效果

具体操作步骤如下。

步骤01 重置场景，执行【渲染】→【环境】命令，打开【环境和效果】对话框。

步骤02 在【公用参数】卷展栏的【背景】区域中单击【无】长按钮，打开【材质/贴图浏览器】对话框。

步骤03 选择【位图】选项，然后单击【确定】按钮，在随即出现的对话框中选择一张山峰图片作为背景贴图。

步骤04 激活透视视图，执行【视图】→【视口背景】→【视口背景】命令，打开【视口背景】对话框，如图10.27所示。

步骤05 选中【使用环境背景】和【显示背景】复选框，此时的透视视图效果如图10.28所示。

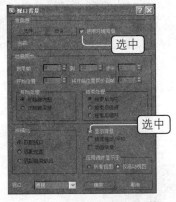

图10.27 【视口背景】对话框

图10.28 添加背景后的透视视图

步骤06 在【创建】命令面板中，单击【摄影机】按钮，然后在打开的面板中单击【目标】按钮，在透视视图中创建一个【目标】摄影机。

步骤07 选择新创建的摄影机，打开【修改】命令面板，在【参数】卷展栏中设置镜头值为"21.452"，视野值为"80"，在【环境范围】区域中选中【显示】复选框，设置它的近距范围和远距范围分别为"100"和"250"，如图10.29所示。

图10.29 创建摄影机

步骤08 按【8】键打开【环境和效果】对话框，单击【添加】按钮，从打开的对话框中选择【体积雾】选项，然后单击【确定】按钮。

步骤09 在【体积雾参数】卷展栏中，选中【指数】复选框，在【噪波】区域中选中【分形】单选项，然后按照如图10.30所示的参数进行设置。

步骤10 执行【渲染】→【渲染】命令，渲染效果视图，如图10.31所示。

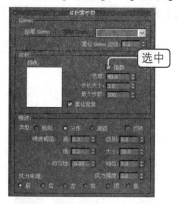

图10.30　设置参数　　　　　　　　　　图10.31　渲染效果

步骤11 在【创建】命令面板中单击【辅助对象】按钮，在打开面板的下拉列表框中选择【大气装置】选项，然后在下面单击【球体Gizmo】按钮。

步骤12 在【球体Gizmo参数】卷展栏中选中【半球】复选框，在透视视图中创建一个【半球】辅助对象，然后设置半径值为"150"，如图10.32所示。

图10.32　创建球体线框

 使用【球体Gizmo】辅助对象可以使体积雾限制在半球线框中，而此范围之外的区域不受该雾效果的影响。

步骤13 在【环境和效果】对话框中的【体积雾参数】卷展栏中，在【Gizmo】区域中单击【拾取 Gizmo】按钮，然后在视图中选择半球线框。

步骤14 执行【渲染】→【渲染】命令，渲染效果视图，如图10.26所示。

本案例利用体积雾模拟了山中云雾的效果。先为场景添加环境和贴图，然后创建【目标】摄影机，接着添加【体积雾】效果来模拟山中云雾，最后创建辅助对象控制云雾的范围。在创建摄影机时，注意设置镜头、视野及近距范围、远距范围，这将决定体积雾的长短，也将决定场景效果图的好坏，应根据现实环境做到恰到好处。

10.3 上机练习

10.3.1 制作大厅效果

本次上机练习将制作如图10.33所示的大厅效果，目的是练习为场景制作环境贴图，并指定【光线跟踪】贴图。

素材位置：【\第10课\素材\大厅\】

效果图位置：【\第10课\源文件\大厅.max】

制作思路：

步骤01 该场景模型已提供在素材库中，在制作材质时只需为椅子创建一个标准材质即可。为材质的【反射】贴图通道指定【光线跟踪】贴图。

图10.33 大厅效果

步骤02 大厅的真实与否跟环境有很大的关系，因此选择环境贴图时应注意图像表现的环境和氛围。

10.3.2 制作层雾效果

本次上机练习将制作如图10.34所示的层雾效果，目的是练习为场景制作大气效果。

效果图位置：【\第10课\源文件\层雾效果.max】

制作思路：

步骤01 首先制作模型，并创建摄影机，设置好摄影机的各参数。

步骤02 为场景添加【雾】效果，并在【雾参数】卷展栏中选中【分层】单选项，设置各参数，以创建层雾效果。

图10.34 层雾效果

10.4 疑难解答

问： 我在一个平面上创建了一个金属球，并为平面和金属球指定了正确的材质，为什么渲染后的金属球上始终有黑色区域出现？

答： 在3ds Max 2010中，场景的环境默认为"黑色"，由于金属材质具有强烈的反射性，所以它会将黑色环境映像到金属球上，可更改环境色或为环境指定一个环境贴图。

问： 在3ds Max 2010中，哪些格式的文件可以作为背景图像的环境贴图？

答： 背景图像除了可以使用图像文件外，也可以使用动画，在此支持的格式有.avi，.flc和.ifc。

问： 在添加大气效果时，我先应用了【火效果】效果，又应用了【体积雾】效果，那这两种效果是按照怎样的次序得到应用的呢？

答： 效果按照所列的先后次序得到应用，因此列表底部所列的效果将叠加在所有其他效果之上，即最后应用的效果将显示在此列表框的最下方。用户可以使用右侧的【上移】和【下移】按钮，来改变效果在列表中出现的位置。

10.5 课后练习

选择题

1 在3ds Max 2010中，可使用什么方法来达到改变环境的目的？（　　　）
    A. 颜色   B. 贴图
    C. 染色   D. 环境光

2 3ds Max 2010提供了哪几种大气效果？（　　　）
    A. 火效果   B. 体积雾
    C. 体积光   D. 雾

问答题

1 简述环境的作用。

2 简述【雾】和【体积雾】效果之间的区别。

上机题

1 制作如图10.35所示的阳光卧室效果。

    素材位置：【\第10课\素材\阳光卧室\】

图10.35　阳光卧室效果

效果图位置：【\第10课\源文件\阳光卧室.max】

- ➡ 卧室模型已提供在素材库中，模型已被赋予了材质，场景也已进行了初步的布光处理，这里只需为场景制作阳光效果即可。
- ➡ 要体现阳光射进室内后产生的雾状效果，可利用3ds Max 2010提供的【体积光】效果来实现，而发光源可用目标聚光灯或目标平行光来模拟。

2 制作如图10.36所示的别墅效果。

图10.36　别墅

素材位置：【\第10课\素材\别墅\】

效果图位置：【\第10课\源文件\别墅.max】

制作该场景，首先为背景添加环境贴图，然后创建摄影机，最后添加雾效果，创建层雾效果。

第11课

为三维场景布置灯光

▼ **本课要点**

灯光基础知识

灯光的创建与编辑

场景布光

▼ **具体要求**

认识灯光

掌握三点布光法和灯光阵列法

掌握【标准】和【光度学】灯光的创建

掌握灯光的强度控制

▼ **本课导读**

本课将重点介绍灯光在三维场景中的重要作用，包括灯光的创建、灯光的强度控制、灯光的投影控制、三点布光法和灯光阵列法等内容。通过本课的学习，读者能掌握灯光的创建和调整等知识。

11.1 【标准】灯光的创建与调整

灯光是表现造型的又一个有力工具，要在三维设计中制作出好的三维场景，除了场景模型建得精细、材质做得逼真之外，还必须为场景制作出仿现实的光照效果。

在效果图的制作过程中，将材质和灯光这两者恰当地结合起来，可以更加充分地表现造型、烘托场景气氛、体现造型的立体感和层次感。

使用灯光可以为场景产生真实世界的视觉感受，合适的灯光设置可以为场景增添重要信息和情感。在3ds Max 2010中包括两大类灯光，它们分别是【标准】灯光和【光度学】灯光，它们都位于【创建】命令面板中的【灯光】子面板里，分别如图11.1和图11.2所示。

图11.1　【标准】灯光的命令面板

图11.2　【光度学】灯光的命令面板

11.1.1　知识讲解

灯光是室内设计中不可或缺的重要因素，它通常用来烘托气氛和表现效果图的层次感，可以说灯光是三维设计的灵魂，如何为场景布光是设计者们必须思考的问题。好的灯光设置可以充分烘托场景气氛、突出场景特色、增强场景的整体效果。

在3ds Max 2010室内效果图设计中常用的布光方法有以下两种。

1. 布光方法

📁　三点布光法

三点布光法又称为三角形照明法，就是利用3个光源对场景进行照明，这3个光源分别被称为主光源、辅助光源和背光源。

主光源

主光源是场景中强度最强的光源，一般位于对象前下方右侧，照亮大部分场景并投射阴影。

辅助光源

辅助光源位于主光源的两侧，用来照亮对象的侧面，辅助光源常用泛光灯来表现，其亮度应暗于主光源。

背光源

背光源通常位于对象背部上方，目的是使对象从背景中脱离出来，其亮度略弱于主光源和辅助光源，它可以使场景中的对象更具立体感。

当场景很大，用简单的三点布光法不能对场景中的所有对象进行全面而有效的照明时，可以将场景中的对象分成若干区域分别照明，对于区域中的具体对象仍旧采用三点布光法照明。

📁 灯光阵列法

灯光阵列法是近年来效果图制作中很流行的一种布光法，其目的就是在3ds Max 2010中模拟仿现实的全局照明，当改变场景的观察角度，场景中的灯光依然能够正确表现该角度上的场景效果。

灯光阵列的原理就是根据场景空间范围的大小，使用不同数量的泛光灯来模拟环境光和对象反弹光，泛光灯之间的距离一般保持等距，且都会开启阴影设置。灯光阵列法在渲染时较三点布光法花费得时间更长，但渲染效果会大幅提高。

2. 创建【标准】灯光

从图11.1所示的【标准】灯光的命令面板中可以看出，在3ds Max 2010中可以创建8种【标准】灯光，分别是【目标聚光灯】、【自由聚光灯】、【目标平行光】、【自由平行光】、【泛光灯】、【天光】、【mr区域泛光灯】和【mr区域聚光灯】类型。

📁 创建目标聚光灯

目标聚光灯像闪光灯一样投射聚焦的光束，其投射点可随目标点的移动而移动，就像在目标聚光灯和目标点之间系了一条绳，目标点到哪里，聚光灯就照到哪里，如图11.3所示。单击【目标聚光灯】按钮，然后在视图中单击并拖曳鼠标，即可完成目标聚光灯的创建。

📁 创建自由聚光灯

自由聚光灯的功能和目标聚光灯一样，只是视线没有定位在目标点上，而是沿一个固定的方向移动或旋转，如图11.4所示。单击【自由聚光灯】按钮，然后在视图中单击鼠标，即可完成自由聚光灯的创建。

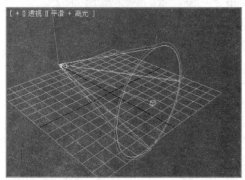

图11.3　目标聚光灯

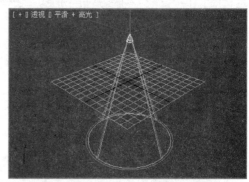

图11.4　自由聚光灯

📁 创建目标平行光

目标平行光用来投射类似于圆柱状的光柱。与目标聚光灯一样，它也由两部分组成，即平行灯和目标点，其中，目标点用来限定灯光的投射方向，如图11.5所示。目标平行光的创建方法与目标聚光灯一样。

📁 创建自由平行光

自由平行光就是没有目标点的目标平行光，如图11.6所示，其创建方法与自由聚光灯的一样。

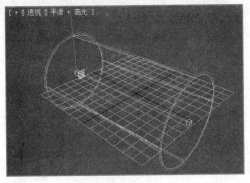

图11.5　目标平行光

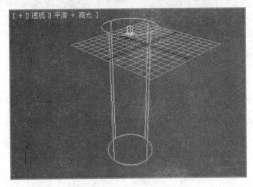

图11.6　自由平行光

　创建泛光灯

泛光灯是使用频率最高的一种【标准】灯光，常用来模拟玻璃高光、金属高光、区域照明和灯槽光晕等。它从单个光源向各个方向投射光线，可以将其看成类似于太阳的点光源，其照射范围为无限远。单击【泛光灯】按钮，然后在视图中单击鼠标，即可完成泛光灯的创建。

3. 灯光的强度与颜色

灯光最基本的两个属性是照射强度和发光颜色，照射强度用来控制被照射范围的明暗度，发光颜色用来控制被照射范围的色调与气氛。

若要调整灯光的强度，必须先选择要调整的灯光，然后在展开的【强度/颜色/衰减】卷展栏下的【倍增】数值框中变换数值，以达到改变灯光强度的目的，如图11.7所示。

图11.8显示的是一个花瓶场景，并且在场景中创建了一盏泛光灯，图11.9和图11.10中分别显示了灯光的倍增值为"0.6"和"1.2"时的照射效果。

> **说明**　不仅是泛光灯，所有【标准】灯光的强度都是通过调整倍增值来实现的，值越大，灯光的强度就越强，场景就被照得越亮；反之，场景则被降低照明度。

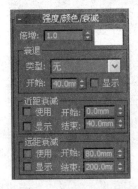

图11.7　【强度/颜色/衰减】卷展栏

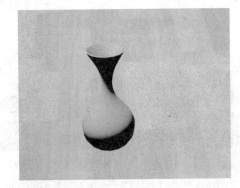

图11.8　花瓶场景

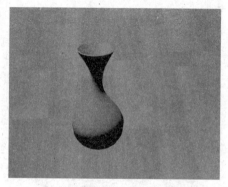

图11.9　倍增值为 "0.6"

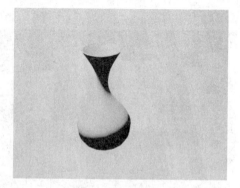

图11.10　倍增值为 "1.2"

【倍增】数值框右侧有个颜色色块，如图11.11所示，系统默认为 "白色" ，表示当前灯光的发光色为白色；如果要改变发光色，只需单击该颜色色块，在打开的【颜色选择器：灯光颜色】对话框中设置一种颜色即可，如图11.12所示。

图11.11　灯光颜色色块

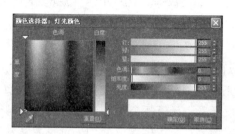

图11.12　颜色选择器对话框

4. 灯光的照射范围控制

在3ds Max 2010中，用户可以控制灯光有选择地对场景中的模型进行照明，这个参数位于【常规参数】卷展栏中，如图11.13所示。单击【排除】按钮，可在打开的【排除/包含】对话框中设置参数，如图11.14所示。

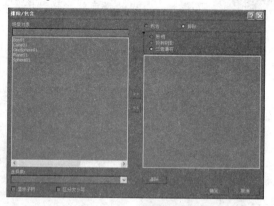

图11.13　【常规参数】卷展栏

图11.14　【排除/包含】对话框

【排除/包括】对话框左侧的列表框中列出了当前灯光要照明的对象，如果要排除对某个对象的照明，那么可先在该列表框中选择该对象，如图11.15所示，然后单击 >> 按钮。这时，选择的对象就会出现在右侧的列表框中，表示已被排除在当前灯光的照射范围之外，如图11.16所示。

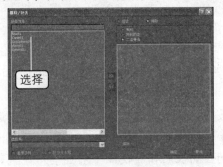

图11.15　选择要排除对象

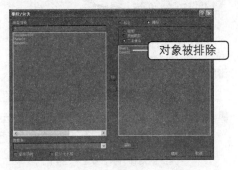

图11.16　被排除的对象

　　如果要取消当前灯光对某对象的照明排除，那么可先在右侧列表框中选择该对象，然后单击 << 按钮。

　　当选中对话框右上侧的【包含】单选项时，灯光只对右侧列表框中的对象有效。

11.1.2　典型案例——为单元楼创建照明系统

案例目标

　　本案例将对如图11.17所示的单元楼场景进行布光，再将渲染后的单元楼放置在一个如图11.18所示的现成后期环境中。通过本案例的制作，将使读者掌握【标准】灯光的创建、调整方法，以及布光方法的具体应用。

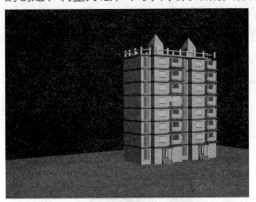

图11.17　无光单元楼场景

图11.18　布光渲染及添加环境后的单元楼

　　素材位置：【\第11课\素材\单元楼\】

　　效果图位置：【\第11课\源文件\单元楼.max】

　　制作思路：

步骤01　先创建一盏目标聚光灯来模拟场景的主光源。注意，主光源应开启投影设置，为了使投影清晰明确，可使用光线跟踪阴影来表现。

步骤02　创建目标平行光作为辅助光源，模拟太阳光。注意，辅助光源的强度不能强于主光源。

具体操作步骤如下。

步骤01 打开素材库中的"单元楼.max"文件，打开后的场景如图11.19所示。该场景已创建了摄影机来表现单元楼角度。

步骤02 打开【创建】命令面板，单击【灯光】按钮，在打开面板中的下拉列表框中选择【标准】选项，在打开的面板中单击【目标聚光灯】按钮，在顶视图中单击并拖曳鼠标创建一盏目标聚光灯，并分别在前视图和左视图中对当前灯光位置进行调整，如图11.20所示。

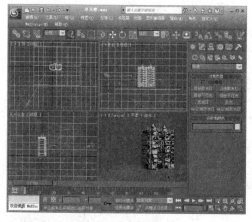

图11.19 打开后的单元楼场景   图11.20 创建目标聚光灯

步骤03 打开【修改】命令面板，在【强度/颜色/衰减】卷展栏中设置倍增值为"0.18"，并将后面的颜色色块设置为淡黄色，即"R:235，G:250，B:200"，如图11.21所示。最后在【阴影贴图参数】卷展栏中设置大小值为"1000"，采样范围值为"9"，如图11.22所示。

图11.21 设置灯光参数   图11.22 设置参数

步骤04 选择目标聚光灯的投射点，在顶视图中使用移动复制的方法沿X轴复制一个目标聚光灯，如图11.23所示。

步骤05 在顶视图中选中两盏目标聚光灯，执行【工具】→【阵列】命令，打开【阵列】对话框，参数设置如图11.24所示。

步骤06 单击【确定】按钮，对灯光进行阵列后的效果如图11.25所示。

步骤07 激活透视视图，按【C】键切换到摄影机视图。

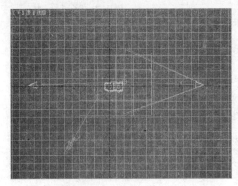

图11.23 复制目标聚光灯

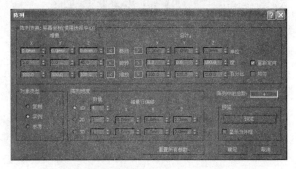

图11.24 设置阵列参数

步骤08 打开【创建】命令面板，单击【灯光】按钮，在其中的下拉列表框中选择【标准】选项，在打开的面板中单击【目标聚光灯】按钮，在顶视图中单击并拖曳鼠标创建一盏目标聚光灯，并分别在前视图和左视图中对当前灯光位置进行调整，如图11.26所示。

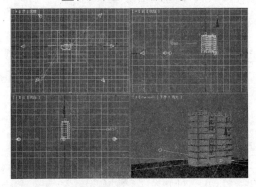

图11.25 阵列后的效果

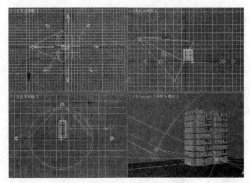

图11.26 创建目标聚光灯

步骤09 打开【修改】命令面板，在【强度/颜色/衰减】卷展栏中设置倍增值为"0.15"，并将后面的颜色色块设置为"淡蓝色"，即"R:220，G:235，B:245"，如图11.27所示。最后在【阴影贴图参数】卷展栏中设置大小值为"1000"，采样范围值为"9"，如图11.28所示。

图11.27 设置灯光参数

图11.28 设置参数

步骤10 按照步骤8和步骤9的方法对新创建的目标聚光灯进行阵列复制，效果如图11.29所示。

步骤11 按照上一步操作，再创建一盏目标聚光灯，其位置如图11.30所示。

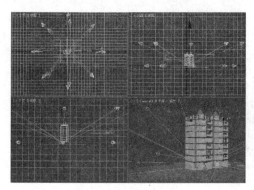
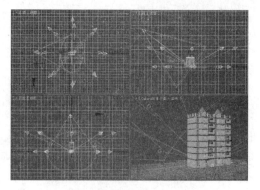

图11.29　复制目标聚光灯　　　　　　　　　图11.30　创建目标聚光灯

步骤12 打开【修改】命令面板，在【强度/颜色/衰减】卷展栏中设置倍增值为 "0.1"，并将后面的颜色色块仍然设置为"淡蓝色"，即"R:220，G:235，B:245"，如图11.31所示。最后在【阴影贴图参数】卷展栏中设置大小值为 "1000"，采样范围值为"10"，如图11.32所示。

图11.31　设置灯光参数　　　　　　　　　　　图11.32　设置参数

步骤13 按照步骤8和步骤9的方法对新创建的目标聚光灯进行阵列复制，效果如图 11.33所示。

步骤14 打开【创建】命令面板，单击【灯光】按钮，在其中的下拉列表框中选择【标准】选项，在打开的面板中单击【目标平行光】按钮，在顶视图中单击并拖曳鼠标创建一盏目标平行光，模拟太阳光，并分别在前视图和左视图中对当前灯光位置进行调整，如图11.34所示。

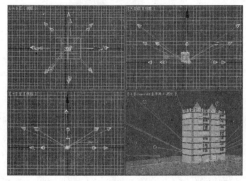
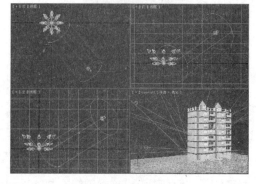

图11.33　旋转复制目标聚光灯　　　　　　　　图11.34　创建目标平行光

步骤15 打开【修改】命令面板，在【平行光参数】卷展栏中设置聚光区/光束值为

"200000"，如图11.35所示。在【阴影参数】卷展栏和【高级效果】卷展栏中的参数设置如图11.36所示。

图11.35　设置参数　　　　　　　　　图11.36　设置参数

步骤16　激活摄像机视图，执行【渲染】→【渲染】命令，观察渲染效果，如图11.37所示。

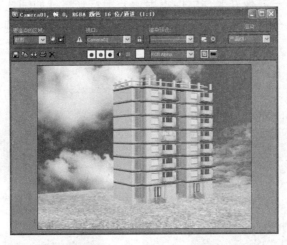

图11.37　渲染效果

步骤17　在Photoshop中给渲染后的单元楼添加后期环境，最终效果如图11.18所示。

案例小结

　　本案例为一个单元楼场景进行了布光，首先创建目标聚光灯作为主光源，调整其参数并进行阵列复制；然后创建按目标平行光作为场景的辅助光源，注意它的位置摆放即可。

11.2　【光度学】灯光的创建与调整

　　前面介绍了【标准】灯光的创建、调整及布光方法，下面将重点介绍【光度学】灯光的有关知识点。

11.2.1　知识讲解

与【标准】灯光一样，【光度学】灯光也是一种为场景提供照明的方法，只是它在灯光的分布方面有其独特的一面。

1. 认识【光度学】灯光

【光度学】灯光使用光度学（光能）值，通过这些值可以更精确地定义灯光。用户可以创建具有各种分布和颜色特性的灯光或导入照明制造商提供的特定光度学文件。

【光度学】灯光按【统一球形】、【统一漫反射】、【聚光灯】和【光度学Web】4种方式进行灯光分布。创建了【光度学】灯光后，在命令面板的【常规参数】卷展栏的【灯光分布（类型）】区域中，单击下拉列表框右侧的下拉按钮即可看到这4种分布方式，如图11.38所示，这是与【标准】灯光最明显的不同点。

图11.38　灯光分布

📁 【统一漫反射】灯光分布

【统一漫反射】分布仅在半球体中发射漫反射灯光，就如同从某个表面发射灯光一样。【统一漫反射】分布遵循【Lambert】余弦定理：从各个角度观看灯光时，它都具有相同明显的强度，其工作示意图如图11.39所示。

📁 【统一球形】灯光分布

当【光度学】灯光以【统一球形】方式进行灯光分布时，灯光会在各个方向上均等地分布，其工作示意图如图11.40所示。

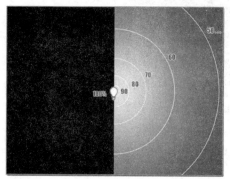

图11.39　【统一漫反射】灯光分布示意图

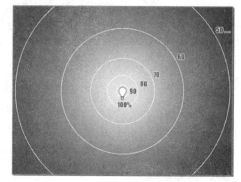

图11.40　【统一球形】灯光分布示意图

📁 【聚光灯】灯光分布

当【光度学】灯光以【聚光灯】方式进行分布时，灯光会像闪光灯一样投射集中的光束，并随着距离的增加而衰减，其工作示意图如图11.41所示。

📁 【光度学Web】灯光分布

当【光度学】灯光以【光域网】方式进行灯光分布时，其分布会按光域网提供的数据来进行，其工作示意图如图11.42所示。

不同的光域网会表现不同的分布方式，图11.43和图11.44分别显示了不同的光域网发光分布方式。

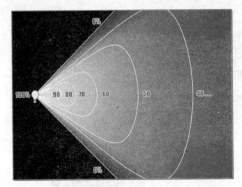

图11.41 【聚光灯】灯光分布示意图　　　图11.42 【光度学Web】灯光分布示意图

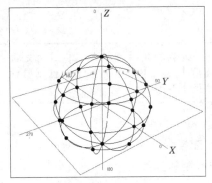

图11.43 【统一球形】分布示例

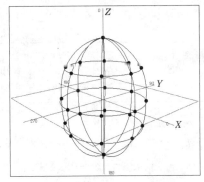

图11.44 【椭圆形】分布示例

2.【光度学】灯光的创建与分类

光度学是一种评测人体视觉器官感应照明情况的测量方法，在这里所指的光度学是3ds Max 2010所提供的一种灯光在环境中传播情况的物理模拟。它不但可以模拟逼真的渲染效果，还可以准确地度量场景中灯光的分布情况。

【光度学】灯光是从3ds max 5中增加的一种灯光类型，它可以通过设置灯光的光度学值来模拟现实场景中的灯光效果。用户可以为灯光指定各种各样的分布方式、颜色特征等。

打开【创建】命令面板，然后单击【灯光】按钮。从其中的下拉列表框中选择【光度学】选项，打开【光度学】灯光的命令面板，如图11.45所示。

光度学灯光中的几种常用灯光类型的简介如下。

📁 目标灯光

目标灯光具有可以用于指向灯光的目标子对象。单击该按钮会自动弹出【创建光度学灯光】对话框，如图11.46所示。

图11.45 【光度学】灯光的几种类型　　　图11.46 【创建光度学灯光】对话框

如图11.47所示是使用目标灯光对制作的花瓶进行照明的效果。

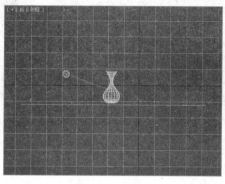

图11.47　目标灯光的效果

当添加目标灯光时，3ds Max 2010会自动为其指定注视控制器，且灯光目标子对象指定为【注视】目标。可以使用【运动】命令面板上的控制器设置将场景中的任何其他对象指定为【注视】目标。

📁 自由灯光

自由灯光不具备目标子对象。用户可以通过使用变换瞄准它。

如图11.48所示是使用自由灯光对制作的花瓶进行照射的效果。

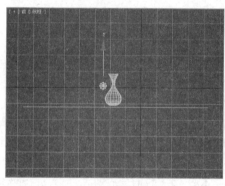

图11.48　自由灯光的效果

📁 mr Sky门户

【mr Sky门户】对象提供了一种聚集内部场景中的现有天空照明的有效方法，它无须高度最终聚集或全局照明设置（这会使渲染时间过长）。实际上，门户就是一个区域灯光，从环境中导出其亮度和颜色。

3.【光度学】灯光参数控制

【光度学】灯光的参数控制，主要包括强度、颜色、照明方式和照明区域等设置。

📁 照明强度与颜色

要调整灯光的强度，先选择要调整的灯光，再展开【强度/颜色/衰减】卷展栏，在【结果强度】数值框中输入相应的数值即可。

与【标准】灯光一样，用户可以根据场景要表现的气氛来调整【光度学】灯光的发光颜色，单击【过滤颜色】颜色色块，然后在打开的颜色选择器对话框中调制一种颜色即可。

📁 照明方式

前面已对【光度学】灯光的布光类型做了介绍，我们知道有【统一球形】、【统一漫反射】、【聚光灯】和【光度学Web】4种类型。系统默认的类型为【光度学Web】类型，要变更类型，只需在【灯光分布】下拉列表框中选择需要的类型即可。

📁 【光度学】灯光在三维场景中的分布

因为【光度学】灯光完全模拟现实中灯光的照明效果，所以在三维场景中布光时只需按照现实中灯光的分布创建灯光即可，即建筑中哪里有灯光照明就在哪里创建灯光。但是，需要注意的是，布光后必须辅以【光能传递】渲染方式才能渲染出真实的环境。

11.2.2　典型案例——为卧室创建照明系统

案例目标 ✛

案例目标本次上机练习将利用【光度学】灯光对如图11.49所示的卧室场景进行布光，渲染效果如图11.50所示。

图11.49　未布光的卧室场景

图11.50　布光并渲染后的场景

素材位置：【\第11课\素材\卧室\】

效果图位置：【\第11课\源文件\卧室.max】

制作思路：

步骤01 卧室顶部的灯槽发光效果可用目标灯光来模拟，灯光分布类型使用【光度学Web】类型。注意，光源的参数及光源的个数。

步骤02 使用光能传递功能，并在【环境和效果】对话框中设置【曝光控制】等参数。

操作步骤 🚶

具体操作步骤如下。

步骤01 重置场景，单击3ds Max图标，从弹出的下拉菜单中选择【打开】命令，打开素材库中的"卧室.max"文件，如图11.51所示。

步骤02 打开【创建】命令面板，单击【灯光】按钮，在其中的下拉列表框中选择【光度学】选项，在打开的面板中单击【目标灯光】按钮，在前视图中单击并拖曳鼠标创建一盏目标灯光，将它移动到筒灯的位置，如图11.52所示。

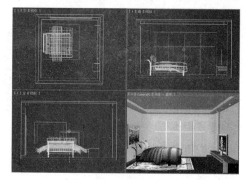

图11.51　打开已有的场景文件

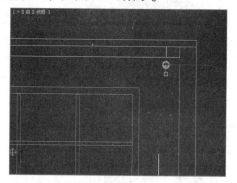

图11.52　创建的目标灯光

步骤03 在【常规参数】卷展栏中选中【阴影】区域中的【启用】按钮，然后在【灯光分布（类型）】区域中的下拉列表框中选择【光度学Web】选项，如图11.53所示。在【分布（光度学Web）】卷展栏中单击【<选择光度学文件>】按钮，打开【打开光域Web文件】对话框，选择"多光.IES"文件，然后单击【打开】按钮，如图11.54所示。

图11.53　设置参数

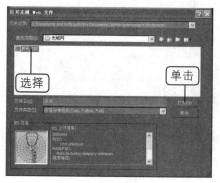

图11.54　选择文件

步骤04 在【强度/颜色/衰减】卷展栏的【强度】区域中，选中【cd】单选项，并将其下数值设为"1000"，如图11.55所示。在顶视图中用【实例】方式复制一盏目标灯光，放在另外一盏筒灯的位置，如图11.56所示。

图11.55　设置参数

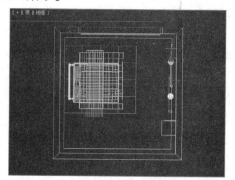

图11.56　复制目标灯光

本案例为一个卧室场景创建了灯光系统，先利用目标灯光模拟筒灯灯槽的发光效果，灯光分布类型使用【光度学Web】类型，然后进行实例复制。为了更真实地模拟现实中筒灯的发光效果，将其照明类型设置为光域网，并加载了"多光"光域网文件，这也是对本课11.2.1节的光域网知识点的补充。

11.3 上机练习

11.3.1 为起居室创建照明系统

本次上机练习将为如图11.57所示的起居室场景创建照明系统，以便使渲染后的场景如图11.58所示，主要目的是练习【标准】灯光的创建及布光方法。

图11.57　没有灯光的场景

图11.58　创建照明系统后的场景

　　素材位置：【\第11课\素材\起居室\】
　　效果图位置：【\第11课\源文件\起居室.max】
　　制作思路：

步骤01　先制作场景内的筒灯可见光源，可用目标聚光灯来模拟。
步骤02　可见光源制作完成后，场景内还缺少照亮其他对象的漫反射光效果，可用多盏泛光灯来模拟，但要注意泛光灯的强度、衰减范围和强度的设置。

11.3.2 为别墅创建照明系统

本次上机练习将为如图11.59所示的别墅创建照明系统，以便使渲染和后期处理后的效果如图11.60所示。
　　素材位置：【\第11课\素材\别墅\】
　　效果图位置：【\第11课\源文件\别墅.max】
　　制作思路：

步骤01　别墅属室外建筑，主要光源应是太阳光，其余光应为天空光，所以只要模拟出这两种光照效果即可。

步骤02 创建一盏目标平行光来模拟太阳光，注意，应开启光线跟踪阴影；创建一盏目标聚光灯来模拟天空光，注意，应开启阴影贴图；创建几盏泛光灯来模拟反射光源，注意，泛光灯的强度较弱。

图11.59　没有照明系统的别墅场景

图11.60　创建照明系统及后期处理后的别墅

11.4　疑难解答

问： 在室内外效果图的制作过程中可以使用哪些灯光来模拟阳光照进窗户的效果？

答： 在效果图的制作中，可以用泛光灯、目标聚光灯和目标平行光等灯光模拟出阳光照进窗口的特殊效果。

问： 为什么在场景中打灯光时，本来挺明亮的场景在有了一盏灯光后反而变暗了呢？

答： 这是因为在默认状态下，3ds Max 2010的系统中设定了一盏灯作为系统默认的灯光效果。当用户在场景中建立一盏新的灯光时，默认的灯光就自动关闭了。

11.5　课后练习

选择题

1 下面哪些灯光属于【标准】灯光？（　　　　）

　　A. 泛光灯　　　　　　　　　　B. 目标聚光灯

　　C. 自由灯光　　　　　　　　　D. 目标灯光

2 三点布光法主要由哪些类型的灯光组成？（　　　）

　　A. 主光源　　　　　　　　　　B. 辅助光源

　　C. 背光源　　　　　　　　　　D. 侧光源

问答题

1 灯光的颜色有什么作用？

2 简述三点布光法。

3 【光度学】灯光是基于什么样的光照属性进行场景照明的？

4 制作阳光从窗户照射进室内的效果时，会采用哪种光源？

上机题

1 制作如图11.61所示的阳光照射效果。

素材位置：【\第11课\素材\阳光照射\】

效果图位置：【\第11课\源文件\阳光照射.max】

图11.61　阳光照射效果

 该场景的模型已提供在素材库中，只需要为其创建灯光系统即可，但要注意以下两点。

- ➔ 首先创建目标平行光。
- ➔ 调整灯光的位置，使其透过窗户直射进室内，隐藏场景中的玻璃。

2 制作如图11.62所示的公寓楼效果。

素材位置：【\第11课\素材\公寓楼\】

效果图位置：【\第11课\源文件\公寓楼.max】

图11.62　公寓楼效果

 该场景的模型已提供在素材库中，只需要为其创建灯光系统即可，但要注意以下两点。

- ➔ 公寓楼外观的灯光应该选择目标平行光作为主光源。
- ➔ 在公寓楼前方靠左和前方下部创建泛光灯作为辅助光源。

第12课

为三维场景创建摄影机系统

▼ **本课要点**

摄影机的创建与调整

摄影机动画的创建

▼ **具体要求**

认识摄影机

掌握摄影机的创建方法

了解摄影机与三维场景的关系

掌握如何利用摄影机制作动画

▼ **本课导读**

本课重点介绍摄影机与三维场景的关系，包括摄影机的创建和调整、摄影机与动画的关系等。通过本课的学习，读者不但能掌握如何利用摄影机表现三维场景的一个角度，而且还能掌握利用摄影机制作建筑漫游动画的方法。

12.1 摄影机与静帧效果图

创建三维场景的最终目的就是为了获得最终的效果图或场景动画，这些都需要使用摄影机来完成。

12.1.1 知识讲解

当一个场景模型、材质和灯光均已完成后就需要进行渲染了，而渲染的目的就是得到一幅静帧图片或一段动画，这些都需要用到摄影机。3ds Max 2010中的摄影机和现实生活中的摄影机功能相似，可以模拟各种各样的镜头效果。

1. 初识摄影机

使用摄影机可以从各个方向、各个角度查看一个场景，得到不同的效果。它是一个场景不可缺少的组成部分，最后完成的静态、动态图像都要在摄影机视图中表现。在动画制作中，适当地使用摄影机，除了位置变动外，还可以表现焦距、视角和景深等动画效果。【自由】摄影机可以很好地绑定运动目标，随目标运动轨迹一同运动，随时间进行跟随和倾斜；也可以将【目标】摄影机的目标点连接到运动的对象上，表现目光跟随的动画效果。

2. 摄影机的分类

在3ds Max 2010中，单击【创建】命令面板中的【摄影机】按钮，可以打开摄影机的命令面板，在【对象类型】卷展栏中，可以看到3ds Max 2010提供的两种类型的摄影机，即【目标】摄影机和【自由】摄影机，如图12.1所示。

图12.1 【摄影机】子面板

📁 【目标】摄影机

【目标】摄影机沿着放置的目标观察场景，与目标聚光灯类似，创建一个【目标】摄影机会同时建立它的【摄影机】对象和目标点。【摄影机】对象是永远指向目标的，不管目标对象移动还是摄影机移动，摄影机指向目标对象的性质都不会改变。其工作示意图如图12.2所示。

【目标】摄影机有两个很重要的参数，即焦距和视野，图12.3中的A为焦距，B为视野。

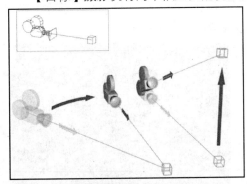

图12.2 【目标】摄影机

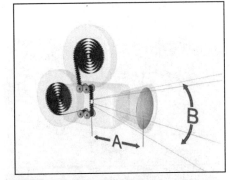

图12.3 焦距和视野

焦距是镜头到摄影机内部感光材料之间的距离，这个值的大小将影响摄影机视图中对象可视区域大小。当焦距较短时，摄影机视图中能看到的场景较大；而当焦距较长时，摄影机视图中能看到的场景较小，采用长焦距能清晰地看到远处场景的细节，往往在高层建筑场景中使用较多。焦距的单位是"毫米"，摄影学上将焦距为50mm的镜头称为标准镜头，焦距大于50mm的镜头称为长焦镜头，而焦距小于50mm的镜头称为广角镜头。

视野用于控制摄影机视图的可见范围，这个参数与焦距是相互影响的，其单位是"度"。视野值越大，则焦距值越小，可以看到的场景范围越大，但透视失真越严重；视野值越小，焦距值越大，可见的场景范围越小，但透视失真较轻微。一般场景可以采用默认的焦距值和视野值，高层建筑可以采用远距长焦镜头。

📁 【自由】摄影机

【自由】摄影机在摄影机指向的方向查看区域。与【目标】摄影机不同，它只有视点，如果要改变它的观察角度，只有通过对其进行旋转来调整。当沿着轨迹摄制动画时，可以使用【自由】摄影机，就像穿行建筑物或将摄影机连接到行驶中的汽车上时的效果一样。

与【目标】摄影机不同，【自由】摄影机由单个图标表示。当摄影机位置沿着轨迹设置动画时可以使用【自由】摄影机，当【自由】摄影机沿着路径移动时，可以将其倾斜。如果将摄影机直接置于场景顶部，则使用【自由】摄影机可以避免旋转，如图12.4所示。

3. 摄影机的创建

为三维场景创建摄影机的方法很简单，先单击要创建的摄影机对应的按钮，然后在顶视图中单击并拖曳鼠标即可。图12.5显示了在顶视图中创建的【目标】摄影机和【自由】摄影机。

图12.4　【自由】摄影机

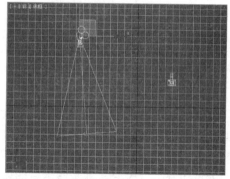

图12.5　【目标】摄影机和【自由】摄影机

当在视图中创建了摄影机后，可在激活任意视图的同时按【C】键，将当前视图转换成摄影机视图。图12.6和图12.7分别显示了转换前后的视图表现。

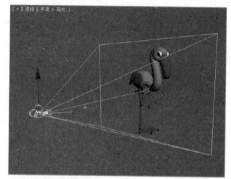

图12.6　转换前的视图

图12.7　转换后的视图

4. 摄影机的调整

创建摄影机后，应该通过调整来最终确定三维场景的表现角度；在静帧效果图表现上，只需要调整好摄影机的高度、方向、视野和焦距即可。

📁 摄影机的高度调整

当在顶视图中创建了摄影机后，摄影机位于场景的底部地平线上，如图12.8所示，相当于人眼紧贴地面看建筑物。

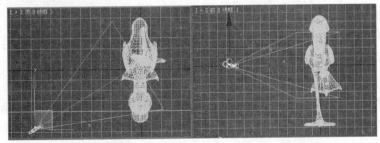

图12.8 未调整高度的摄影机

在除鸟瞰效果图外的效果图表现中，摄影机都采用平视角度，即视点和焦点都位于同一水平线上，这样表现的三维场景比较符合现实，如图12.9所示；否则，会得到俯视或仰视效果，如图12.10和12.11所示。

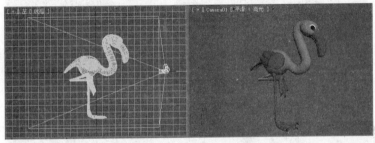

图12.9 平视角度

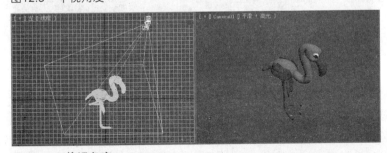

图12.10 俯视角度

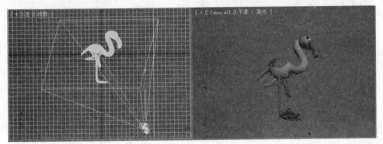

图12.11 仰视角度

在建筑表现上，摄影机的高度应符合人的观察习惯，即摄影机的高度应与一个正常人的高度相当。如果是室内场景，那么摄影机的高度应在1600mm左右；如果是室外场景，那么摄影机的高度应在1700mm左右。

📁 摄影机的方向调整

摄影机方向的改变就意味着观察角度的改变，只要在顶视图中选择视点或焦点，然后单击并拖动鼠标改变位置即可。

📁 摄影机的视野调整

摄影机视野用于控制被观察区域的范围。视野越大，看到的场景越多；视野越小，看到的场景越少。图12.12和图12.13显示了具有不同视野的同一摄影机观察的不同范围。

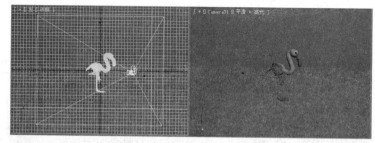

图12.12　视野扩大的效果

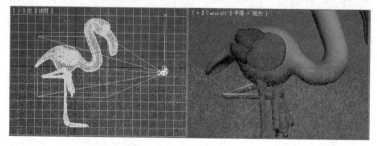

图12.13　视野缩小的效果

要改变摄影机的视野，只需要单击工作界面右下角的视野按钮 ，然后在摄影机视图内单击并拖动鼠标即可。

12.1.2　典型案例——走廊取景

案例目标

本案例将对如图12.14所示的走廊场景创建摄影机，使走廊的表现角度如图12.15所示。

素材位置：【\第12课\素材\走廊\】

效果图位置：【\第12课\源文件\走廊.max】

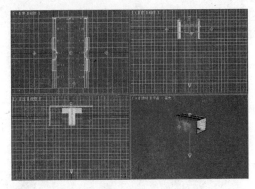

图12.14　走廊场景

图12.15　创建摄影机后的场景表现

制作思路：

步骤01　在顶视图中创建一个【目标】摄影机，在创建过程中确定好视点和焦点的位置，并注意调整视点和焦点之间的距离。

步骤02　在前视图或左视图中调整摄影机的高度。注意，该高度应与一个正常人的高度相当。

操作步骤

本案例采用【目标】摄影机来表现走廊的宽敞，其具体操作步骤如下。

步骤01　打开素材库中的"走廊.max"文件，打开后的场景如图12.16所示。

步骤02　单击【创建】命令面板中的【摄影机】按钮，在打开的面板中单击【目标】按钮，在顶视图中会议室的右侧单击并拖曳鼠标创建一个【目标】摄影机，如图12.17所示。

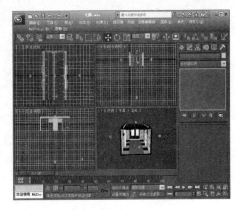

图12.16　走廊场景

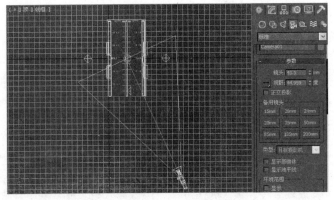

图12.17　创建【目标】摄影机

步骤03 切换到左视图，选择摄影机的目标点，将其沿X轴向上移动到如图12.18所示的位置。

步骤04 切换到透视视图并按【C】键，将透视视图转换成摄影机视图。此时的摄影机表现如图12.19所示。

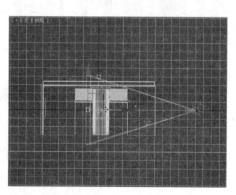

图12.18 调整摄影机高度

图12.19 摄影机最终表现

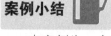

　　本案例为一个走廊创建了摄影机，目的是使整个走廊场景看上去更加合理，体现它的宽敞明亮。先在顶视图中创建初始摄影机，然后在左视图中调整摄影机。如果走廊室的表现角度不理想，那么只需要在顶视图中调整视点或焦点的位置即可。

12.2 利用摄影机制作动画

　　前一节介绍的摄影机常用在室内外效果图制作中。另外，它还在建筑动画制作方面发挥着重要作用。通过使用主工具栏上的移动、旋转、缩放变换工具对摄影机进行操作，可以使摄影机动起来。

12.2.1 知识讲解

　　摄影机的高级控制主要表现在动画制作方面，无论是【目标】摄影机还是【自由】摄影机，都可用来制作动画。

1. 利用【目标】摄影机创建动画

　　动画是指通过一系列画面来产生运动视觉的技术，其原理缘于人眼的视觉停留特性。若画面的更新率小于每秒10帧，画面便会闪烁跳跃。一般卡通动画的更新率为每秒12帧，电影画面的更新率为每秒24帧。

　　在利用【目标】摄影机制作动画时，只需要在动画运行过程中的一些关键点处制作好表现范围，让3ds Max 2010自动处理各个关键点之间的动态过程即可。

关键点又称为关键帧，是动作极限位置、特征表达或重要内容的动画，它描述了对象的位置、旋转角度、比例缩放和变形隐藏等信息。在关键点之间，电脑自动进行插值计算，得到若干中间帧。

创建关键点的具体操作步骤如下。

步骤01 选择摄影机，单击动画控制区中的【自动关键点】按钮，进入动画控制阶段，如图12.20所示。

步骤02 单击【设置关键点】按钮，在摄影机的初始位置创建一个关键点。

步骤03 将时间滑块移动到60帧的位置，调整摄影机位置，然后再单击【设置关键点】按钮，在摄影机的当前位置再创建一个关键点，如图12.21所示。

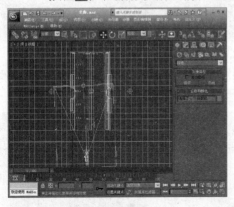 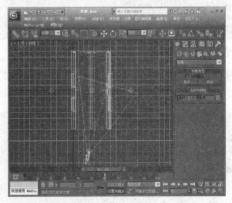

图12.20　进入动画控制阶段　　　　　图12.21　创建第二个关键点

步骤04 按照步骤03的操作方法，依次创建出其他关键点。

步骤05 单击【自动关键点】按钮退出动画设置状态，然后单击【播放动画】按钮。这时，可在视图中观察动画演示过程。

2. 利用【自由】摄影机创建动画

由于【目标】摄影机具有方向性，所以一般用来制作直线观察的动画效果。如果观察的路径具有曲折性，则应该使用【自由】摄影机来制作。

在制作摄影机动画时，有两个约束命令非常有用，它们分别是【路径约束】和【注视约束】命令。选择【动画】菜单下的【约束】命令就可以找到这两个约束命令。使用【路径约束】命令可以使摄影机沿样条线路径移动，使用【注视约束】命令可以使摄影机或对象在场景中移动时摄影机焦点一直跟随着对象。

当在菜单中选择一个约束命令后，可以发现从当前选定的对象到鼠标的光标之间会出现一个点画连接线，在任何视口中选定一个目标对象，就可以应用该约束命令了。

下面以实例来介绍【自由】摄影机动画，具体步骤如下。

步骤01 重置场景，单击【创建】命令面板中的【图形】按钮，单击【圆】按钮在顶视图中创建一个【圆】对象。

步骤02 选择新创建的【圆】对象，将其转换为可编辑样条线，然后选择【顶点】次对象，将其调节为如图12.22所示的形状。

步骤03 单击【创建】命令面板中的【几何体】按钮，单击【球体】按钮在顶视图中创建一个【球体】对象。

步骤04 单击【创建】命令面板中的【摄影机】按钮，单击【自由】按钮在左视图中创建一架【自由】摄影机，如图12.23所示。

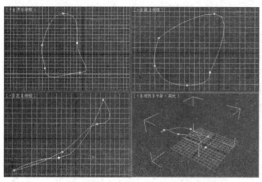

图12.22　调整路径

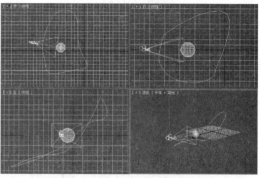

图12.23　创建【球体】对象和摄影机

步骤05 选择【摄影机】对象，然后选择【动画】菜单下的【约束】子菜单中的【路径约束】命令，单击视图中的样条线，如图12.24所示。完成后的效果如图12.25所示。

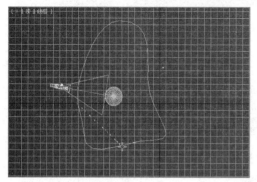

图12.24　单击样条线

图12.25　路径约束后的效果

步骤06 这样摄影机就被约束到路径上了，并将摄影机的目标点放置到【球体】对象上。

步骤07 激活透视视图，然后按【C】快捷键将其转换为摄影机视图。

步骤08 移动时间滑块，可以发现，摄影机会沿路径围绕球体旋转。

12.2.2　典型案例——创建文字标版动画

案例目标

在广告片头中经常用到三维文字，本实例将介绍如何制作文字标版动画。通过移动摄影机，并修改轨迹视图中关键帧的开始时间来制作动画。本例制作完成后的效果如图12.26所示。

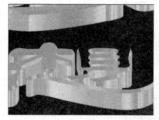

图12.26　文字标版动画实例效果

素材位置：【\第12课\素材\文字标版动画\】

效果图位置：【\第12课\源文件\文字标版动画.avi】

制作思路：

步骤01 在【时间配置】对话框中设置渲染时间。

步骤02 创建【目标】摄影机，通过移动摄影机并修改材质参数，设置关键帧动画。

步骤03 创建虚拟对象，把摄影机链接到虚拟对象上。

步骤04 在轨迹视图中修改关键帧的开始时间。

操作步骤

具体操作步骤如下。

步骤01 打开素材库中的"文字标版动画.max"文件，打开后的场景如图12.27所示。

步骤02 单击窗口右下方的【时间配置】按钮，打开【时间配置】对话框。在【动画】区域中将长度设置为"200"，如图12.28所示。然后单击【确定】按钮，关闭对话框。

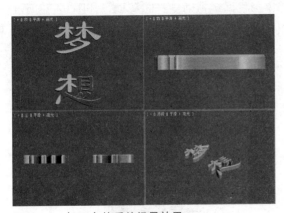

图12.27　打开文件后的场景效果

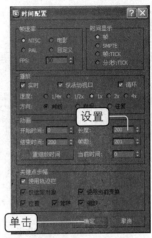

图12.28　配置时间

步骤03 将时间滑块拖动到200帧处，单击窗口右下方的【自动关键点】按钮，单击【设置关键点】按钮设置关键帧，然后再次单击【自动关键点】按钮。

步骤04 在【创建】命令面板中单击【摄影机】按钮，然后单击【目标】按钮，在顶视图中创建一个【目标】摄影机，然后在【参数】卷展栏中将镜头值设置为"35mm"，然后在前视图和左视图中调整摄影机的位置，如图12.29所示。

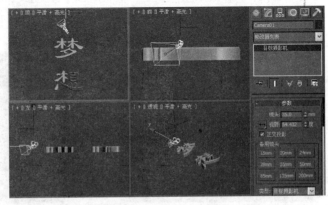

图12.29　创建摄影机

步骤05 在顶视图中再创建一个【目标】摄影机，将镜头值设置为"23.551mm"，并调整它的角度和位置，如图12.30所示。

步骤06 在【创建】命令面板中单击【辅助对象】按钮，在打开的面板中单击【虚拟对象】按钮，在顶视图中单击并拖曳鼠标创建一个虚拟对象，如图12.31所示。

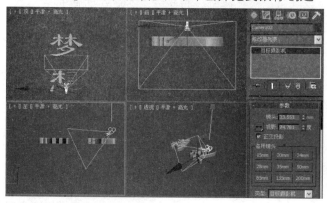

图12.30　创建摄影机

图12.31　创建虚拟对象

步骤07 在主工具栏上单击【选择并链接】按钮，将【Camera01】摄影机的投射点和目标点均链接到虚拟对象上，使摄影机同虚拟对象一起移动，如图12.32所示。

步骤08 打开【显示】命令面板，展开【显示属性】卷展栏，选中【轨迹】复选框，如图12.33所示。

图12.32　链接摄影机

图12.33　选中【轨迹】复选框

步骤09 将时间滑块拖动到100帧处，单击【自动关键点】按钮，在顶视图中移动【Camera01】摄影机显示移动轨迹，如图12.34所示。

步骤10 将关键帧调至200帧处，在左视图中调整【Camera02】摄影机的位置和角度，如图12.35所示。

图12.34　设置自动关键点

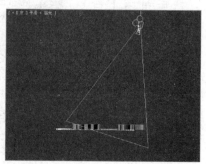

图12.35　调整【Camera02】摄影机的位置和角度

步骤11 在主工具栏上单击【曲线编辑器】按钮，打开轨迹视图对话框，如图12.36所示。

图12.36 轨迹视图对话框

步骤12 执行【模式】→【摄影表】命令，然后在左侧的列表框中选择【Camera02】选项，以此展开【变换】→【位置】选项，选择右侧的关键点，如图12.37所示。

图12.37 设置位置

步骤13 将关键点调整至100帧的位置，使【Camera02】摄影机的动画从100帧处开始执行，如图12.38所示。

图12.38 设置位置

步骤14 激活透视视图，按【C】键打开【选择摄影机】对话框，选择【Camera02】选项，如图12.39所示。然后单击【确定】按钮。

案例小结

　　本案例主要讲解了3ds Max 2010中文字标版动画的制作方法，通过设置创建【目标】摄影机和虚拟对象，并将摄影机链接到虚拟对象上，然后创建关键点来完成动画的创建。需要注意的是应在轨迹视图对话框中修改关键点的开始时间。

图12.39 选择摄影机

12.3 上机练习

12.3.1 制作别墅

本次上机练习将对如图12.40所示的别墅场景创建摄影机和制作灯光，以使别墅的最终表现效果和角度如图12.41所示。

图12.40 原始场景

图12.41 最终效果

素材位置：【\第12课\素材\别墅\】

效果图位置：【\第12课\源文件\别墅.max】

制作思路：

步骤01 在顶视图中创建【目标】摄影机，在前视图中调整其高度为"1100mm"。注意，视点应为仰视，以使别墅显得挺拔。

步骤02 用目标平行灯来模拟阳光效果，用泛光灯来模拟天光及辅助光效果。注意，只开启目标平行光的阴影设置。

12.3.2 制作起居室

本次上机练习将对如图12.42所示的起居室场景创建摄影机，以使起居室的表现角度如图12.43所示。

图12.42 未创建摄影机的场景

图12.43 创建摄影机后的场景

素材位置：【\第12课\素材\起居室\】

效果图位置：【\第12课\源文件\起居室.max】

制作思路：

步骤01　在顶视图中创建一个【目标】摄影机。在创建过程中，应确定好视点和焦点的位置，并注意调整好视点和焦点之间的距离。

步骤02　在前视图或左视图中调整摄影机的高度，注意，应与一个正常人的高度相当。

12.4 疑难解答

问：在为一个客厅场景创建摄影机后，为什么看上去有较大的扭曲？

答：这是因为摄影机的焦距值太大，在一般的家装表现方面，摄影机的焦距值可设置为35mm即可。

问：【目标】摄影机和【自由】摄影机的区别是什么？

答：【目标】摄影机和【自由】摄影机的区别在于是否有目标聚点。

问：在效果图的制作过程中可以使用几个摄影机呢？

答：这就不一定了，可以根据室内外场景的大小来确定摄像机的个数，一般的室内效果图中至少有两个摄影机，这样可以从不同的角度来观察室内效果。

12.5 课后练习

选择题

1 在摄影学上将焦距值为50mm的镜头定义为标准镜头，大于（　　　）的镜头称为长焦镜头，而小于（　　　）的镜头称为广角镜头。

A. 50 mm

B. 60 mm

C. 30 mm

D. 35 mm

2 视野值用于控制摄影机视图的可见范围，这个参数与焦距是相互影响的，其单位是（　　　），视野值越（　　　），则焦距值越（　　　），可以看到的场景范围越大，但透视失真现象越严重。

A. 度、大、小

B. 毫米、大、小

C. 度、小、大

D. 毫米、小、大

3 焦距是镜头到摄影机内部感光材料之间的距离，这个值的大小将影响摄影机视图中对象的可视区域大小。当焦距较短时，摄影机视图能看到的场景（　　　）；而当焦距较长时，摄影机视图中能看到的场景（　　　）。

A. 较大、较小

B. 较小、较大

C. 较大、较大

D. 较小、较小

问答题

1 【目标】摄影机的两个重要参数是什么？说明其作用。

2 要在场景中沿着一条曲折的路径制作漫游动画应采用什么摄影机？为什么？

上机题

1 对如图12.44所示的书房场景创建摄影机，以使书房的最终表现效果和角度如图12.45所示。

图12.44　创建摄影机的书房场景　　　　图12.45　　创建摄影机后的效果

　　素材位置：【\第12课\素材\书房\】

　　效果图位置：【\第12课\源文件\书房.max】

 ➔ 该场景的模型已提供在素材库中，只需要为其创建摄影机即可。

➔ 摄影机应在距离场景1500mm左右处，焦距大概为35mm。注意，视点不要和对象有任何接触。

2 制作如图12.46所示的摄影机动画效果。

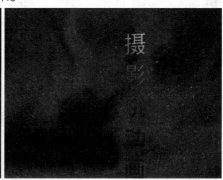

图12.46　摄影机动画实例效果

　　素材位置：【\第12课\素材\摄影机动画\】

　　效果图位置：【\第12课\源文件\摄影机动画.avi】

 ➔ 在【时间配置】对话框中设置渲染时间。

➔ 创建【目标】摄影机，通过移动摄影机，设置关键帧动画。

➔ 设置渲染输出。

第13课

设置渲染输出

▼ 本课要点
渲染简介

高级渲染

▼ 具体要求
渲染简介

渲染的设置方式

控制渲染参数

光跟踪器渲染的设置与应用

▼ 本课导读
本课重点介绍了3ds Max 2010中的渲染知识，包括基础渲染和高级渲染。基础渲染主要指扫描线渲染，高级渲染主要指【光跟踪器】渲染和【光能传递】渲染。通过本课的学习，读者将学会对同一场景采用不同的渲染方式，以得到不同的效果。

13.1 渲染简介

制作好的3ds Max 2010场景，只有通过渲染才能体现出它的效果来。所谓渲染，就是根据为模型指定的材质、场景的布光等条件来计算明暗程度和阴影，将场景中创建的模型进行实体化显示。在三维动画制作过程中，渲染输出是最后也是关键的一步，它决定动画的最终效果。

13.1.1 知识讲解

本节将介绍3ds Max 2010中渲染的基础知识，即系统默认的扫描线渲染器，它是使用最频繁的渲染方式。

1. 渲染的常用方法

可以使用主工具栏上的相关按钮来渲染场景，也可以通过执行菜单命令来完成。下面就分别介绍这两种渲染方法。

📁 渲染按钮

在主工具栏上提供了几个用于渲染的工具按钮，它们分别介绍如下。

➡️ **【渲染设置】按钮**：单击主工具栏上的此按钮，会打开如图13.1所示的渲染设置对话框。

➡️ **【渲染帧窗口】**：单击此按钮，可以以激活视图方式快速渲染场景。

➡️ **【渲染产品】按钮**：单击此按钮可以以产品级方式快速渲染场景。单击此按钮并按住鼠标不放，会弹出其下拉列表，显示另外两个按钮，即【渲染迭代】按钮和【Activeshade】（动态渲染）按钮。

➡️ **使用快捷键渲染**：按【F9】键或【Shift+Q】组合键，都可以快速渲染当前激活的视图，并且在渲染时，不同视图会有不同的渲染结果。在渲染前可以使用右下角的视图导航控制按钮调整视图到合适位置，然后进行渲染。

📁 **【渲染】菜单**

【渲染】菜单是最终输出场景的通道。使用此菜单的相关命令可以实现不同设置的渲染效果，如图13.2所示就是3ds Max 2010中的【渲染】菜单。

下面来介绍在渲染过程中，经常用到的主要的菜单命令，具体如下。

➡️ **【渲染设置】命令**：使用此命令或按【F10】键，

图13.1 渲染设置对话框

图13.2 【渲染】菜单

可以打开【渲染设置】对话框，从中可以设置【输出大小】、【选项】等参数，例如设置渲染哪些帧及最终图像的大小。

- 【环境】命令：使用此命令或按快捷键【8】，可以打开【环境和效果】对话框。从中可以指定背景色或图像，还可以对全局照明进行控制。也可以使用此对话框为场景指定大气效果。

- 【渲染到纹理】命令：使用【渲染到纹理】命令（键盘快捷键【0】）可以将当前场景作为图像渲染，可以当纹理使用。

- 【Video Post】命令（视频后期制作）：执行此命令可以打开如图13.3所示的对话框，用于规划和控制所有后期制作的处理工作。这个对话框管理合成图像的事件，包括一些特殊效果，如发光、透镜及模糊效果等。

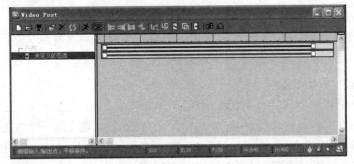

图13.3　【Video Post】对话框

2. 渲染的区域

在渲染设置对话框的【要渲染的区域】区域中，单击【视图】下拉按钮会弹出一个下拉列表，如图13.4所示。使用不同的渲染类型可以渲染场景的不同部分，以节省渲染时间。

下面来介绍这些渲染类型。

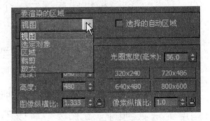

图13.4　渲染类型下拉列表

- 【视图】类型：这是系统默认的渲染类型。选择此选项，将渲染当前激活视图的全部内容。

- 【选定对象】类型：如果选择此选项，则只渲染当前激活场景中选中的对象，但不更新渲染窗口中以前的渲染结果。如图13.5所示就是选择室内的家具，然后选择【选定对象】选项后的渲染效果。

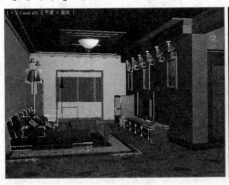

图13.5　部分渲染的效果

➡ **【区域】类型**：仅对视图中指定的范围进行渲染。在【视图】下拉列表框中选择【区域】选项后，会在视图中出现一个用于调节渲染区域的范围框，调整好其大小和位置后，单击右下角的【渲染】按钮即可对选定的区域进行渲染。这种渲染也不能更新渲染窗口中以前的渲染结果。

➡ **【裁剪】类型**：此类型与【区域】类型类似，不同的是使用【裁剪】类型会在渲染时自动将范围以外的区域清除。

➡ **【放大】类型**：此渲染类型实际上是一种锁定纵横比的特殊裁剪渲染方式。使用上面的两种渲染类型在指定范围时，可以拖动水平或垂直方向及右下角的控制柄按比例缩放来改变渲染区域的大小，而此类型，不管是拖动控制柄的什么方向都会锁定纵横比来扩大或缩小渲染范围。渲染时也会自动清除选定范围之外的部分。

3. 渲染应注意的问题

首先，内存对于3ds Max来说比较重要。内存越大，渲染速度越快。因此，应给电脑配备足够的内存容量，才能有效地加快渲染速度。

📁 **尽量减少模型数量**

在3ds Max中，可以采用多种方法来创建一个对象，但是用不同方法创建的对象的内部结构是不相同的。例如，我们在创建一个墙体时，如果采用一个立方体作为墙体，则它至少会有6个面、8个点；如果我们先创建一条曲线，然后将它拉伸出一个高度作为墙体，那么就可以减少5个面、4个点，这样对提高操作效率、加快渲染速度是很有好处的。所以，创建模型时应确立一个观点：所有看不见的点、面都尽可能不要创建。

📁 **尽量减少模型的复杂度**

在创建具有大量点和面的模型后，应该根据要创建的摄影机的视角来对模型进行优化处理，这样不但可以减少模型所占的内存空间，还可以提高工作效率。

三维模型最终都要输出为一张静帧图像或一段动画，对于静帧图像而言，从摄影机角度无法看到的位置和模型可以不创建，这样即可极大地提高渲染速度。

📁 **采用合适的材质**

为了追求效果，我们常常采用一些复杂的材质，而这会增加渲染时间。一般来说，渲染的时间由短到长依次为：简单材质、双面材质、透明材质、贴图材质、凹凸（Bump）贴图、平面反射材质和立体反射材质。此外，用JPG格式的图片比用TIF格式的图片节省资源；同时应注意，图片的尺寸不要太大；如果几个对象共用一块图片内存且只调用一次，那么不会增加额外的内存。

📁 **灯光不宜过多**

仅仅使用系统提供的灯光来照明往往是不够的，在需要时可加入聚光灯、泛光灯等，但灯光不是越多越好，而是能够表现场景即可。场景中的灯光越多，效果就越细腻，但渲染时间会成倍地增加，因此，需要在灯光数量与渲染时间之间找到一个平衡点。

📁 **尽量用普通阴影**

灯光的阴影类型和渲染时间有很大的关系，在选择阴影类型时选用阴影贴图，而不用光线跟踪阴影，渲染速度会有明显的差别，因此，尽量使用普通阴影、少用光线追踪阴影，也可以提高渲染速度。

📁 选用合适的分辨率和帧率

完成了造型后，在进行渲染之前，使用多大的分辨率与渲染时间有很大的关系。一般效果图的分辨率设置为"800×600"像素即可；如果需要将图像打印出来，则可以将分辨率设置得高一些。

13.1.2 典型案例——制作台灯

案例目标

本次上机练习将制作如图13.6所示的台灯效果，主要练习摄影机创建、贴图叠加、灯光布置和渲染设置等。

　　素材位置：【\第13课\素材\台灯\】

　　效果图位置：【\第13课\源文件\台灯.max】

　　制作思路：

图13.6　台灯效果

步骤01 对于台灯的特写镜头可采用仰视角度，但要注意，俯视角度应能尽可能多地观察对象的细节。

步骤02 制作材质时应注意【金属】材质和【多维/子对象】材质的制作方法。

步骤03 布光时要注意制造出台灯的发光效果和周围的辅助光，这样才能真实地表现台灯效果。

步骤04 渲染时要注意渲染尺寸，系统默认的尺寸不适合后期处理。

操作步骤

本案例可分为4个步骤来制作，分别是创建摄影机、制作材质、添加灯光和渲染输出。

1. 创建摄影机

具体操作步骤如下。

步骤01 打开素材库中的"台灯.max"文件，打开后的场景如图13.7所示。

步骤02 打开【摄影机】子面板，单击【目标】按钮，在顶视图中单击并拖曳鼠标以创建一个【目标】摄影机，如图13.8所示。

步骤03 切换到左视图，选择摄影机的目标点，沿Y轴向上移动视点到如图13.9所示的位置。

步骤04 切换到透视视图并按【C】键，以便将透视视图转换成摄影机视图，此时的摄影机表现范围如图13.10所示。

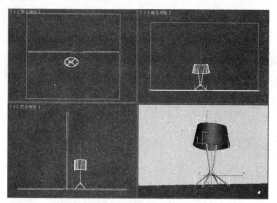

图13.7　台灯场景

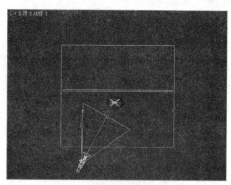

图13.8　创建【目标】摄影机

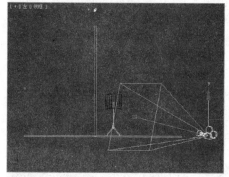

图13.9　调整视点

图13.10　调整摄影机的最终表现

2. 制作材质

具体操作步骤如下。

步骤01　按【M】键打开材质编辑器，在明暗器类型下拉列表框中选择【金属】选项，在
【金属基本参数】卷展栏中将环境光和漫反射的颜色设置为"白色"，并按照
如图13.11所示设置【高光级别】和【光泽度】参数。

步骤02　展开【贴图】卷展栏，为【反射】贴图通道添加【光线跟踪】材质，并将数量
值设置为"87"，如图13.12所示。然后将材质指定给台灯的灯架。

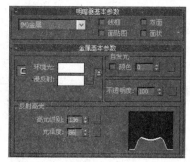

图13.11　设置参数

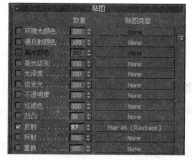

图13.12　【贴图】卷展栏

步骤03　选择一个新的材质球，单击【Standard】按钮，在打开的【材质/贴图浏览器】
对话框中双击【多维/子对象】选项，如图13.13所示。

步骤04　在打开的【多维/子对象基本参数】卷展栏中单击【设置数量】按钮，将材质数

量值设置为"2"，如图13.14所示。

图13.13　选择【多维/子对象】选项

图13.14　设置材质数量

步骤05　在【多维/子对象基本参数】卷展栏中单击ID为"1"的子材质后的长按钮，设置其明暗器类型为"各项异性"，并为【反射】贴图通道添加【光线跟踪】材质，设置数量值为"9"，然后在【各项异性基本参数】卷展栏中设置环境光和漫反射的颜色为"浅蓝色"，按照如图13.15所示设置参数。

步骤06　单击【转到父对象】按钮，返回【多维/子对象基本参数】卷展栏。单击ID为"2"的子材质后的长按钮，设置明暗器类型为"Oren-Nayar-Blinn"，然后在【Oren-Nayar-Blinn基本参数】卷展栏中设置环境光和漫反射的颜色为"白色"，按照如图13.16所示设置参数。

图13.15　设置参数

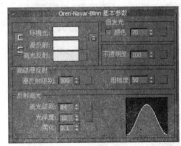

图13.16　设置参数

步骤07　单击【转到父对象】按钮，返回【多维/子对象基本参数】卷展栏，将设置好的材质赋给台灯的灯罩。此时的场景如图13.17所示。

3. 添加灯光

具体操作步骤如下。

步骤01　打开【灯光】子面板，单击【泛光灯】按钮，在顶视图中单击鼠标左键创建一盏泛光灯。在【常规参

图13.17　制作材质后的场景

数】卷展栏中选中【阴影】区域中的【启用】复选框，选择【光线跟踪阴影】选项，设置倍增值为"0.3"，如图13.18所示。

步骤02 在四周可以在创建几盏泛光灯，用来模拟周围的辅助光源，如图13.19所示。

图13.18 设置参数

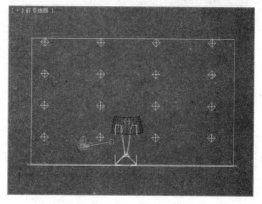

图13.19 创建泛光灯

4. 渲染输出

具体操作步骤如下。

步骤01 按【F10】键打开渲染设置对话框，在【输出大小】区域中单击【640*480】按钮，如图13.20所示。

步骤02 拖曳面板，显示下面的参数，在【渲染输出】区域中单击【文件】按钮，在打开的对话框中将要渲染输出的文件命名为"台灯.jpg"，然后单击【保存】按钮，此时的渲染设置对话框如图13.21所示。

图13.20 设置渲染大小

图13.21 设置渲染文件名

步骤03 单击对话框底部右侧的【渲染】按钮，渲染后的最终效果如图13.6所示。

案例小结

本案例制作了一个台灯效果，其中，摄影机采用的是仰视角度；在制作材质时，使用了【多维/子对象】材质，读者应熟练掌握；在渲染时，设置了渲染大小和渲染文件名及路径，这样，渲染后的图像就会以文件形式自动保存在设置的文件夹中。

13.2　高级渲染

3ds Max 2010默认的扫描线渲染是一种十分优秀的渲染方式，但需要在材质、灯光的制作方法上有很大的技术含量，一般的初学者很难利用它制作出优秀的作品。为了解决这一难题，3ds Max 2010内置了两种高级渲染方式，读者利用它们可以轻易地制作出逼真的效果。

13.2.1　知识讲解

3ds Max 2010内置的高级渲染包括【光跟踪器】渲染和【光能传递】渲染，它们都位于【渲染设置】对话框中。切换到【高级照明】选项卡，如图13.22所示；在【无照明插件】下拉列表框可看到这两种渲染方式，如图13.23所示。

图13.22　【高级照明】选项卡　　　　　图13.23　两种高级渲染选项

 如果要使用某种高级渲染方式，只需在图13.32所示的下拉列表中选择相应的渲染选项即可。

1.【光跟踪器】渲染

【光跟踪器】渲染使用了一种光线跟踪技术，来对场景中的光照点进行采样计算，以获得环境反射光的数值，从而模拟更逼真的真实环境光照效果。光线跟踪功能是基于采样点的，在图像中根据有规则的间隔进行采样，并在对象的边缘和高对比度区域进行子采样（即进一步采样）。对每一个采样点都有一定数量的随机光线透射出来，对环境进行检测，得到的平均光被加到采样点上。这是一个统计过程，如果采样点数设置太低，则采样点之间的变化量是可以看到的。

当将高级渲染设置为【光跟踪器】渲染时，其对应的【参数】卷展栏如图13.24所示。

下面来介绍此卷展栏中的主要参数。

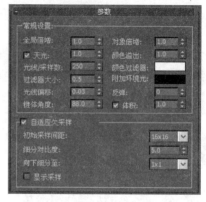

图13.24　【光跟踪器】渲染对应的【参数】卷展栏

- ➡ **【全局倍增】数值框：**此值会增大光跟踪器的整体效果，类似增加了灯光的倍数值，而实际上它加亮了整个场景的灯光。

- ➡ **【天光】数值框：**可以通过天光值增大日光的倍数值。

- ➡ **【对象倍增】数值框：**用于设置从对象上弹射的光能的量。

- ➡ **【颜色溢出】数值框：**使用此参数，可以在光线触及对象表面进行弹射时，将对象的颜色染到相邻对象上。通过增大对象倍增及颜色溢出值就可以极大地加强颜色渗入的程度。

- ➡ **【颜色过滤器】颜色色块：**设置颜色滤镜的颜色。

- ➡ **【附加环境光】颜色色块：**设置额外环境光的颜色。

- ➡ **【反弹】数值框：**用于指定光线消失前的反弹次数，此值与颜色溢出值配合使用，只有将此设置为"2"或更大时，才能得到颜色渗入的效果。此值最小为1，当设置为0时，相当于禁用光跟踪器功能。最大值可设为"10"，但相对也会需要很长的计算时间。

- ➡ **【光线/采样数】数值框：**用于控制光线和采样点的数量。每个采样点指定的光线越多，质量越好，渲染时间也就越长。光线/采样数及反弹数量的增加会显著地增长渲染时间。想使用灯光追踪预览场景，可以把光线/采样数值设置为正常值的10%左右，然后渲染这个场景。结果图像会比较颗粒化，但是大致表现了场景照明的效果，这时不用更改反弹值。图13.25显示了使用不同采样数时场景的细分示意图。

- ➡ **【过滤器大小】数值框：**用于控制场景中出现的噪波量。如果场景中没有足够的光线，则会在场景中出现噪波模式，这时可以使用此参数来进行调整。图13.26显示了使用不同过滤器大小时场景的细分示意图。

图13.25　采用不同采样数时的效果

图13.26　采用不同过滤器大小

258

- ➔ **【光线偏移】数值框**：设置将使光线沿对象边缘偏离扁平区域。
- ➔ **【锥体角度】数值框**：设置光线投射的锥形区域。
- ➔ **【体积】复选框**：用于指定【体积光】和【体积雾】大气效果的倍数。
- ➔ **【自适应欠采样】复选框**：如果选中此复选框，【光跟踪器】渲染会重点关注对比度更强的区域，一般这样的区域在对象的边缘。启用了此复选框后，就可以指定采样间距及采样细分程度。
- ➔ **【初始采样间距】数值框**：用来控制图像初始采样的栅格间距，以像素为单位，其默认设置为"16×16"。该值越小，采样越精细，得到的效果越好。图13.27显示了使用不同采样间距时场景的细分示意图。
- ➔ **【细分对比度】数值框**：确定区域是否应进一步细分的对比度阈值。增加该值，将减少细分；该值过小，会导致不必要的细分；默认值为"5.0"。图13.28显示了该值为"5"和"1.5"时的细分示意图。

图13.27　采用不同采样间距时场景的细分示意图

图13.28　细分示意图

- ➔ **【向下细分至】数值框**：用来设置细分的最小间距。增加该值，可以缩短渲染时间，但是以精确度为代价，默认值为"1×1"。
- ➔ **【显示采样】复选框**：选中该复选框后，采样位置渲染为红色圆点，显示发生最多采样的位置。该复选框的默认设置为未选中状态。

2.【光能传递】渲染

　　【光能传递】渲染可以在场景中的对象表面重现自然光下的环境反射，并能产生真实的光照效果。并且【光能传递】渲染要配合【光度学】灯光使用。如果使用【标准】灯光，光能传递的输出结果将会受到很大影响。

　　【光能传递】渲染技术一般应用于室内场景，它可以通过室内灯光与模型之间的光线反射实现真实的光影效果；还可以针对场景中每个对象自定义光能传递的网格细分密度。在对一个场景进行光能传递计算后，任意地改变摄影机的角度，在最终渲染时不需要再进行光能传递计算，从而能极大地提高渲染速度。【光能传递】渲染分为初级、中级和高级3个级别，不同级别渲染后的效果不同。

　📁 初级渲染

　　初级渲染主要用来测试场景中的材质和灯光是否正确，其对应的卷展栏如图13.29所示。

- ➔ **【初始质量】数值框**：用于设置初级渲染时的质量百分比，最高到"100%"。质量比越高，则渲染后的效果越细腻。

图13.29 初级渲染的卷展栏

➡ **【优化迭代次数（所有对象）】数值框：**设置优化迭代次数以作为一个整体为场景执行。优化迭代次数阶段将增加场景中所有对象上的光能传递处理的质量。

➡ **【优化迭代次数（选定对象）】数值框：**设置优化迭代次数来为选定对象执行，所使用的方法和优化迭代次数（所有对象）相同。选择对象并设置所需的迭代次数，优化选定的对象而不是整个场景，能够节省大量的处理时间。

➡ **【交互工具】区域：**用周围的元素平均化照明级别以减少曲面元素之间的噪波数量。该区域中有【间接灯光过滤】和【直接灯光过滤】两个数值框。通常，将它们设为"3"或"4"就足够了，如果使用太高的值，则可能在场景中丢失详细信息。

📁 中级渲染

中级渲染就是设置光线在反弹过程中对场景中模型的表面进行细分，以得到真实的漫反射效果，其卷展栏如图13.30所示。图13.31显示了渲染时灯光对一个长方体的细分过程。

图13.30 中级渲染的卷展栏

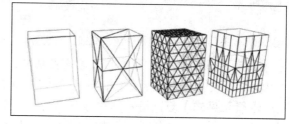

图13.31 长方体的细分过程

➡ **【启用】复选框：**用于确定是否启用整个场景的光能传递网格细分。要使用【光能传递】渲染，必须先选中该复选框。

➡ **【使用自适应细分】复选框：**用于启用和禁用自适应细分，默认设置为选中状态。

➡ **【最大网格大小】数值框：**用于设置自适应细分之后最大面的大小。对于英制单位，默认值为"36英寸"；对于公制单位，默认值为"1000mm"。

➡ **【最小网格大小】数值框：**用于设置自适应细分之后最小面的大小。对于英制单位，默认值为"3英寸"；对于公制单位，默认值为"100mm"。

➡ **【对比度阈值】数值框：**用于设置细分具有顶点照明的面，顶点照明因多个对比度阈值设置而异，默认设置为"75.0"。

➡ **【初始网格大小】数值框：**改进面图形之后，不细分小于初始网格大小的面。对于英制单位，默认值为"12英寸"；对于公制单位，默认值为"300mm"。

 说明 采用中级渲染进行网格细分时，细分的尺寸越小，渲染效果就越好，但花费的时间也越多。

零起点　　3ds Max 2010三维设计基础培训教程

📁 高级渲染

高级渲染采用灯光采样聚集来渲染场景，它可以尽可能多地将灯光在场景内进行反弹，以获得更真实的渲染效果，其卷展栏如图13.32所示。

要运用高级光能传递渲染，只需要选中【重聚集间接照明】复选框，然后增加【每采样光线数】和【过滤器半径】数值框中的数值即可。但是要注意的是，值越大，所需的时间就越长。

图13.32　高级渲染参数控制区

13.2.2　典型案例——制作客厅

案例目标 ✛

本案例将利用光能传递对一个客厅场景进行光照处理，以得到如图13.33所示的渲染效果。

　　素材位置：【\第13课\素材\客厅\】
　　效果图位置：【\第13课\源文件\客厅室.max】
　　制作思路：

图13.33　客厅效果

步骤01　利用光能传递渲染场景时，场景中的灯光不宜过多，本案例中有一个大的窗户，只需创建阳光和天光即可。

步骤02　光能传递效果的好坏除了与灯光有关外，还与模型中的面进行细分的程度有关，所以本案例应进行适当的细分处理。

操作步骤 🏃

具体操作步骤如下。

步骤01　打开素材库中的"客厅.max"文件，打开后的场景如图13.34所示。

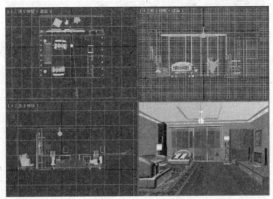

图13.34　客厅场景

步骤02 在【创建】命令面板中单击【灯光】按钮，在打开的面板中单击【目标平行光】按钮，然后在视图中单击并拖曳鼠标创建目标平行光，注意配合几个视图将其调整到窗户入口处，如图13.35所示。

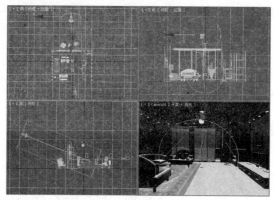

图13.35 创建目标平行光

步骤03 进入【修改】命令面板，并将目标平行光的参数设置成如图13.36所示。

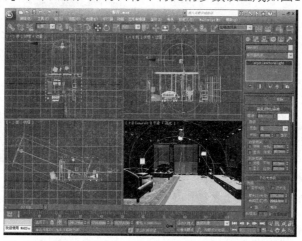

图13.36 设置参数

步骤04 在【灯光】子面板中单击【天光】按钮，在视图中单击创建天光，然后将其调整到如图13.37所示的位置。

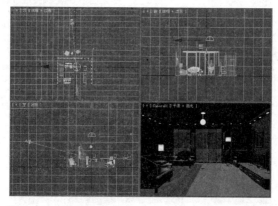

图13.37 创建天光

步骤05 按【F10】键打开渲染设置对话框，切换到【高级照明】选项卡，然后在【无照明插件】下拉列表框中选择【光能传递】选项，如图13.38所示。

步骤06 展开【光能传递网格参数】卷展栏，选中【启用】复选框，然后在【最大网格大小】数值框中输入"250mm"，如图13.39所示。

图13.38 设置渲染方式

图13.39 设置细分大小

步骤07 单击【光能传递处理参数】卷展栏下的【开始】按钮，系统开始处理场景。

步骤08 激活并渲染摄影机视图，渲染后的最终效果如图13.33所示。

案例小结

本案例利用光能传递对一个客厅进行了渲染处理，先在布光时创建目标平行光来模拟阳光射过窗户的效果，然后创建天光来模拟大气漫反射效果。为了使渲染后的效果更加理想，在渲染前对场景内的模型都进行了细分。注意，细分不宜太小，否则会花费大量的渲染时间。

13.3 上机练习

13.3.1 制作客厅吊灯

本次上机练习将制作如图13.40所示的客厅吊灯，目的是掌握基本渲染方法，以及材质、灯光与渲染的相互关系。

素材位置：【\第13课\素材\客厅吊灯】

效果图位置：【\第13课\源文件

图13.40 客厅吊灯

【客厅吊灯.max】

制作思路：

步骤01 该场景模型制作非常简单，首先绘制样条线，然后添加【车削】修改器。在通过阵列复制得到其他灯具模型。

步骤02 在制作材质时，灯杆材质可选择【金属】明暗器类型，再为【反射】贴图通道添加【光线跟踪】材质。

步骤03 在创建照明系统时，可在每个灯泡的位置处创建泛光灯，然后再创建一盏泛光灯作为辅助光源。

步骤04 在渲染时要注意开启反锯齿设置，并注意渲染大小。

13.3.2　制作别墅夜景

本次上机练习将制作如图13.41所示的别墅夜景，目的是掌握【光能传递】渲染的具体应用，并复习前面章节介绍的布光方法。

素材位置：【\第13课\素材\别墅\】

效果图位置：【\第13课\源文件\别墅.max】

制作思路：

步骤01 该场景模型已提供在素材库中，可先为场景内的模型制作建筑材质。

图13.41　别墅夜景

步骤02 在创建照明系统时，可先创建目标聚光灯作为主光源，然后再创建泛光灯作为辅助光源。注意灯光的颜色和强度。

步骤03 在渲染时，可先用低级光能传递测试灯光和材质的正确性，再对场景内的所有模型进行细分。

13.4　疑难解答

问： 为什么在渲染图像时会选择不同的渲染器，默认扫描线渲染器和mental ray渲染器有何不同？

答： 虽然默认扫描线渲染器的渲染速度相当快，但是其出图质量并不高，而mental ray渲染器弥补了它的这一缺陷，使用mental ray渲染器所渲染的图像质量相当好。因此，可根据不同的情况选择不同的渲染器对图像进行渲染。

问： 为什么使用光能传递渲染墙面、地板和天花板等时总是有黑斑出现？

答： 一、可能是场景内的灯光能量值不够，可适当增加灯光的强度。二、可能是没有采用面片细分处理，面片细分越小，灯光分布越好，可很好地消除黑斑。三、灯光传递时间不够，光能传递应按系统指定的85%质量分布光子，如果提前中断，则会产生黑斑。

13.5 课后练习

选择题

1 一个完整的三维场景应包括哪些部分？（　　　）

A. 模型空间　　　　　　　　　　　B. 材质系统

C. 灯光布局　　　　　　　　　　　D. 摄影机表现范围

2 3ds Max 2010系统提供了（　　　）种渲染视图显示方式。

A. 5　　　　　　　　　　　　　　B. 6

C. 9　　　　　　　　　　　　　　D. 11

3 以下对裁剪的说法，哪一个是正确的？（　　　）

A. 对场景中所选对象的区域进行渲染

B. 对场景中所选对象的区域进行裁剪渲染

C. 对场景中所选对象进行渲染

D. 对场景中所选对象的边界进行渲染

问答题

1 什么是渲染？它有什么作用？

2 渲染时应注意什么问题？

3 使用光能传递渲染场景，在材质方面应注意什么问题？

上机题

1 制作如图13.42所示的吧台效果。

图13.42　吧台

素材位置：【\第13课\素材\吧台\】

效果图位置：【\第13课\源文件\吧台.max】

 说明

  ➔ 该场景模型已提供在素材库中。

  ➔ 在创建照明系统时，可先创建目标平行光作为主光源，然后再创建泛光灯作为辅助光源。注意灯光的颜色和强度。

  ➔ 在渲染时，注意渲染的大小和光能传递的使用。

2 制作如图13.43所示的咖啡杯效果。

图13.43　咖啡杯

素材位置：【\第13课\素材\咖啡杯\】

效果图位置：【\第13课\源文件\咖啡杯.max】

 说明

利用目标聚光灯布置照明系统，渲染时注意设置渲染尺寸。

第14课

对效果图进行后期处理

▼ **本课要点**

室内效果图的后期综合处理

室外效果图的后期综合处理

▼ **具体要求**

认识室内外效果图后期处理的重要性

掌握部分选区、移动和修补工具的应用

掌握亮度/对比度的调整方法

掌握色阶的调整方法

掌握色彩平衡的调整方法

▼ **本课导读**

本课将重点介绍后期处理在室内外效果图制作方面的应用，即如何对渲染输出后的初始效果图进行色彩/色调调整、添加配景、弥补错误等，从而使最终的效果图得到客户的认可。

14.1 后期处理常用工具

在3ds Max 2010中，用渲染器输出的效果图有时并不理想，需要对其进行后期处理以达到模拟现实环境的目的。而对效果图进行后期处理一般都是在Photoshop中进行的。Photoshop是一款功能强大的平面处理软件，它不但可以方便地调整图像的色彩和色调，而且还可以轻松地修复图像中的错误。现在比较流行的版本是Photoshop CS4，所以本书所涉及到的有关后期处理方面的知识都是以Photoshop CS4为蓝本的。

14.1.1 知识讲解

在Photoshop CS4工作环境中，在对效果图进行后期处理的过程中常用的修改工具有魔棒工具、套索工具、移动工具和修补工具。

1. 使用魔棒工具选择图像

魔棒工具根据单击处图像颜色的色彩相似性来选择图像。对图像轮廓复杂但颜色相近的区域进行选择时，使用魔棒工具很方便。在工具箱中选择魔棒工具后，只需在图像中相应的颜色范围内单击即可，如图14.1所示。

图14.1 使用魔棒工具

选择魔棒工具后，它的属性工具栏如图14.2所示。

图14.2 魔棒工具的属性工具栏

- 【容差】文本框：用来设置从单击的区域开始扩散的颜色差别率的大小。当该数值较小时，对周围的图像颜色的区分就越大，可以容纳的颜色选定范围也就越小，参数范围为 "0" ~ "255"。

- 【连续】复选框：选中该复选框时，只在相邻的连续区域中选择颜色；未选中该复选框时，则在整个图像中选择。

- 【对所有图层取样】复选框：选中该复选框后，将在所有可见图层中选择颜色，否则只在当前图层中进行选择。

注意 按【Ctrl+H】组合键可以隐藏或取消隐藏选择的范围。

2. 使用套索工具选择图像

Photoshop CS4提供了套索工具 、多边形套索工具 和磁性套索工具 ，这3种套索工具的使用方法如下。

📁 **套索工具的使用方法**

打开"花.jpg"文件，如图14.3所示。按住鼠标左键，沿着需要绘制的图像边缘拖动鼠标，绘制完成后，释放鼠标键，闭合选定范围。

📁 **多边形套索工具的使用方法**

在图像中单击绘制的起点，沿着要绘制的选定范围的边缘移动鼠标产生一条直线，再次单击鼠标，产生这条直线的结束点，继续绘制，直到鼠标指针的位置与最初设置的绘制起点重合。在重合点上单击，闭合选定范围，如图14.4所示。

图14.3 套索工具

图14.4 多边形套索工具

📁 **磁性套索工具的使用方法**

当选中的图像的边缘与背景色差别较大时，使用此工具可以快速使所选范围与背景图像分离出来，如图14.5所示。

说明 在绘制过程中，按【Backspace】键或【Delete】键可以撤销已经绘制的线段。

图14.5 磁性套索工具

3. 移动图像

移动和复制图像是最常用的操作之一，可以将选定范围中的图像移动到其他文件中。使用移动工具 可以进行图像的移动和复制操作，其具体操作如下。

步骤01 打开"花.jpg"文件，在图像中创建选定的范围之后，选择工具箱中的移动工具 ，将鼠标指针放到选定范围之内并拖曳鼠标，可以将选定范围中的图像移动到另一个位置，原来图像的位置出现了背景色，如图14.6所示。

图14.6　移动选区内的图像

步骤02　使用移动工具也可以将选定范围拖曳到其他图像文件中，如图14.7所示，同时还可以看到在【图层】面板中自动添加了一个新的图层。

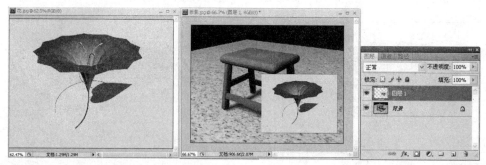

图14.7　将图像拖曳到其他文件中

步骤03　按住【Alt】键，可对图像进行复制，每复制一次就增加一个新的图层，如图14.8所示。

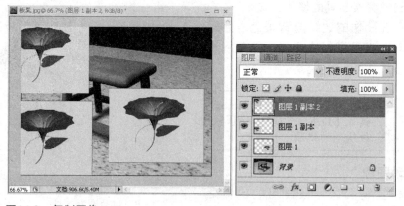

图14.8　复制图像

　在使用移动工具时，按键盘上的方向键，会以1个像素为单位移动选定范围内的图像，如果按【Shift+方向键】组合键，则以10个像素为单位移动选定范围内的图像。

4. 修补工具的应用

使用修补工具 ，可以消除渲染输出图像中的一些电脑处理时产生的错误（如蒙尘、划痕、褶皱）或人工处理时产生的暗斑、偏色等，在处理后系统会自动保留修复区域的阴影、光照和纹理等原始效果。该工具可在Photoshop的工具箱中选择。

为了详细说明修补工具在后期处理中的具体应用，下面通过一个小实例来讲解，其操作步骤如下。

步骤01 从素材库中打开如图14.9所示的"修补工具——板凳.jpg"图像文件，该图像的板凳凳面上有一处明显的错误。

步骤02 在工具箱中选择修补工具，拖动鼠标选择错误的图像区域，如图14.10所示。

图14.9 打开文件

图14.10 选择错误图像区域

步骤03 按住鼠标左键将图像选择区域拖放到正确的图像区域，然后释放鼠标，修补后的效果如图14.11所示。

在拖曳鼠标时，其实就是寻找一块图像区域去修补错误的图像区域，所以寻找的图像区域应与被修补的区域在纹理、亮度和饱和度等方面大体一致。

图14.11 修补后的板凳凳面

14.1.2 典型案例——通过移动工具调整图像

案例目标

本例将为一幅图片进行变换操作，主要练习移动工具的使用，效果如图14.12所示。

素材位置：【\第14课\素材\】

效果图位置：【\第14课\源文件\卧室.psd】

制作思路：

步骤01 打开卧室和室内植物图像，将卧室的图层解锁。

步骤02 将植物图像中的植物选中，利用移动工具将其调整到卧室图像中。

图14.12 变换调整后的效果

本案例分为两个制作步骤：第一步，选择图像；第二步，移动图像。

1. 选择图像

通过魔棒工具选择图像，其具体操作如下。

步骤01 打开"卧室.jpg"文件和"室内植物.jpg"文件，双击卧室图像【图层】面板中的 按钮，在打开的【新建图层】对话框中将其命名为"卧室"，如图14.13所示。

步骤02 单击【确定】按钮，关闭对话框。

步骤03 在工具箱中单击 工具按钮，在植物图像的白色部分处单击，将白色部分选中，按【Ctrl+Shift+I】组合键反选图像，如图14.14所示。

图14.14 选中植物部分

图14.13 命名图层

2. 移动图像

只需使用移动工具将其调入卧室图像中并进行变换即可，其具体操作如下。

步骤01 单击 工具按钮，将选中的植物图像移动到卧室图像中，如图14.15所示。

步骤02 按【Ctrl+T】组合键对值物图像进行自由变换。将鼠标指针放置在右下角的控制点上，按住【Ctrl+Shift】组合键并拖曳鼠标，可以自由变换图像，如图14.16所示。

图14.15　移动图像

图14.16　变换效果

案例小结

本案例为一个简单的图像进行了变换操作，自由变换和变换命令还可以用于使图层中的图像、文本及路径产生变形，这也是在平常操作中使用较频繁的一种操作方式，也可根据自己的喜好来完成。

14.2　色彩/色调调整工具

色彩和色调的调整主要是指对图像的亮度、对比度、饱和度和色相进行调整。从3ds Max 2010渲染输出的图像在色彩和色调方面往往与实际有一些差异，需要在后期进行调整。理解和运用好Photoshop CS4的色彩调整功能，将会极大地帮助使用者弥补原始图像中画面色彩质量的缺陷。

14.2.1　知识讲解

对图像色彩或色调的调整，主要包括对图像色彩平衡、色阶、亮度/对比度、曲线的调整。

1. 色彩平衡调整

如果图像中存在明显的偏色，就可使用【色彩平衡】命令来纠正，此命令常用于调节图像的色调。执行【图像】→【调整】→【色彩平衡】命令，可打开【色彩平衡】对话框，如图14.17所示。该对话框主要由【色彩平衡】和【色调平衡】区域组成。

其中各参数简介如下。

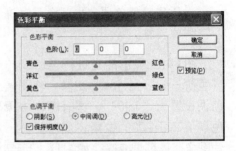

图14.17　【色彩平衡】对话框

- **【色彩平衡】区域**：该区域中【色阶】参数右侧的3个文本框分别对应对话框中部的3个颜色滑块。当颜色滑块靠近某种颜色时，表示将在图像中增加该颜色；远离某种颜色，则表示将在图像中减少该颜色。

- **【色调平衡】区域**：该区域用于设置需要调整的图像的色彩范围，其中包括【阴影】、【中间调】和【高光】3个单选项，当选中某一单选项时，表示只对相应色调的像素进行调整。

对如图14.18所示的"色彩平衡——起居室.jpg"图像进行色彩平衡调整（分别增加绿色和红色）后的效果如图14.19和图14.20所示。

图14.18　原始图像

图14.19　增加绿色

图14.20　增加红色

2. 色阶调整

利用【色阶】命令可对图像的高光、中间调和暗调进行调整，从而改变图像的色调。执行【图像】→【调整】→【色阶】命令，可打开【色阶】对话框，如图14.21所示。

其中各参数简介如下。

- **【通道】下拉列表框**：用来设置要调整的图像通道。如果要调整的图像是RGB模式的，则可调整的通道包括RGB通道、R通道、G通道和B通道。

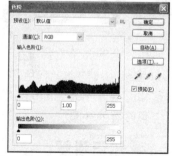
图14.21　【色阶】对话框

- **【输入色阶】参数**：其下侧的3个文本框分别用来设置图像的暗部色调、中间色调和亮部色调。这3个文本框分别对应直方图横坐标上的3个三角形滑块，通过拖动各个滑块也可实现对图像暗部色调、中间色调和亮部色调的调整。

图14.22显示的是进行色阶调整前的"色阶——卧室.jpg"图像，将图像亮部色调设置为"190"，这时图像中原亮部色调值高于100的像素将变得更亮，从而使图像整体色调变亮，如图14.23所示。

图14.22　未进行色阶调整的图像

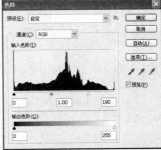

图14.23　进行色阶调整后的图像

 如果增加暗部色调的值，那么图像中原暗部色调值低于100的像素将变成黑色，从而使图像整体色调变暗，这刚好是增加亮部色调值的逆向操作。

　　中间色调用来平衡暗部色调和亮部色调，当该滑块偏向暗部色调滑块时，将增加图像的亮部色调，如图14.24所示；反之，将降低图像的亮部色调，如图14.25所示。

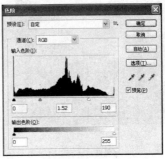

图14.24　中间色调偏向暗部色调

图14.25　中间色调偏向亮部色调

3. 亮度/对比度调整

　　如果要处理的图像色调偏暗或呈现大面积的灰度，那么可用Photoshop提供的【亮度/

对比度】命令来调整。执行【图像】→【调整】→【亮度/对比度】命令，可打开【亮度/对比度】对话框，如图14.26所示。

从素材库中打开如图14.27所示的"亮度对比度——会议室.jpg"图像文件，将其亮度增加"20%"后的效果如图14.28所示，将其对比度增加"60%"后的效果如图14.29所示。

图14.26 【亮度/对比度】对话框　　　　图14.27 偏暗的会议室效果

图14.28 亮度增加"20%"后的效果　　　　图14.29 对比度增加"60%"后的效果

从上面3个效果图中可以看出，在对图像进行亮度和对比度的调整时，不能单纯地调整亮度或对比度，而应将二者同时调整，以实现相互协调的图像效果。

4. 曲线调整

【曲线】命令用于调整图像的整体色调范围，与【色阶】命令的区别在于它可以调整"0"～"255"范围内的任意点，而不只是调整阴影区、中间色调区和高光区。执行【图像】→【调整】→【曲线】命令，可打开【曲线】对话框，如图14.30所示。

通过调整曲线形状可以对图像的色彩、亮度和对比度进行调整。曲线的横坐标代表原图像的色调，纵坐标代表调整后的图像色调，其变化范围在"0"～"255"之间。

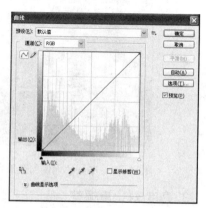

图14.30 【曲线】对话框

图14.31显示的是进行曲线调整前的"曲线——走廊.jpg"图像，在曲线上单击鼠标左键并向下拖曳，可使图像色调变暗，如图14.32所示。

图14.31　未进行曲线调整的图像

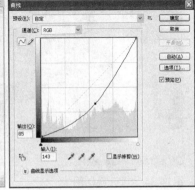

图14.32　进行曲线调整后的图像及【曲线】对话框

14.2.2　典型案例——夜色下的别墅

案例目标

本案例将制作一幅室外夜景效果图，主要练习选区工具、加深工具的使用，以及亮度/对比度、色阶和色彩平衡等的控制与应用。制作出的夜景效果如图14.33所示。

　　素材位置：【\第14课\素材\】

　　效果图位置：【\第14课\源文件\别墅.psd】

　　制作思路：

步骤01　先整体降低图像的亮度和对比度，以得到大概的夜色效果。

图14.33　夜色下的别墅

步骤02 对图像进行色彩平衡调整，以增强夜色的气氛。

步骤03 对图像中的某些局部进行补光和调色等处理，以得到夜色下不同的光照效果。

操作步骤

本案例分为两个制作步骤：第一步，调整图像整体亮度和色调；第二步，对局部图像进行调整。

1. 调整图像整体亮度和色调

可用【色阶】命令来调整图像的亮度，用【色彩平衡】命令来调整图像色调，其具体操作步骤如下。

步骤01 打开如图14.34所示的"别墅.jpg"图像文件。

图14.34　打开原始图像

步骤02 执行【图像】→【调整】→【色阶】命令，打开【色阶】对话框，调整图像的色阶，以降低图像的亮度。调整后的效果和参数设置如图14.35所示。

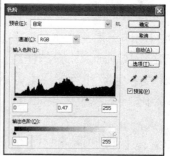

图14.35　对图像进行色阶调整

步骤03 执行【图像】→【调整】→【色彩平衡】命令，打开【色彩平衡】对话框，调整图像的色彩平衡，以增加图像的黄色调和红色调。调整后的效果和参数设置如图14.36所示。

278

图14.36 对图像进行色彩平衡调整

2. 对局部图像进行调整

图像的局部亮度调整可用画笔工具或加深工具来完成，其具体操作步骤如下。

步骤01 选择工具箱中的加深工具 ◉，并将其对应的工具属性栏中的画笔直径设置为"200"，曝光度设置为"25%"，如图14.37所示。

图14.37 设置加深工具的工具属性栏

步骤02 将鼠标指针移到图像中下半部分的地面处并单击，以降低地面的亮度，如图14.38所示。

步骤03 单击【修补】工具按钮，在天空的左上方创建如图14.39所示的选区。向下边有云彩的地方拖曳鼠标，效果如图14.40所示。

图14.38 单击降低地面的亮度

图14.39 创建选区

图14.40 修补后的效果

步骤04 继续用修补工具在天空的其他部分创建选区，直到天空的效果如图14.41所示。

步骤05 执行【图像】→【调整】→【亮度/对比度】命令，打开【亮度/对比度】对话框，设置参数如图14.42所示。调整后的效果如图14.43所示。

图14.41　创建的天空效果

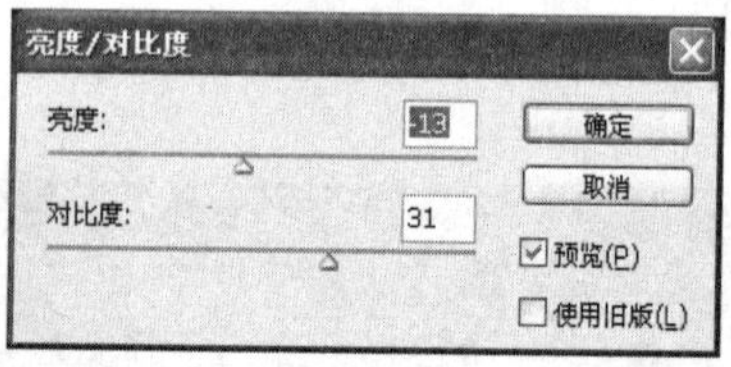

图14.42　【亮度/对比度】对话框

图14.43　调整亮度/对比度后的效果

步骤06 执行【图像】→【调整】→【色彩平衡】命令，打开【色彩平衡】对话框，设置参数如图14.44所示，调整后的效果如图14.45所示。

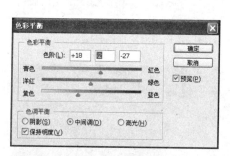

图14.44　【色彩平衡】对话框

图14.45　调整亮度/对比度后的效果

案例小结

　　本案例将白天的别墅图片处理成了夜色下的别墅，在制作过程中主要用到了选区工具、加深工具和修补工具，并使用了【色阶】命令和【色彩平衡】命令，只有将它们有机地结合在一起才能表现出较完整的效果。另外，在后期处理时，应对处理的对象有相当深的了解，还要对现实生活中不同的环境有一定的认识，使处理后的效果与现实相吻合。

14.3　上机练习

14.3.1　处理客厅

　　本次上机练习将对如图14.46所示的客厅进行后期处理，以达到如图14.47所示的效果，主要练习曲线、照片滤镜和锐化等工具的使用。

图14.46　处理前的效果

图14.47　处理后的效果

　　素材位置：【\第14课\素材\】
　　效果图位置：【\第14课\源文件\客厅.psd】
　　制作思路：

步骤01　通过执行【图像】→【调整】→【曲线】命令，调整图像的亮度。
步骤02　通过执行【图像】→【调整】→【照片滤镜】命令，为图像添加冷色调。
步骤03　通过执行【滤镜】→【锐化】→【USM锐化】命令，对图像进行锐化。

14.3.2　制作公寓楼效果

　　本次上机练习将对如图14.48所示的楼房进行后期处理，以达到如图14.49所示的效果，主要练习选区、加深等工具，以及【色彩平衡】等命令的使用。

图14.48　处理前的效果

图14.49　处理后的效果

素材位置：【\第14课\素材\】

效果图位置：【\第14课\源文件\公寓楼.psd】

制作思路：

步骤01 利用选区工具删除背景，然后将素材文件合成进来使其与室外效果图相匹配。

步骤02 将草地素材文件合成进来，使其与室外效果图相匹配。

步骤03 使用加深工具添加楼房的阴影效果。

步骤04 利用【色彩平衡】命令调整图像色彩，使效果图与背景颜色相匹配。

14.4 疑难解答

问：在【色彩平衡】对话框中调整图像的颜色后，发现图像的亮度也变了，这是为什么？

答：对于RGB图像，执行【图像】→【调整】→【色彩平衡】命令后，应在打开的【色彩平衡】对话框中选中【保持明度】复选框，如图14.50所示，这样就不会在更改颜色后，亮度也发生变化了。

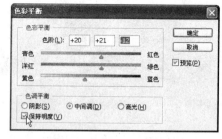

图14.50　选中【保持明度】复选框

问：在效果图的处理中，常常会使用哪些工具对图像进行调整？

答：在效果图的处理中，我们常常会遇到这样或那样的问题，这就需要我们用不同的工具对其进行特殊处理，如选区、魔棒和移动等工具，【色阶】、【色彩平衡】等命令，以及用来制作特殊效果的模糊和锐化工具，这些都是图像处理中常用的工具。

问：在效果图的制作中，地板的效果不太真实，如果想将地板的效果处理得更真实，那么在Photoshop CS4中具体应该怎样操作呢？

答：如果已对图像的颜色、亮度等方面进行了调整，那么可选择锐化工具来处理图像，使其轮廓更清晰；如果感觉轮廓过于突出，则可以消除锐化。这样，就可以制作出真实的地板效果。

14.5 课后练习

选择题

1 要选择一大片颜色相近的选区，一般使用（　　　　）工具。

A. 框选 　　　　　　　　　　　　B. 套索

C. 魔棒 　　　　　　　　　　　　D. 移动

2 要调整一幅图像的亮度而又不想使图像过暗，应该使用（　　　）命令。

A. 亮度/对比度 　　　　　　　　　　B. 色阶、亮度/对比度

C. 曲线、亮度/对比度 　　　　　　　D. 色阶、曲线

3 如要提高图像的亮度，可选择应用下面的哪些调整工具？（　　　）

A. 亮度/对比度 　　　　　　　　　　B. 色阶

C. 色相/饱和度 　　　　　　　　　　D. 色彩平衡

问答题

1 使用移动工具对对象进行移动和复制的操作步骤是什么？

2 套索工具中包括哪些套索工具，并简述其使用方法。

3 常用的色彩调整命令有哪几种？比较它们之间的异同点。

上机题

1 利用Photoshop CS4中【高斯模糊】滤镜，对客厅效果图进行锐化处理，处理后的效果如图14.51所示。

图14.51　处理后的效果

素材位置：【\第14课\素材\明亮客厅.jpg】

效果图位置：【\第14课\源文件\明亮客厅.psd】

在制作过程中要注意以下两点。

➡ 将【背景】图层进行复制，通过执行【滤镜】→【模糊】→【高斯模糊】命令，为图像添加模糊效果。

➡ 通过执行【滤镜】→【锐化】→【USM锐化】命令，对图像进行锐化处理。

---

2 利用Photoshop CS4中的调整命令，对如图14.52所示的图像进行亮度、对比度、饱和度和色相的调整，最终效果如图14.53所示。

素材位置：【\第14课\素材\阳光卧室.jpg】

效果图位置：【\第14课\源文件\阳光卧室.psd】

图14.52　原始图

图14.53　处理后的效果

 在制作过程中要注意以下几点。

- ➡ 通过执行【图像】→【调整】→【色阶】命令，设置色阶。
- ➡ 通过执行【图像】→【调整】→【亮度/对比度】命令，对图像的亮度和对比度进行调整。
- ➡ 通过执行【图像】→【调整】→【色相/饱和度】命令，对图像的局部色彩偏差进行调整。
- ➡ 通过执行【图像】→【调整】→【色彩平衡】命令，对图像的整体色彩偏差进行调整。

第15课

三维效果图综合实例

▼ **本课要点**

室内三维模型的综合创建

室内三维场景布光的综合应用

室内效果图后期处理的表现技法

▼ **具体要求**

认识导入外部文件的作用

掌握二维图形在大型场景中的具体应用

掌握标准灯光与光度学灯光在同一场景下的应用

掌握室内外三维建筑取景时摄影机的具体调整

方法

认识渲染输出尺寸的重要性

掌握后期处理中玻璃和灯光的具体创建方法

在后期处理中综合把握场景的整体色调

▼ **本课导读**

本课将重点介绍室内效果图的具体制作过程，

即如何把模型、材质、灯光、渲染和后期处理

等有机地融合在一起，达到真实模拟现实环境

的效果。

15.1 客厅的设计原则

客厅是家人休息、交谈和社交的重要场所，以能够让家人得到休息为主要目的。因此，设计时以家庭成员为重点来统一规划，在实用舒适的原则下，展露出家庭的特殊风格。

客厅有着举足轻重的地位，客厅装修是家庭装修的重中之重。笔者认为客厅的设计应遵循以下几个原则，才能既实用又美观。

- ⮞ 在空间形式的设计安排上，原则上客厅应位于住宅中央地区，并且距离主入口不远处。但要避免外界能直接通过主入口一览客厅全貌的情况，这样使居家缺乏应有的隐私性。
- ⮞ 对于活动设备的安排，必须将其规划在有利的位置上，建立自然顺畅的连接关系；且需考虑到阳光是否充足和空间是否宽敞，以利于家人活动时方便、舒坦。
- ⮞ 在视觉形式设计上，应注重室内的环境能向户外环境伸展。如以落地窗方式来连接户外景物，延伸视觉效果，尤其当户外景物规划良好时，应适合将外景采入室内，以增加视觉上的舒适和美感。
- ⮞ 环境条件方面，自然景观和人为设施要注意完备而协调。主要包含8个要素：良好的照明设备、适当的家具选配、完善的隔音设施、精巧的摆饰布置、计划性空调控制、足够的储藏空间、绿化造景的运用、合乎使用要求的材料。

15.2 客厅效果图的制作

客厅效果图一般是利用3ds Max+Photoshop的组合来制作的，在3ds Max 2010中主要通过创建模型、制作材质、架设摄像机和布置灯光、设置环境和渲染参数等流程制作客厅，客厅效果图的后期处理是在Photoshop中完成的，如对效果图的色彩、亮度和对比度的处理。

本节将制作客厅室内效果图。在制作任意一个室内效果图前，都应对要完成的目标任务有一个清晰的认识，只有在深入了解的基础上才能更快、更好地制作并完成任务。

案例目标

本节将制作如图15.1所示的客厅室内效果图，目的是让读者掌握一般室内效果图的具体制作过程，并逐步掌握室内效果图的制作方法。

素材位置：【\第15课\素材\室内效果图\】

效果图位置：【\第15课\源文件\室内后期制作效果图.jpg】

图15.1 客厅室内效果图

制作思路：

步骤01 **构图分析：** 在现代家居设计中，为了满足现代人追求家居大空间的愿望，设计师总是想方设法在有限的空间范围内设计出尽可能大的生活空间。室内设计一般多以综合性活动空间形态来设计，在有限的空间内，经济有效地扮演各种角色，家人可在此看电视、听音乐、品茗、阅读和接待亲友。

步骤02 **建模分析：** 本案例中的客厅墙体、天花板及地面等都是通过先创建出它们的二维图形截面，然后将二维图形通过不同的修改器转换成三维对象来完成的。
室内的家具无须手动创建，只需从外部合并到场景中即可，但请注意，合并后的家具与其他装饰间的比例关系和透视关系要协调。需要合并的家具主要有沙发、茶几、电视及装饰柜等。

步骤03 **材质分析：** 本案例中的地板、门框、沙发和画框等都是采用贴图来模拟的，所以应为它们指定不同的贴图，并为表面光滑度不同的材质制作不同的反光效果。

操作步骤

本案例的制作过程可分为5个部分，分别是创建客内结构和添加家具、创建材质、创建摄影机和灯光系统、渲染输出及后期处理。

1. 创建室内结构和添加家具

室内结构的制作主要包括墙体的创建、装饰物的创建和室内家具的创建与合并等。这些模型的制作主要是通过使用【编辑样条线】、【挤出】及【放样】等修改器来完成的。具体操作步骤如下。

步骤01 启动3ds Max 2010，单击菜单栏上的【自定义】→【单位设置】命令，打开【单位设置】对话框，选中【公制】单选项，并在下面的下拉列表框中选择【毫米】选项，如图15.2所示。

步骤02 然后单击【系统单位设置】按钮，在打开的对话框中设置单位为"毫米"，如图15.3所示。

图15.2 设置显示单位

图15.3 设置系统单位

步骤03 激活顶视图，打开【创建】命令面板，单击【图形】按钮，单击【线】按钮，展开【键盘输入】卷展栏，如图15.4所示。

步骤04 单击【添加点】按钮定位坐标轴位置，这时在视图中会出现红色坐标轴，如图15.5所示。

图15.4 【键盘输入】卷展栏

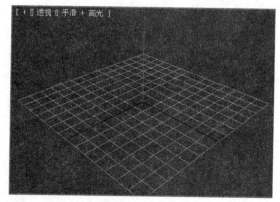

图15.5 单位坐标轴位置

步骤05 在【键盘输入】卷展栏的【Y】数值框中输入"-920mm"，单击【添加点】按钮，在Y轴上绘制长920mm的线段。然后在【X】数值框中输入"7530mm"，单击【添加点】按钮，再次在【Y】数值框中输入"-607mm"，单击【添加点】按钮，形成的线段如图15.6所示。

步骤06 打开【修改】命令面板，选择【样条线】次对象，在【几何体】卷展栏中设置轮廓值为"-240mm"，按回车键为曲线添加轮廓，作为墙体截面，如图15.7所示。

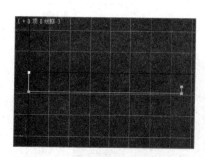

图15.6 绘制的曲线

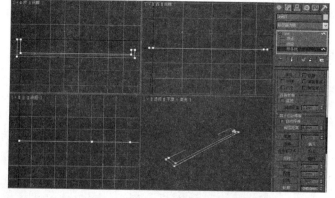

图15.7 添加轮廓线

步骤07 在【修改器列表】下拉列表框中选择【挤出】修改器，为曲线添加【挤出】修改器，并设置数量值为"2600mm"，使墙体增加一定的高度，如图15.8所示。

步骤08 在【创建】命令面板中单击【图形】按钮，单击【矩形】按钮，在顶视图中创建一个长度为"1780mm"、宽度为"240mm"的矩形，作为门口横梁的截面，如图15.9所示。

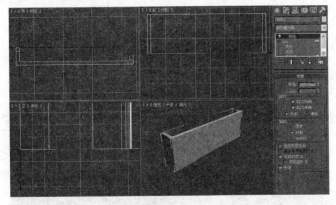

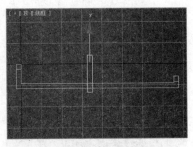

图15.8　添加【挤出】修改器

图15.9　创建横梁截面

步骤09　打开【修改】命令面板，为矩形添加【挤出】命令，设置数量值为"600mm"，如图15.10所示。

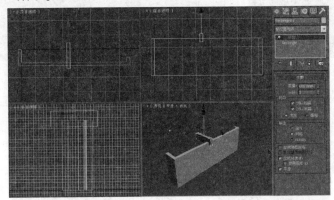

图15.10　添加【挤出】修改器

步骤10　激活主工具栏上的【捕捉开关】按钮，在该按钮上单击鼠标右键，在打开的对话框中选中【顶点】复选框，设置捕捉节点，如图15.11所示。

步骤11　在顶视图中拖动横梁，使它对齐到墙体，效果如图15.12所示。

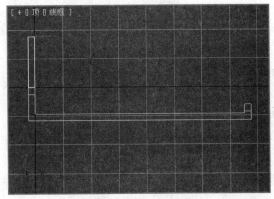

图15.11　设置顶点捕捉

图15.12　对齐对象

步骤12 打开【创建】命令面板，单击【图形】按钮，单击【线】按钮，展开【键盘输入】卷展栏。

步骤13 单击【添加点】按钮定位坐标轴位置，在【Y】数值框中输入"910mm"，单击【添加点】按钮，在Y轴上绘制一条长910mm的线段。然后在【X】数值框中输入"5100mm"，单击【添加点】按钮，再次在【Y】数值框中输入"1250mm"，单击【添加点】按钮，形成的线段如图15.13所示。

步骤14 打开【修改】命令面板，按照前面的方法为曲线添加一个轮廓线，数值设置为"240mm"，制作另一面墙体的截面，如图15.14所示。

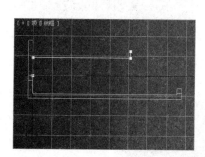

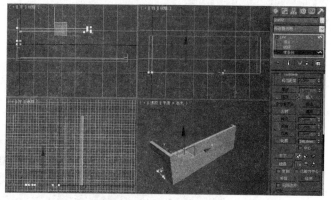

图15.13　绘制曲线　　　　　　图15.14　添加轮廓线

步骤15 在【修改】命令面板中为曲线添加【挤出】修改器，设置数量值为"2600mm"，效果如图15.15所示。

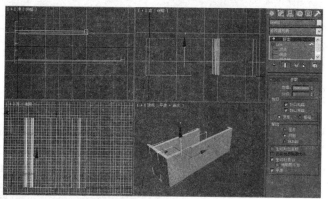

图15.15　添加【挤出】修改器

步骤16 按照前面的方法，使用捕捉节点的方法在顶视图中将挤压后的墙体对齐到横梁的位置，效果如图15.16所示。

步骤17 激活顶视图，打开【创建】命令面板，单击【图形】按钮，在顶视图中创建一个长度为"6000mm"、宽度为"11000mm"的矩形，作为地面的轮廓，如图15.17所示。

步骤18 打开【修改】命令面板，为矩形添加【挤出】修改器，设置数量值为"-240mm"，效果如图15.18所示。

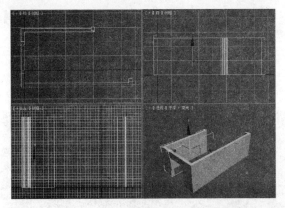

图15.16　对齐对象

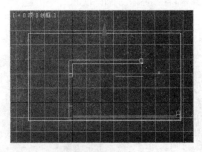

图15.17　创建地面轮廓

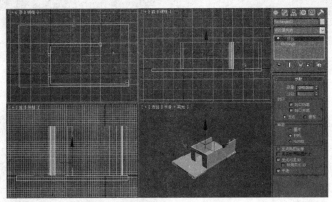

图15.18　添加【挤出】修改器

步骤19 在前视图中选择地面，使用移动复制的方法复制一个对象，然后单击主工具栏上的【对齐】按钮，在前视图中选择墙体，在打开的对话框中设置对齐方式，如图15.19所示。

步骤20 单击【确定】按钮，完成操作，对齐效果如图15.20所示。

图15.19　设置对齐方式

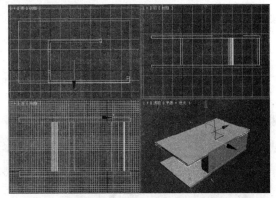

图15.20　对齐效果

步骤21 打开【创建】命令面板，单击【几何体】按钮，在顶视图中创建一个长度为"280mm"、宽度为"2430mm"、高度为"300mm"的长方体，并使用移动工具调整长方体的位置。

步骤22 激活透视视图，调整透视视图的观察角度，并在视图控制区使用【平移视图】按钮 🖐 和【缩放区域】按钮 📷 调整视图的观察范围，如图15.21所示。

步骤23 再次在顶视图中创建一个长度为"850mm"、宽度为"240mm"、高度为"600mm"的长方体，作为转弯处的小墙体。

步骤24 使用捕捉功能，调整小墙体与右侧顶部墙体对齐，效果如图15.22所示。

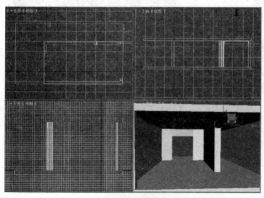

图15.21 创建长方体并调整透视视图的观察角度

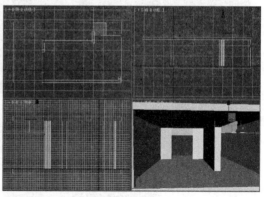

图15.22 制作小墙体

步骤25 再次在顶视图中创建一个长度为"200mm"、宽度为"5100mm"、高度为"300mm"的长方体，作为右侧墙体的装饰梁，并使用移动工具调整好长方体的位置，效果如图15.23所示。

步骤26 打开【创建】命令面板，单击【图形】按钮，单击【线】按钮，展开【键盘输入】卷展栏。

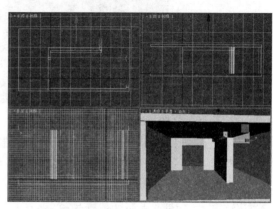

图15.23 制作装饰梁

步骤27 单击【添加点】按钮定位坐标轴位置，在【X】数值框中输入"-1000mm"，单击【添加点】按钮，沿X轴绘制长1000mm的线段。然后在【Y】数值框中输入"3610mm"，单击【添加点】按钮，再次在【X】数值框中输入"0mm"，单击【添加点】按钮，形成的线段如图15.24所示。

步骤28 打开【修改】命令面板，选择【样条线】次对象，为曲线添加一个轮廓线，数值设置为"240mm"，效果如图15.25所示。

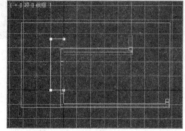

图15.24 绘制曲线

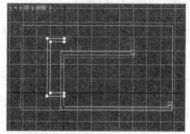

图15.25 添加轮廓线

步骤29 为曲线添加【挤出】修改器，设置数量值为"800mm"，作为阳台下方的护栏，使用移动工具调整其位置，如图15.26所示。

步骤30 选择阳台下方的护栏，在前视图中使用移动复制的方法复制一个对象，如图15.27所示。

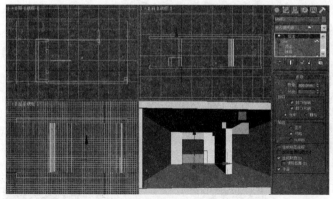

图15.26　制作阳台下方护栏　　　　　　　　　　　　　图15.27　复制对象

步骤31 在【修改】命令面板中的修改器堆栈列表中选择【挤出】选项，然后将其拖曳到【从堆栈中移除修改器】按钮 上，即删除【挤出】修改器，如图15.28所示。

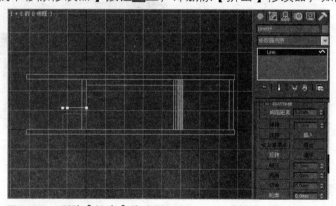

图15.28　删除【挤出】修改器

步骤32 选择曲线的【样条线】次对象，为其添加一个轮廓线，数值设置为"100mm"，效果如图15.29所示。

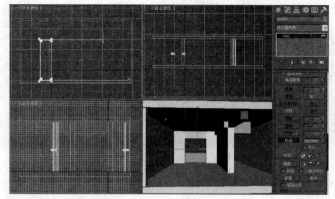

图15.29　添加轮廓线

步骤33 然后为曲线添加【挤出】修改器，数量值设置为"1000mm"，模拟玻璃窗框，为了方便观察，改变其颜色如图15.30所示。

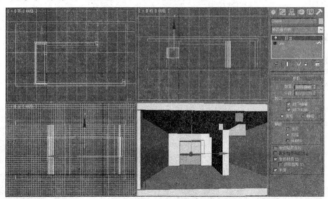

图15.30 添加【挤出】修改器

步骤34 在前视图中选中阳台下方护栏，使用移动复制的方法再复制一个，作为阳台上方的墙体，使用移动工具调整对象的位置，效果如图15.31所示。

步骤35 打开【创建】命令面板，在前视图中创建一个长度为"1200mm"、宽度为"50mm"、高度

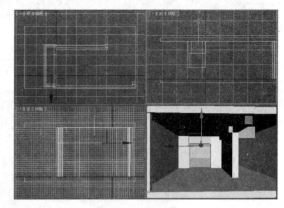

图15.31 复制对象

为"100mm"的长方体，作为玻璃窗的窗柱，如图15.32所示。

步骤36 单击主工具栏上的【对齐】按钮，在视图中选择玻璃窗，在打开的对话框中设置对齐方式，如图15.33所示。

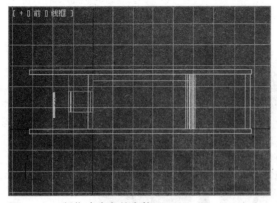

图15.32 制作玻璃窗的窗柱

图15.33 设置对齐方式

步骤37 在左视图中将对齐后的窗柱拖曳到大玻璃窗的一侧，使用移动复制的方法再复制两个窗柱，效果如图15.34所示。

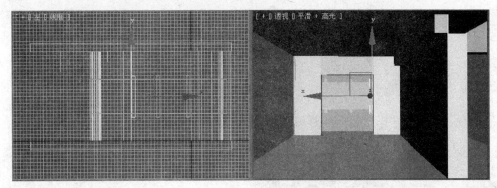

图15.34　复制窗柱

步骤38 按【Alt+W】组合键，最大化顶视图，打开【创建】命令面板，单击【图形】按钮，在顶视图中绘制一条曲线，如图15.35所示。

步骤39 打开【修改】命令面板，选择【样条线】次对象，为曲线添加一个轮廓线，数值设置为"200mm"，效果如图15.36所示。

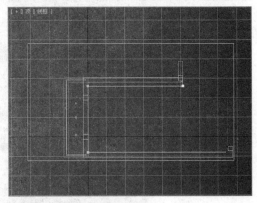

图15.35　绘制曲线

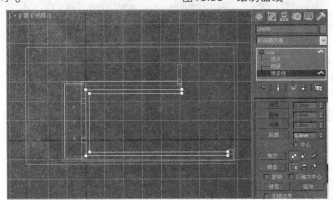

图15.36　添加轮廓线

步骤40 然后在【修改】命令面板中为曲线添加【挤出】修改器，设置数量值为"50mm"，作为天花板上的装饰角，并使用移动工具调整好造型位置，效果如图15.37所示。

步骤41 打开【创建】命令面板，单击【图形】按钮，在顶视图中绘制一条曲线，如图15.38所示。

步骤42 打开【修改】命令面板，选择【样条线】次对象，为曲线添加一个轮廓线，数值设置为"20mm"，效果如图15.39所示。

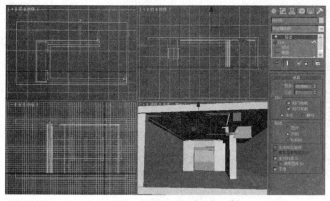
图15.37　添加【挤出】修改器

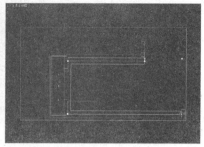
图15.38　绘制曲线

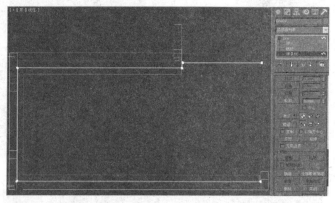
图15.39　添加轮廓线

步骤43　然后在【修改】命令面板中为曲线添加【挤出】修改器，设置数量值为
　　　　"100mm"，作为墙体上方的装饰角，并使用移动工具调整好其位置，效果如图
　　　　15.40所示。

步骤44　打开【创建】命令面板，单击【图形】按钮，单击【截面】按钮，在顶视图中
　　　　绘制一个剖面，使其覆盖全部墙体，如图15.41所示。

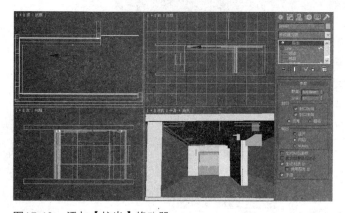
图15.40　添加【挤出】修改器

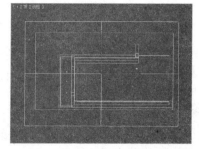
图15.41　创建截面

步骤45　在前视图中选中绘制的截面，将其向上拖曳到室内踢脚线的位置，如图15.42所示。

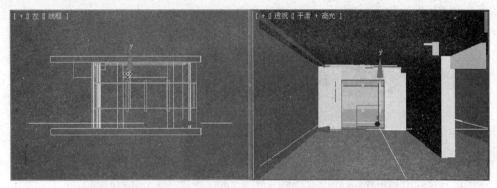

图15.42　调整截面位置

步骤46　打开【修改】命令面板，在【截面参数】卷展栏中单击【创建图形】按钮，如图15.43所示。然后在打开的对话框中输入"踢脚线"，如图15.44所示。

图15.43　【截面参数】卷展栏

图15.44　为截面图形命名

步骤47　单击【确定】按钮，完成操作。返回视图后按【Delete】键将多余的截面去除，效果如图15.45所示。

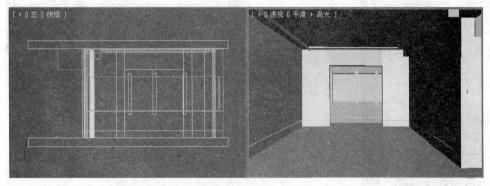

图15.45　删除多余的截面

步骤48　选择踢脚线，打开【修改】命令面板，选择【样条线】次对象，为曲线添加轮廓线，数量值设置为"15mm"，效果如图15.46所示。

步骤49　然后为曲线添加【挤出】修改器，将其数量值设置为"150mm"，效果如图15.47所示。

步骤50　在前视图中选中挤出后的踢脚线造型，单击主工具栏上的【对齐】按钮，然后在前视图中选择地面，在打开的对话框中设置对齐方式，如图15.48所示。

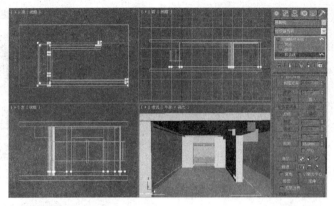

图15.46　添加轮廓线

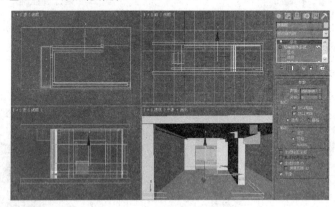

图15.47　添加【挤出】修改器

步骤51　单击【确定】按钮，完成操作，效果如图15.49所示。

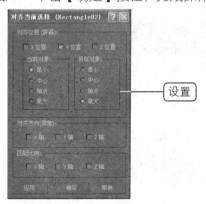

图15.48　设置对齐方式

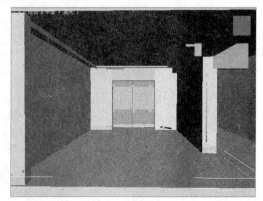

图15.49　对齐踢脚线和墙体

步骤52　打开【创建】命令面板，单击【图形】按钮，在左视图中绘制一条曲线，作为门框的轮廓线，如图15.50所示。

步骤53　再在顶视图中创建一个长度和宽度均为"60mm"的矩形，作为门框的截面，如图15.51所示。

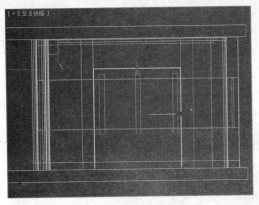

图15.50　绘制门框轮廓线

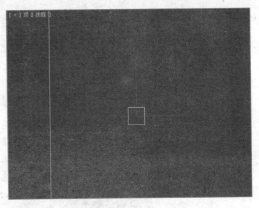

图15.51　创建矩形

步骤54 打开【修改】命令面板，为矩形添加【编辑样条线】修改器。按【Alt+W】组合键最大化顶视图，选择【顶点】次对象，在【几何体】卷展栏中单击【优化】按钮，为矩形添加顶点，如图15.52所示。

步骤55 退出【顶点】次对象编辑模式，选中添加的上下两个顶点，向左拖动，使其凹进矩形内，效果如图15.53所示。

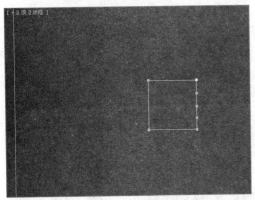

图15.52　添加顶点

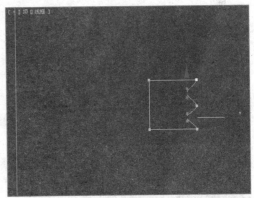

图15.53　编辑顶点

步骤56 选中矩形右线段上最两端的顶点，在【几何体】卷展栏中单击【圆角】按钮，在视图中拖曳鼠标，对两个端点进行圆角操作，如图15.54所示。

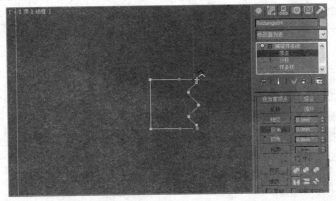

图15.54　进行圆角操作

步骤57 完成操作后，再次单击【圆角】按钮退出编辑状态。在视图中选中门框轮廓曲线，打开【创建】命令面板，单击【几何体】按钮，在【标准基本体】下拉列表框中选择【复合对象】选项。

步骤58 单击【放样】按钮，在【创建方法】卷展栏中单击【获取图形】按钮，在视图中选取编辑后的门框截面，进行放样操作，为了便于观察，我们为放样后的造型更改颜色，效果如图15.55所示。

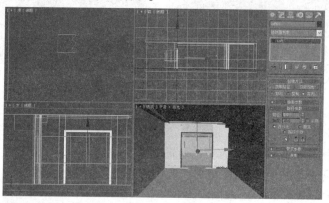

图15.55　进行放样操作

步骤59 打开【创建】命令面板，在左视图中再创建一条曲线，作为右侧墙体门口的门框轮廓，如图15.56所示。

步骤60 按照前面的方法对该曲线进行放样操作，放样图形为前面绘制的门框截面，放样完成后，使用移动工具调整门框的位置，效果如图15.57所示。

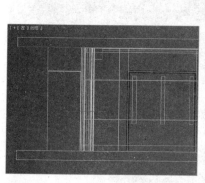

图15.56　创建曲线　　　　图15.57　放样操作

步骤61 打开【创建】命令面板，单击【几何体】按钮，在顶视图中创建一个长度为"1600mm"、宽度为"2000mm"、高度为"20mm"的长方体，作为天花板的吊顶，如图15.58所示。

步骤62 在前视图中使用移动复制的方法再复制一个，然后激活主工具栏上的【选择并均匀缩放】按钮，在该按钮上单击鼠标右键，在打开的对话框中设置缩放值为"80%"，如图15.59所示。

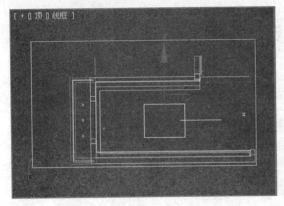

图15.58 制作天花板吊顶

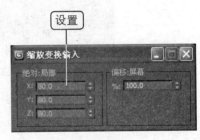

设置

图15.59 缩放对象

步骤63 按回车键，完成操作，效果如图15.60所示。

步骤64 打开【创建】命令面板，在前视图中创建一个大小合适的矩形，单击鼠标右键，从弹出的方形菜单中选择【转换为】→【转换为可编辑样条线】命令，将矩形转换为可编辑样条线，如图15.61所示。

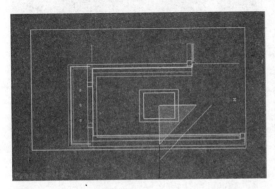

图15.60 缩放对象的效果

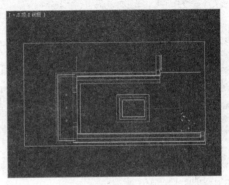

图15.61 创建矩形并将其转换为可编辑样条线

步骤65 打开【修改】命令面板，选择【样条线】次对象，为曲线添加一个轮廓线，数值设置为"60mm"，如图15.62所示。

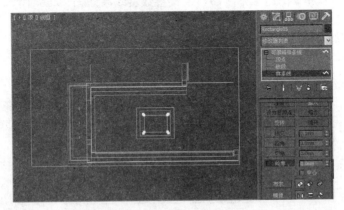

图15.62 添加轮廓线

步骤66 然后为曲线添加【挤出】修改器，设置数量值为"20mm"，效果如图15.63所示。

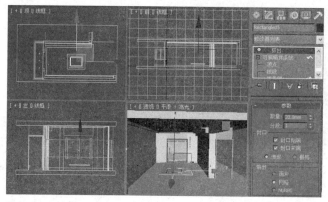

图15.63 添加【挤出】修改器

步骤67 在前视图中调整3块吊顶的位置，最终效果如图15.64所示。

步骤68 打开【创建】命令面板，在左视图中创建两个大小合适的矩形，作为右侧墙体处的门截面，如图15.65所示。

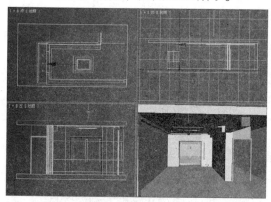

图15.64 调整吊顶位置

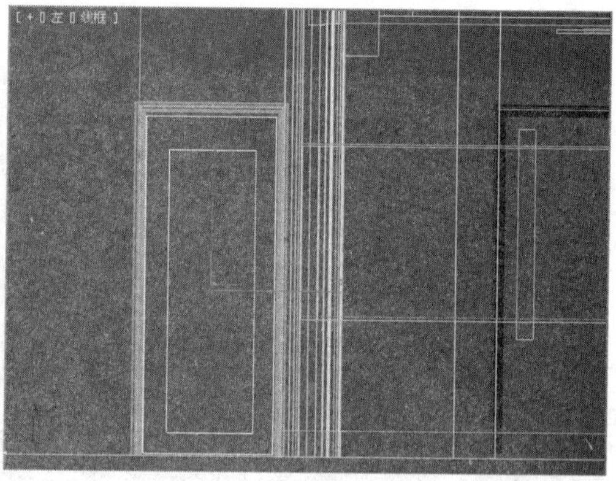

图15.65 创建矩形

步骤69 选中其中一个矩形，为其添加【编辑样条线】修改器，在【修改】命令面板中单击【附加】按钮，在视图中选择另一个矩形，将它们连接为一体。

步骤70 然后为其添加【倒角】修改器，设置参数及效果如图15.66所示。

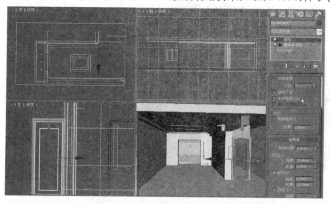

图15.66 添加【倒角】修改器

步骤71 在左视图中小矩形的位置处使用节点捕捉的方式再创建一个矩形，然后为其添加【挤出】修改器，设置数量值为"20mm"，作为门板，如图15.67所示。

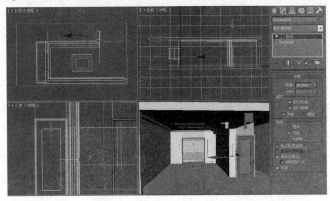

图15.67　制作门板

步骤72　在左视图中创建一个大小合适的小矩形，然后使用移动复制的方法将其再复制14个，调整好位置，效果如图15.68所示。

步骤73　在左视图中创建一个大小合适的矩形，使用移动复制的方法再复制3个，效果如图15.69所示。

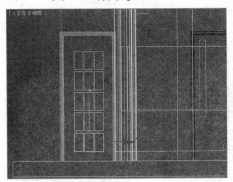

图15.68　创建并复制矩形

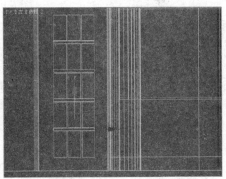

图15.69　创建并复制矩形

步骤74　在左视图中再创建一个大小合适的矩形，然后使用移动复制的方法再复制1个，效果如图15.70所示。

步骤75　选中其中一个矩形，使用方形菜单将其转换为可编辑样条线，然后使用【附加】命令将所有矩形连接为一体，效果如图15.71所示。

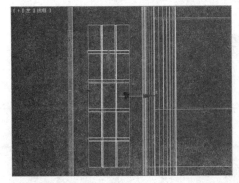

图15.70　创建并复制矩形

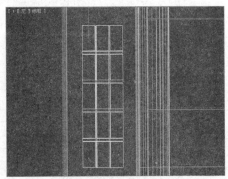

图15.71　所有矩形连接为一体

步骤76 为连接为一体的矩形添加【倒角】修改器，参数设置和效果如图15.72所示。

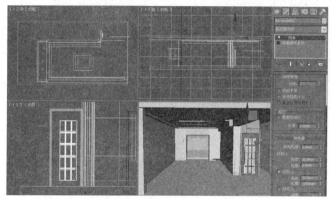

图15.72 添加【倒角】修改器

步骤77 打开【创建】命令面板，在顶视图中创建一个长度为 "500mm"、宽度为 "2600mm" 的矩形，将其调整到右侧墙体踢脚线上方合适的位置，作为地柜搁板截面。

步骤78 然后为其添加【挤出】修改器，将其数量值设置为 "40mm"，作为地柜搁板，如图15.73所示。

步骤79 在顶视图中创建一个长度为 "450mm"、宽度为 "2400mm" 的矩形，然后为其添加【挤出】修改器，将其数量值设置为 "300mm"，作为地柜，并调整其位置，如图15.74所示。

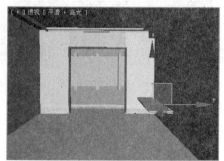

图15.73 创建地柜搁板

图15.74 创建地柜

步骤80 在左视图中创建一个长度为 "230mm"、宽度为 "400mm"、高度为 "630mm" 的长方体，作为地柜的抽屉，然后使用移动复制的方法再实例复制2个，并调整到地柜处，效果如图15.75所示。

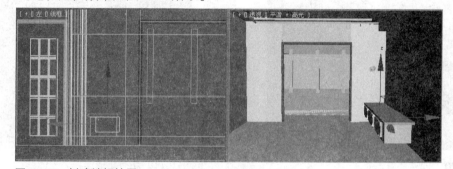

图15.75 创建地柜抽屉

步骤81 在左视图中创建一个倒角长方体，作为抽屉的把手，并使用移动复制的方法再实例复制2个，其参数设置和位置如图15.76所示。

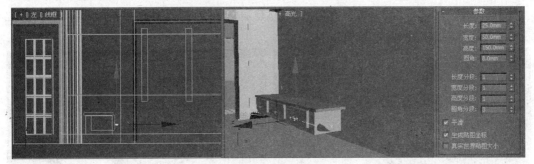

图15.76 创建抽屉把手

步骤82 单击3ds Max图标 ，选择【导入】命令，从弹出的子菜单中选择【合并】命令，在打开的对话框中选择"电视和音箱.max"文件，如图15.77所示。

步骤83 单击【打开】按钮，在打开的对话框中选择要导入的对象，如图15.78所示。

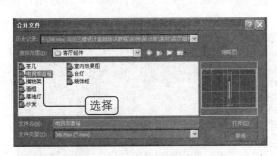

图15.77 选择合并文件

图15.78 选择要合并的对象

步骤84 将该文件导入到场景中，然后执行【组】→【成组】命令，在打开的对话框中输入组名，如图15.79所示。然后使用移动工具将其调整到地柜搁板上后，如图15.80所示。

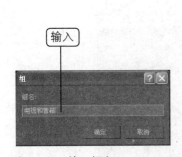

图15.79 输入组名

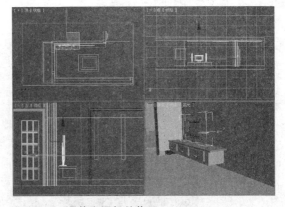

图15.80 调整电视机的位置

步骤85 按照前面的方法依次将画框、装饰柜、落地灯、沙发和茶几搁物架等模型都合并到场景中，并使用移动工具将其调整到合适的位置，效果如图15.81所示。

步骤86 打开【创建】命令面板，在顶视图中创建一个长度为"2500mm"、宽度为"3500mm"、高度为"20mm"的长方体，作为地毯，并使用移动工具调整其位置，如图15.82所示。

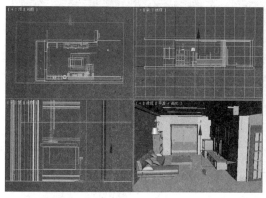
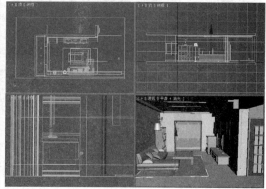

图15.81　导入室内家具　　　　　　　　　图15.82　创建地毯

步骤87 打开【创建】命令面板，在顶视图中创建一个圆环，设置半径1为"320mm"、半径2为"20mm"，并使用移动工具将其调整到天花板装饰顶处，作为吊灯的金属环，如图15.83所示。

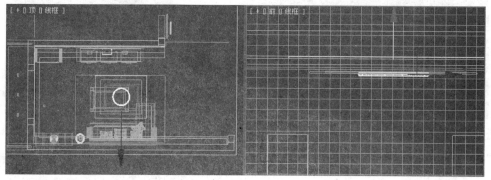

图15.83　创建圆环

步骤88 在顶视图中创建一个半球体，将其与圆环中心对齐，作为吊灯，其参数设置和位置如图15.84所示。

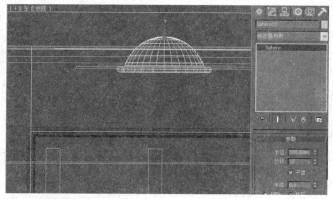

图15.84　创建半球体

步骤89 单击主工具栏上的【镜像】按钮，在打开的镜像对话框中设置镜像方式，如图15.85所示。

步骤90 单击【确定】按钮，完成操作。使用移动工具调整半球体的位置，如图15.86所示。

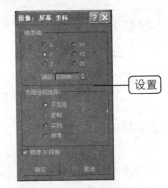

图15.85 设置镜像方式

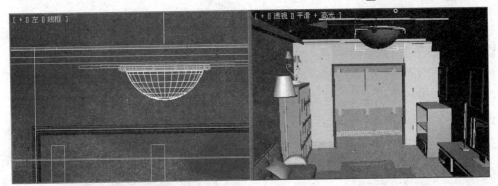

图15.86 镜像半球体并调整位置

步骤91 打开【创建】命令面板，在顶视图中创建一个半径为"50mm"、高度为"20mm"的圆柱体，并使用移动复制的方法实例复制5个，使用移动工具将它们调整到右侧墙体的装饰梁处，效果如图15.87所示。

步骤92 到此为止，已经完成了室内构件的创建和合并操作，在透视视图中调整观察角度，观察客厅构件的位置是否合理，再对其进行进一步的调整，最后按【Shift+Q】组合键进行快速渲染，效果如图15.88所示。

图15.87 创建壁灯造型

图15.88 渲染效果图

2. 创建材质

下面我们来进行客厅及客厅中构件材质的制作和编辑，具体操作步骤如下。

步骤01 单击主工具栏上的【材质编辑器】按钮，在打开的材质编辑器对话框中选择一个空白材质球，将其命名为"乳胶漆"。

步骤02 设置漫反射颜色为"乳白色"，即R，G，B颜色分别为"235，235，220"，明暗处理器为"Blinn"，高光级别为"20"，光泽度为"25"，如图15.89所示。

步骤03 将制作的乳胶漆材质赋予左右两侧墙体、天花板、装饰吊顶、横梁等，并使用快速渲染功能查看渲染效果，如图15.90所示。

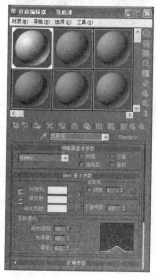

图15.89　编辑材质

图15.90　渲染效果

步骤04 选择一个空白材质球，设置环境光的颜色值R，G，B分别为"235，245，245"，设置漫反射的颜色值R，G，B分别为"210，220，220"，设置高光的颜色为"纯白色"，即R，G，B均为"255"。

步骤05 然后设置高光级别为"70"，光泽度为"50"，不透明度为"50"，单击垂直工具栏上的【背景】按钮，效果如图15.91所示。

步骤06 展开【贴图】卷展栏，单击【反射】贴图通道后边的【None】按钮，在打开的对话框中双击【光线跟踪】选项。

步骤07 单击【转到父对象】按钮返回基本材质编辑界面，设置【反射】贴图通道的数量为"50"，如图15.92所示。

步骤08 将编辑好的材质赋予阳台上的玻璃窗，使用快速渲染功能查看效果，效果如图15.93所示。

步骤09 选择一个空白材质球，将其命名为"门"，设置高光级别为"15"，光泽度为"10"，然后展开【贴图】卷展栏，为【漫反射颜色】贴图通道添加【位图】贴图，选择一个合适的贴图图形文件，如图15.94所示。

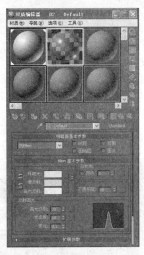

图15.91 材质效果

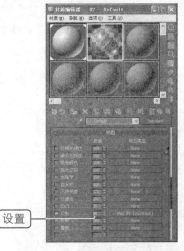

设置

图15.92 设置贴图

图15.93 渲染效果

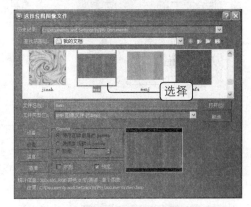

选择

图15.94 选择图形文件

步骤10 单击【打开】按钮，设置完成后返回基本材质编辑界面，材质效果如图15.95所示。

步骤11 将制作的材质赋予两个门框和右侧墙体处的门，使用快速渲染功能查看效果，如图15.96所示。

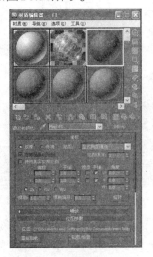

图15.95 材质效果

图15.96 赋予门材质后渲染效果

步骤12 选中一个空白材质球，将其命名为"门架"，设置高光级别为"8"，光泽度为"10"，然后展开【贴图】卷展栏，为【漫反射颜色】贴图通道添加【位图】贴图，材质效果如图15.97所示。

步骤13 将编辑的材质赋予绿色的门板，使用快速渲染命令查看效果，如图15.98所示。

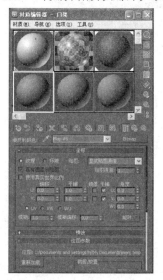

图15.97 材质效果

图15.98 渲染效果

步骤14 选中一个空白材质球，将其命名为"踢脚线"，设置高光级别为"15"，光泽度为"10"，然后展开【贴图】卷展栏，为【漫反射颜色】贴图通道添加【位图】贴图，材质效果如图15.99所示。

步骤15 将编辑的材质赋予场景中的踢脚线，进行快速渲染，效果如图15.100所示。

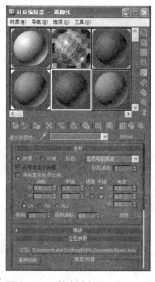

图15.99 编辑材质

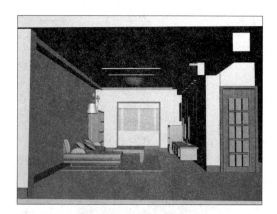

图15.100 为踢脚线赋予材质

步骤16 选中一个空白材质球，将其命名为"装饰边"，设置高光级别为"20"，光泽度为"10"，然后展开【贴图】卷展栏，为【漫反射颜色】贴图通道添加【位图】贴图，选择一个图像文件，如图15.101所示。

步骤17 单击【打开】按钮，返回材质编辑器对话框，在【坐标】卷展栏中设置【平铺】区域中的【U】数值框的值为"30"，如图15.102所示。

图15.101　选择图像文件

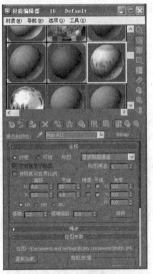

图15.102　设置平铺次数

步骤18 返回基本材质编辑界面，将编辑好的材质赋予天花板下方墙体上的装饰边，进行快速渲染，效果如图15.103所示。

步骤19 将导入的台灯、落地灯、沙发等室内构件取消群组。在材质编辑器对话框中选择一个空白材质球，将其命名为"不锈钢"。

步骤20 设置明暗处理器为"金属"，环境光的颜色值R，G，B值都为"40"，漫反射的颜色值R，G，B值都为"230"，高光级别为"120"，光泽度为"60"，如图15.104所示。

图15.103　渲染效果

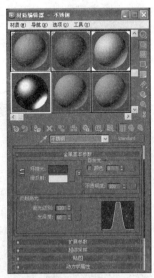

图15.104　设置参数

步骤21 展开【贴图】卷展栏，为【反射】贴图通道添加【光线跟踪】贴图，在【光线跟踪器参数】卷展栏中单击【背景】区域中的【无】按钮，在打开的对话框中双击【位图】选项，添加一个背景图像文件，如图15.105所示。

步骤22 单击【打开】按钮，完成操作。单击两次【转到父对象】按钮返回不锈钢材质编辑界面，设置【反射】贴图通道的数量为"80"，如图15.106所示。

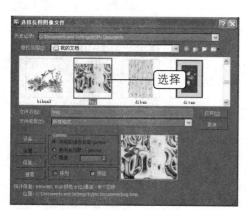

图15.105 添加背景图像文件

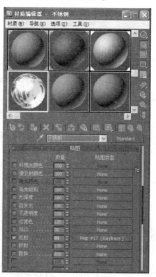

图15.106 编辑材质

步骤23 将编辑的材质赋予落地灯金属支架、阳台玻璃窗支架、台灯上部的金属支架、沙发支架、地柜把手、装饰柜把手、电视按钮和图标等，进行快速渲染，效果如图15.107所示。

步骤24 选择一个空白材质球，将其命名为"金属"，设置明暗处理器为"金属"，漫反射颜色为"黄色"，即"R:240，G:215，B:85"，高光级别为"130"，光泽度为"80"，如图15.108所示。

图15.107 赋予不锈钢材质

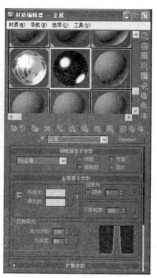

图15.108 设置基本参数

步骤25 展开【贴图】卷展栏，为【反射】贴图通道添加【光线跟踪】贴图，在【光线跟踪器参数】卷展栏中单击【背景】区域中的【无】按钮，在打开的对话框中双击【位图】选项，然后为背景添加一个背景图像文件。

步骤26 单击两次【转到父对象】按钮返回金属材质编辑界面，设置【反射】贴图通道的数量为"60"，如图15.109所示。

步骤27 将编辑好的材质赋予吊灯金属环、台灯部分支架等，进行快速渲染，效果如图15.110所示。

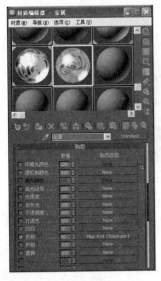

图15.109　添加贴图

图15.110　赋予金属材质

步骤28 选择一个空白材质球，将其命名为"沙发"，单击水平工具栏右下侧的【Standard】（标准）按钮，在打开的对话框中双击【混合】选项，打开提示对话框，选中【丢弃旧材质】单选项，如图15.111所示。

步骤29 单击【确定】按钮，这样就将【标准】材质转换成了【混合】材质。单击材质1右侧的按钮，进入子材质编辑界面，展开【贴图】卷展栏，为【凹凸】贴图通道添加【噪波】贴图。

步骤30 在【噪波参数】卷展栏中设置大小为"20"，如图15.112所示。

图15.111　提示对话框

图15.112　设置噪波值

步骤31 单击【转到父对象】按钮，返回上一级材质编辑界面，将【凹凸】贴图通道的数量设置为"30"。

步骤32 为【漫反射颜色】贴图通道添加【位图】贴图，设置合适的图像文件。然后单击两次【转到父对象】按钮，返回混合材质编辑界面，效果如图15.113所示。

步骤33 拖动材质1右侧的按钮到材质2右侧的按钮上，释放鼠标，在打开的如图15.114 所示的对话框中选中【复制】单选项，进行材质的复制。

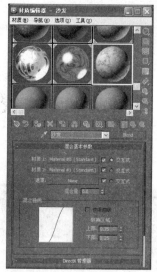

图15.113 完成子材质的编辑

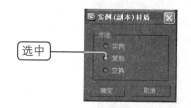

图15.114 复制材质对话框

步骤34 单击【确定】按钮，关闭对话框。然后进入材质2对应的面板中，在【贴图】卷 展栏中将【凹凸】贴图通道的数量设置为"200"，在【噪波参数】卷展栏中设 置大小为"6"，如图15.115所示。

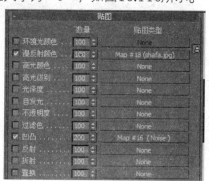

图15.115 编辑子材质

步骤35 在【混合基本参数】卷展栏中单击【遮罩】右侧的【None】按钮，在打开的对 话框中双击【噪波】选项，为遮罩添加【噪波】贴图，注意在【噪波参数】卷 展栏中设置大小为"200"。

步骤36 单击【转到父对象】按钮，返回混合材质编辑界面，双击材质球，观察材质编 辑效果，如图15.116所示。

步骤37 将编辑的材质赋予沙发，进行快速渲染，效果如图15.117所示。

步骤38 选择一个空白材质球，在材质编辑器对话框中，拖动【沙发】材质球到新的材 质球上，复制材质，然后将其命名为"抱枕"。

步骤39 然后将材质1和材质2的【漫反射颜色】贴图通道的【位图】贴图图形文件进行 更改即可。

图15.116 观察材质效果

图15.117 渲染效果

步骤40 完成操作后，抱枕的材质效果如图15.118所示。

步骤41 双击材质球，观察材质编辑效果，如图15.119所示。

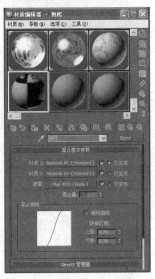

图15.118 完成材质编辑

图15.119 观察材质效果

步骤42 将编辑的材质赋予沙发上的4个抱枕，进行快速渲染，效果如图15.120所示。

步骤43 选择一个空白样本球，拖动【沙发】材质球到新的材质球上，复制材质，然后将其命名为"地毯"。

步骤44 然后按照前面的方法将材质1和材质2的【漫反射颜色】贴图通道的【位图】贴图图形文件进行更改即可。

步骤45 完成操作后，地毯的材质效果如图15.121所示。

步骤46 将编辑的材质赋予地毯，进行快速渲染，效果如图15.122所示。

步骤47 选择一个空白材质球，将其命名为"木材质"，设置高光级别为"60"，光泽度为"40"。

步骤48 展开【贴图】卷展栏，为【漫反射颜色】贴图通道添加【位图】贴图，设置合适的图形文件。然后单击【转到父对象】按钮，返回基本材质编辑界面，效果如图15.123所示。

图15.120　赋予材质

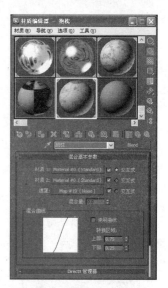

图15.121　编辑材质

图15.122　渲染效果

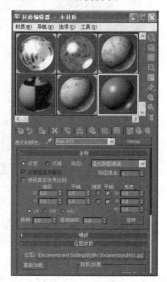

图15.123　编辑材质

步骤49　将编辑的材质赋予搁物架、地柜、装饰柜和茶几等，进行快速渲染，效果如图15.124所示。

步骤50　选择一个空白材质球，将其命名为"木材质2"，设置高光级别为"80"，光泽度为"40"。

步骤51　展开【贴图】卷展栏，为【漫反射颜色】贴图通道添加【位图】贴图，设置合适的图形文件。然后单击【转到父对象】按钮，返回基本材质编辑界面，效果如图15.125所示。

步骤52　将编辑的材质赋予画框、天花板装饰木质吊顶等对象，进行快速渲染，效果如图15.126所示。

图15.124　赋予材质

图15.125　编辑材质

步骤53　选择一个空白材质球，将其命名为"抽屉"，设置高光级别为"110"，光泽度为"60"，漫反射的颜色为"淡黄色"，即"R:250，G:240，B:180"，如图15.127所示。

图15.126　赋予材质

图15.127　编辑基本材质

步骤54　将编辑好的材质赋予地柜和装饰柜的抽屉，进行快速渲染，效果如图15.128所示。

步骤55　选择一个空白材质球，将其命名为"地板"，设置高光级别为"115"，光泽度为"50"，展开【贴图】卷展栏，为【漫反射颜色】贴图通道添加【位图】贴图，设置合适的图形文件，并设置贴图平铺次数，如图15.129所示。

图15.128　渲染效果

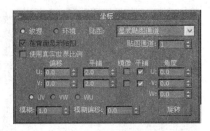

图15.129　设置贴图的平铺次数

步骤56　单击【转到父对象】按钮，返回基本材质编辑界面，为【反射】贴图通道添加【光线跟踪】贴图，设置【反射】贴图通道的数量为"30"，如图15.130所示。

步骤57　将编辑的材质赋予地板，进行快速渲染，效果如图15.131所示。

图15.130　编辑基本材质

图15.131　渲染效果

步骤58　选择一个空白材质球，将其命名为"台灯和落地灯"，设置高光级别为"90"，光泽度为"50"，透明度为"80"，漫反射颜色为"浅黄色"，即"R:225，G:235，B:130"，并在垂直工具栏中单击【背景】按钮，效果如图15.132所示。

步骤59　将编辑的材质赋予台灯和落地灯的灯罩部分，进行快速渲染，如图15.133所示。

步骤60　选择一个空白材质球，将【台灯和落地灯】材质球拖曳到空白材质球上，改变其漫反射颜色为"淡黄色"，即R和G值为"250"，B值为"200"，将颜色值设置为"60"，透明度值设置为"100"，并命名为"吊灯和筒灯"，如图15.134所示。

步骤61　将编辑好的材质赋予吊灯和筒灯，进行快速渲染，效果如图15.135所示。

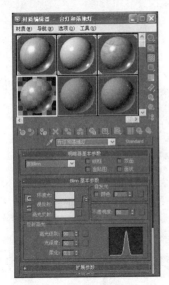

图15.132　材质效果

图15.133　渲染效果

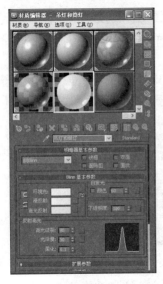

图15.134　编辑材质

图15.135　渲染效果

步骤62　选择一个空白材质球，将其命名为"壁画01"，设置高光级别为"30"，光泽度为"10"，并为【漫反射颜色】贴图通道添加【位图】贴图，选择合适的图形文件，效果如图15.136所示。

步骤63　将材质赋予画框中的长方体。按照上面的步骤继续为其他两个画框中的长方体赋予材质，最后进行快速渲染，效果如图15.137所示。

步骤64　选择一个空白材质球，将其命名为"外框"，设置高光级别为"20"，光泽度为"10"，漫反射颜色的RGB值均为"18"，效果如图15.138所示。

步骤65　将其赋予电视机的外框。然后将【外框】材质球拖曳到一个空白材质球上，设置漫反射颜色的RGB值均为"235"，并更改其名称为"外框2"，然后将材质赋予电视机的中间框部分和音箱的后部分。

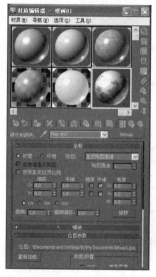

图15.136 材质效果

图15.137 渲染效果

步骤66 将【外框2】材质球拖曳到一个空白材质球上，设置漫反射颜色的R，G，B值均为"35"，更改其名称为"外框3"，将材质赋予电视机的黑色边框部分和音箱前部分。

步骤67 将【外框3】材质球拖曳到一个空白材质球上，将其命名为"荧光屏"，设置高光级别为"40"，光泽度为"20"，然后为【漫反射颜色】贴图通道添加【位图】贴图，选择合适的图形文件，效果如图15.139所示。

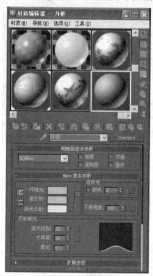

图15.138 材质效果

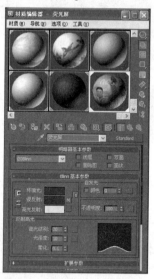

图15.139 编辑基本材质

步骤68 将编辑好的材质赋予电视机荧光屏部分，进行快速渲染，效果如图15.140所示。

图15.140　进行渲染

3. 设置摄影机和灯光

前面我们完成了客厅的建模和材质制作，下面我们来练习架设摄影机及布置灯光。在布置灯光时，要注意灯光的倍增、衰减及阴影贴图等参数的设置。具体操作步骤如下。

步骤01 打开【创建】命令面板，单击【摄影机】按钮，在顶视图中创建一架【目标】摄影机，激活透视视图，按【C】键将透视视图转换为摄影机视图，摄影机的参数和位置如图15.141所示。

步骤02 激活摄影机视图，进行快速渲染，效果如图15.142所示。

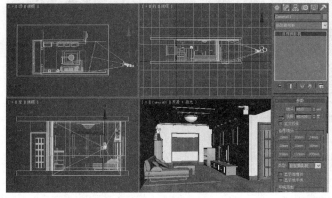

图15.141　创建摄影机

图15.142　渲染效果

步骤03 打开【创建】命令面板，单击【灯光】按钮，在顶视图中创建一盏目标聚光灯，并在前视图中调整到筒灯的位置，效果如图15.143所示。

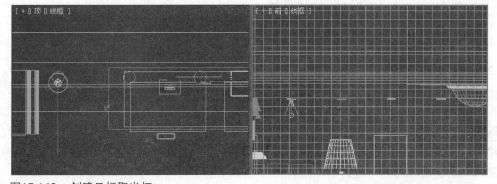

图15.143　创建目标聚光灯

步骤04 打开【修改】命令面板，设置聚光灯的参数如图15.144所示，其中设置倍增的颜色为"纯白色"，即R，G，B值均为"255"。

步骤05 在前视图中使用移动复制的方法再实例复制5盏目标聚光灯，如图15.145所示。

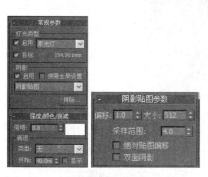

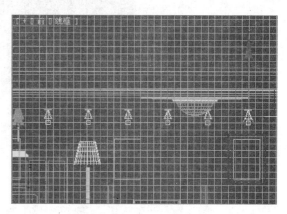

图15.144 设置聚光灯参数　　　　　　图15.145 复制聚光灯

步骤06 然后在左视图中创建1盏泛光灯，在前视图中调整其位置，如图15.146所示。

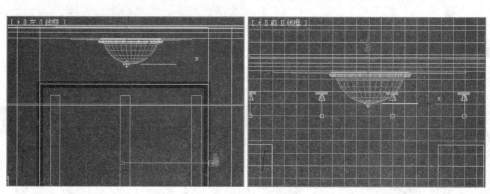

图15.146 创建并复制泛光灯

步骤07 在【修改】命令面板中设置泛光灯的参数如图15.147所示，其中设置倍增的颜色为"淡黄色"，即"R:253，G:254，B:191"。

图15.147 设置参数

步骤08 再在顶视图中创建1盏泛光灯，并在前视图中调整其位置，效果如图15.148所示。

步骤09 然后在【修改】命令面板中设置泛光灯的参数，如图15.149所示。

步骤10 设置完成后激活摄影机视图，进行快速渲染，效果如图15.150所示。

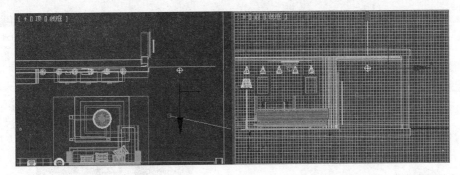

图15.148 创建泛光灯

图15.149 设置参数

图15.150 渲染效果图

4. 渲染输出

因为该场景在渲染输出后还要进行后期处理，所以渲染的图像应保证有足够大的尺寸，其具体操作步骤如下。

步骤01 按【F10】键打开渲染设置对话框，在【输出大小】区域中的【宽度】和【高度】数值框中，分别输入"2000"和"1500"，如图15.151所示。

步骤02 单击【渲染输出】区域中的【文件】按钮，打开【渲染输出文件】对话框，将文件名指定为"室内效果图"，然后将文件类型设置为".jpeg"，如图15.152所示。

图15.151 设置渲染尺寸

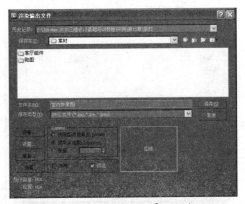

图15.152 【渲染输出文件】对话框

步骤03 单击【保存】按钮，打开如图15.153所示的对话框，单击【确定】按钮保存图像。

步骤04 切换到【渲染器】选项卡，然后在【抗锯齿】区域的【过滤器】下拉列表框中选择【Mitchell-Netravali】选项，如图15.154所示。

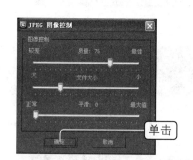

图15.153 【JPEG图像控制】对话框

图15.154 选择【Mitchell-Netravali】选项

步骤05 单击渲染设置对话框底部的【渲染】按钮，系统开始并完成场景的输出。

步骤06 单击3ds Max图标，选择【保存】命令，将当前场景以"室内效果图.max"为名进行保存。

5. 后期处理

通过3ds Max 2010渲染后的图像在亮度、对比度和色调等方面总存在一些问题，所以一般都需要进行后期处理，本案例也不例外。具体操作步骤如下。

步骤01 启动Photoshop软件，单击菜单栏上的【文件】→【打开】命令，在打开的对话框中选择渲染输出的图像文件，单击【打开】按钮，如图15.155所示。

步骤02 在【图层】面板中，将【背景】图层拖曳到【新建图层】按钮上，然后释放鼠标，将【背景】图层进行复制，如图15.156所示。

图15.155 【打开】对话框

图15.156 复制图层

步骤03 单击【图像】→【调整】→【亮度/对比度】命令，在打开的【亮度/对比度】对话框中设置参数，如图15.157所示。

步骤04 完成设置后，单击【确定】按钮即可。然后单击【图像】→【调整】→【色彩平衡】命令，在打开的【色彩平衡】对话框中设置参数，如图15.158所示。

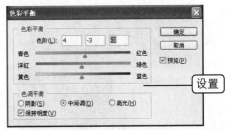

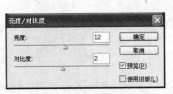

图15.157 调整亮度和对比度　　　　　　　　　图15.158 调整色彩平衡

步骤05 单击【确定】按钮，完成操作。下面为效果图添加配图，单击【文件】→【打开】命令，在打开的对话框中选择需要的图像文件，如图15.159所示。

步骤06 单击【打开】按钮，打开图像文件，效果如图15.160所示。

图15.159 【打开】对话框　　　　　　　　　图15.160 打开后的文件

步骤07 使用工具箱中的移动工具 将选择的图像文件作为新图层，拖曳到效果图文件中，其效果图和【图层】面板如图15.161和图15.162所示。

图15.161 拖曳图像文件到室内效果图中　　　　图15.162 【图层】面板

步骤08 单击【编辑】→【自由变换】命令，此时配图周围出现调整框，对花饰的大小进行变换，最后将它放置到地柜一侧，效果如图15.163所示。

步骤09 按照同样的方法再添加两个配图文件，调整到客厅的合适位置，最终效果如图15.164所示。

图15.163 调整花饰大小和位置

图15.164 添加配图图像

步骤10 完成效果图的处理后，单击【文件】→【存储为】命令，在打开的对话框中设置图像文件的保存路径和文件名称，如图15.165所示。

步骤11 单击【保存】按钮，打开如图15.166所示的对话框。

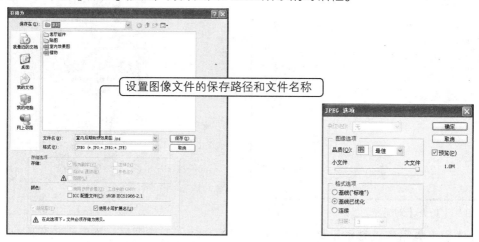

图15.165 保存对象

图15.166 【JPEG选项】对话框

步骤12 在该对话框中单击【确定】按钮，此时就将后期处理的图像保存在指定的文件夹中了。

案例小结

本案例的主要任务是设计并制作室内效果，整体设计思想是体现室内明亮、温馨、干净和整洁的效果。

在建模时，首先创建二维图形截面，然后应用修改器来将其转换为三维对象。在布置灯光时，严格按照三点布光法来进行，其中采用了大量限制照射范围的目标聚光灯和泛光灯来模拟室内漫反射效果。

通过本案例的制作可以看出：要制作质感真实的效果图，除了要熟悉模型的创建外，平时还要多观察现实生活中各种具有不同质感的物体，为设计和制作各种效果打下坚实的基础。

15.3 疑难解答

问： 在制作室内效果图时为什么首先要设置系统单位？

答： 因为建筑物有尺寸，而且需要精细设置，所以在制作时第一步就应该设置系统单位，设置单位后再次启动3ds Max时可以不用再次进行设置。

问： 客厅的设计风格主要有哪几类？

答： 客厅的设计风格很多，总体来说主要有中式风格、新古典风格、后现代风格、古典风格、日式风格和韩式风格等。

问： 为什么不直接在场景中创建家具呢？

答： 在效果图制作过程中，家具与很多装饰模型一般都是直接从外部导入三维场景的，这些对象就像标准件一样，可以直接从准备好的模型库中调用，这样可以大大提高效果图的制作效率。

15.4 课后练习

1 制作如图15.167所示的大厅效果。

图15.167 大厅

素材位置：【\第15课\素材\大厅效果图\】

效果图位置：【\第15课\源文件\大厅后期制作效果图.jpg】

 该场景的模型已提供在素材库中，读者只需要为其制作材质、灯光并进行渲染即可。

2 制作如图15.168所示的会议室效果。

图15.168　会议室

素材位置：【\第15课\素材\会议室效果图\】

效果图位置：【\第15课\源文件\会议室后期制作效果图.jpg】

 该场景的模型已提供在素材库中，读者只需要为其制作材质、灯光并进行渲染即可。

习题答案

第1课

1. ABCDE 2. ABCDE 3. C

第2课

1. ABCD 2. ABCD 3. ABCDE

第3课

1. ABCD 2. AD 3. A 4. D

第4课

1. ABC 2. A 3. ABCD 4. D
5. D 6. A

第5课

1. AB 2. ABC 3. C 4. A

第6课

1. ABCD 2. ABCD 3. ABCD

第7课

1. BCD 2. ABC 3. C 4. BD

第8课

1. ABCD 2. C 3. D 4. A

第9课

1. ABCD 2. A 3. B

第10课

1. ABCD 2. ABCD

第11课

1. AB 2. ABC

第12课

1. AA 2. A 3. A

第13课

1. ABCD 2. A 3. B

第14课

1. C 2. C 3. A

反侵权盗版声明

电子工业出版社依法对本作品享有专有出版权。任何未经权利人书面许可，复制、销售或通过信息网络传播本作品的行为；歪曲、篡改、剽窃本作品的行为，均违反《中华人民共和国著作权法》，其行为人应承担相应的民事责任和行政责任，构成犯罪的，将被依法追究刑事责任。

为了维护市场秩序，保护权利人的合法权益，我社将依法查处和打击侵权盗版的单位和个人。欢迎社会各界人士积极举报侵权盗版行为，本社将奖励举报有功人员，并保证举报人的信息不被泄露。

举报电话：（010）88254396；（010）88258888
传　　真：（010）88254397
E - mail：dbqq@phei.com.cn
通信地址：北京市万寿路 173 信箱
　　　　　电子工业出版社总编办公室
邮　　编：100036

3ds Max 2010
三维设计基础培训教程

书 名	书 号	定价
计算机基础培训教程（第2版）	978-7-121-09462-0	26.00元
计算机综合培训教程（第3版）	978-7-121-09463-7	29.00元
五笔打字培训教程（第2版）	978-7-121-09459-0	19.80元
五笔字型与计算机排版培训教程（第2版）	978-7-121-08413-3	23.00元
计算机办公应用培训教程（第3版）	978-7-121-11114-3	35.00元
计算机组装与维护培训教程（第3版）	978-7-121-09461-3	29.00元
计算机上网培训教程（第3版）	978-7-121-11007-8	35.00元
Excel 2007表格制作培训教程	978-7-121-05431-0	24.00元
PowerPoint 2007幻灯片制作培训教程	978-7-121-05429-7	24.00元
Windows XP基础操作培训教程	7-121-03626-6	22.00元
Windows Vista基础操作培训教程	978-7-121-05428-0	32.00元
Windows Vista，Office 2007，计算机上网培训教程	978-7-121-08419-5	33.00元
Windows XP，Word 2007，Excel 2007，PowerPoint 2007与Internet五合一培训教程	978-7-121-05427-3	28.00元
Photoshop CS4图像处理培训教程	978-7-121-09478-1	35.00元
Flash CS3动画制作培训教程	978-7-121-08296-2	33.00元
3ds Max 2010三维设计基础培训教程	978-7-121-10982-9	35.00元
3ds max，Lightscape，Photoshop室内效果图培训教程	7-121-03283-X	26.00元
AutoCAD 2010绘图基础培训教程	978-7-121-10388-9	35.00元
AutoCAD 2008建筑绘图培训教程	978-7-121-08418-8	33.00元
AutoCAD 2008机械绘图培训教程	978-7-121-08245-0	33.00元
CorelDRAW X4平面设计培训教程	978-7-121-11102-0	35.00元
Dreamweaver CS3网页设计培训教程	978-7-121-08246-7	33.00元
Dreamweaver CS3，Flash CS3，Fireworks CS3网页制作培训教程	978-7-121-08467-6	33.00元
Access数据库开发培训教程	978-7-121-08368-6	35.00元
Visual FoxPro数据库开发培训教程	978-7-121-08323-5	35.00元
Visual C++程序设计培训教程	978-7-121-08289-4	35.00元
Visual Basic程序设计培训教程	978-7-121-08466-9	35.00元
SQL Server数据库开发培训教程	978-7-121-08468-3	35.00元

……

上架建议：应用软件>图形图像设计

ISBN 978-7-121-10982-9

9 787121 109829 >

定价：35.00元

PHEI

责任编辑：付　睿
责任美编：侯士卿

本书贴有激光防伪标志，凡没有防伪标志者，属盗版图书。